0~7세
발달심리에 따른
책육아 실전 수업

0~7세 발달심리에 따른

3세에 한글 떼고 5세에 영어 말문 트는 기적의 로드맵

책육아 실전 수업

장선영 지음

라이온북스

추천사

교육은 아이들이 이미 가지고 태어난 위대한 힘을 이끌어내는 것이지요. 이를 위한 이상적인 교육 환경은 아이들이 기분 좋은 시간대에, 아이들에게 익숙한 공간에서, 좋아하는 사람들과 교류하면서, 아이들이 좋아하는 것을 더 좋아하게 하는 것입니다. 책육아는 이런 교육환경을 만들어줍니다.

이 책은 저자가 지난 10년간 치열하게 경험해온 책육아를 기록한 육아서이자 성장서입니다. 저는 자식을 책육아로 키웠고, 책육아라는 새로운 육아 방법을 만들었으며, 수많은 아이들이 책육아를 통해 지성과 감성이 조화로운 인재로 성장하는 것을 지켜보았습니다. 또한 저자가 힘든 환경에서도 책육아 하는 것을 오랫동안 지켜본 사람이기도 합니다. 이제 10년이라는 세월이 흘러 그 결과를 저자는 꼼꼼하게 한 권의 책으로 묶어 펴냈습니다.

이 책은 경험서입니다. '임신 중에 태담을 많이 해주었더니 아이의 말이 빠르다'처럼 사실에 충실한 기록이지요. 이 말은 누구에게나 적용될 수 있다는 말입니다. 저자는 30개월 동안 아이가 원하는 시간에 원하는 시간만큼 책을 읽어주었습니다. 아이가 읽은 책은 1만 권이 넘었습니다. 영어책도 한글로 된 책처럼 읽어주니 어느새 한글책을 영어로 바꾸어 아이가 엄마에게 들려주면서 자연스럽게 이중언어를 구사하게 되었지요. 배려 받은 아이들은 배려합니다. 아이는 '선비'라는 말을 들을 정도로 안정된 정서를 가졌습니다.

이 책에는 책, 놀이, 영어, 발달 과정, 책육아를 방해하는 상처받은 내면아이 등 책육아의 모든 분야가 섬세하게 기술되어있습니다. 수많은 육아 정보가 넘쳐나는 요즘, 아이를 키우면서 어떤 방향으로 가야 할지 혼란스러울 때 어떤 선택을 하면 좋은지 분명한 기준을 제시합니다.

이 책은 정통 책육아서입니다. 푸름이교육의 배려 깊은 사랑이 일상에서 책육아를 통해 검증된 결과물입니다. 이 책이 책육아의 교과서로 쓰였으면 좋겠네요.

배려 깊은 사랑의 책육아를 자신의 것으로 녹여 새롭게 세상을 이롭게 하는 육아 방법으로 창조한 저자에게 깊은 감사를 드리며, 아이를 키우는 부모라면 꼭 한번 읽어보시길 추천해드립니다.

_최희수, 푸름이교육연구소 소장

오래전부터 저자 장선영 선생님을 주목했습니다. 푸름이닷컴이라는 육아 사이트를 운영하는 동안, 저자가 올린 태교 글을 주의 깊게 보면서 뭔가 좀 다르다는 느낌을 받았습니다. 간절함이 있었다고나 할까요? 아이에게 들이는 정성이야 여느 부모와 다름이 없었지만, 정성을 들이는 이유가 부모 자신의 성취나 자랑이 아닌 오로지 아이를 위한 헌신이었습니다.

육아를 하는 10년 동안 육아서도 많이 읽었고, 육아서 저자들이 진행하는 워크숍에도 참석하며 열심히 공부하는 모습도 보았습니다. 과연 저 에너지가 어디에서 나올까, 아이는 어떻게 자랄까 궁금하기도 했습니다.

1년 전, 저자의 줌 강연을 들으며 힘에 겨웠던 원 가정의 문제와 저자의 건강상 문제들을 알게 되었고, 그 에너지가 오로지 과거의 불행을 끊어내고 새로운 장을 열겠다는 저자의 의지에서 나왔음을 알게 되었습니다.

저자가 보여준 이 책의 원고를 읽으며 다시 한번 놀랐습니다. 10년 동안의 육아 경험을 그냥 흘려보내지 않고 자신만의 노하우로, 자신만의 지식으로, 자신만의 육아 원칙으로, 켜켜이 쌓아오고 있었음을 알게 되었습니다.

책육아가 중요하다는 것은 대부분 알지만, 안다 해서 모두가 실천하는 것도, 모두가 성공하는 것도 아닙니다. 저자는 어떻게 해야 책육아에 성공하는지, 혹은 왜 성공하지 못하는지, 실패했다면 어디에서부터 틀어지게 되었는지 자신의 경험과 깨달음의 과정을 꼼꼼하게 기록해두었습니다.

그 진행 과정과 순서가 사이먼 시넥의 '골든 써클(성공 서클)'과 정확히 일치합니다. 보통 사람들의 진행 순서와 달리 왜 책육아를 해야 하는지(Why)에서 시작해, 어떻게 해야 하는지(How), 무엇을 해야 하는지(What)가 순서대로 정립되어있습니다. Why라는 뿌리부터 시작해 How라는 줄기로, What이라는 가지로 뻗어나가는 방식으로 진행한다면 책육아의 과정은 결코 흔들리지 않을 것입니다.

기능은 작용의 원리(본질)를 이길 수 없습니다. 기능은 상황이 주어졌을 때만 활용할 수 있지만, 작용 원리와 과정을 이해하고 있으면 내 상황에 맞게 응용하고 확장할 수 있습니다.

저자는 정확히 책육아의 뿌리와 성공 원리를 다루고 있어요. 정답은 한정되어있지만, 방법을 찾으면 무한대로 확장됩니다. 이 말은 책육아가 적용되는 원리를 알면 어떤 환경이나 상황에서든 적용이 가능하다는 것입니다.

책육아의 본질을 다루고 있다는 점에서 기능 위주로 설명한 책육아서와 차별됩니다. 책육아를 성공으로 이끄는 나침반과 같은 책입니다. 한글책뿐 아니라 영어책, 한글 떼기, 영어 파닉스, 놀이, 두뇌의 발달 단계, 심리의 발달 단계 등을 모두 포괄하고 있습니다. 육아 중인 부모라면 지금부터라도 방향을 잡을 수 있습니다.

꼭 읽어보시길 권합니다.

_이환식, 푸름이닷컴 대표

추천사

장선영 저자의 글에는 진정성이 있습니다. 자신이 직접 실험하고 경험한 것들만을 담아 한 자 한 자 꾹꾹 눌러 쓴 글이기 때문입니다.

장선영 저자의 글에는 새로움이 있습니다. 누구나 겪어 봤을 고단한 자녀 교육의 과정을 엄마 스스로의 치열한 공부와 노력으로 아주 특별한 과정으로 탈바꿈시켰기 때문입니다.

장선영 저자의 글에는 힘이 있습니다. 지난 10년간 1만 권이 넘는 책을 자녀들에게 읽어주며 자신이 직접 검증한 육아 이론들이 실제 육아 현장을 통해 아주 잘 걸러져 있기 때문입니다.

저자와 저의 인연은 '독자와의 만남'에서 시작되어 책 쓰기 코칭 프로그램인 '행복한 글감옥'에서 본격화되었습니다. 32기에 이르는 코칭 기수 중 가장 바쁜 사람이 가장 많은 분량을 가장 빠르게 완성해낸 사람이 저자였습니다. 치열하고 성실한 삶의 증거입니다.

저자도 사람인지라 아이들에게 책을 읽어주며 자신의 한계를 느낄 때가 많았다고 합니다. 그럼에도 목에서 피가 나도록 1만 권이 넘는 책을 자녀들에게 읽어줄 수 있었던 것은 그 과정 전체가 엄마의 내면 아이 치유에도 큰 도움이 됐기 때문이라고 고백합니다. 어떻게 하면 우리 아이를 바르고 훌륭하게 키울까 고민 중이신 엄마들께 이 책을 강력하게 추천해드립니다.

_레오짱, <팔리는 책쓰기, 망하는 책쓰기> 저자, 28년차 출판 전문가

우리 아이들에게 맞는 책육아법이 무엇인지, 무엇을 해야 행복할 수 있는지, 간절하고도 간절한 그 문제의 해답이 바로 이 책 속에 있습니다. 책의 선별에서 책을 제대로 읽는 방법까지 자녀 교육에 노심초사하는 부모님들에게 등대처럼 희망적인 조언을 제공할 것이라 확신합니다.

_김을호, <독공법> 저자, 숭실대학교 벤처중소기업대학원 독서경영전략학과 주임교수

오랜 시간 출판 기획사를 운영하고 독서모임을 진행하면서 독서가 삶에서 정말 중요하다는 것을 깨달았습니다. 모든 아이가 책 읽기를 습관화하고 생각하는 사람으로 성장하길 바랍니다. 자녀가 있는 부모님이라면 이 책을 꼭 읽어보시길 추천드립니다.

_양원근, ㈜엔터스코리아 대표, <부의 품격>, <책쓰기가 이렇게 쉬울 줄이야> 저자

프롤로그

"산모님 갑상선 깨끗하고요, 위장도 깨끗하네요~ 네. 간 볼께요~ 간에.. 간.. 산모님 간에 뭔가가 있어요. 대학병원 내과 가서 정밀검사 꼭 받아보세요."

둘째 아이를 낳고 퇴원을 앞둔 날 산부인과 의사선생님이 초음파로 장기를 봐주시면서 하셨던 말씀이다. 퇴원 후 2주 뒤 병원에 가보니 8mm의 악성 종양이 발견되었다고 내과 담당 의사선생님이 말씀하셨다. 나에게는 4살 된 딸과 이제 갓 세상에 태어난 둘째 아들이 있었다. 나에게 삶은 너무나 간절하고 절박한 것이었다. 밤마다 기도했다.

'하나님, 부처님, 그 누구라도 신이 계시다면, 제가 드리는 기도를 누군가 듣고 계시다면 저 좀 살려주세요. 이 핏덩이 같은 아기들을 제 손으로 키울 수 있게 시간을 좀 주세요. 제 두 손으로 이 어여쁘고 가여운 아기들 쓰다듬고 안고 먹일 수 있게 허락해 주세요. 저 좀 살려

주세요.'

저수지로 4바퀴를 굴러떨어졌던 자동차 전복사고 때보다 더 절박하게 삶을 갈구했다. 그래서 이렇게 밤마다 기도했었다.

출장으로 집을 비운 신랑의 빈자리까지 내 몫이었다. 모든 에너지를 다 쏟아내고 잠든 두 아이를 어떻게 길러야 할지 막막했었다. 아이의 행동과 마음을 이해하려고 책을 읽었다. 손전등을 켜고 이불을 뒤집어쓴 채 두 아이가 깰세라 숨죽여 이불 속에서 책을 읽었다. 책을 읽고 나면 동생을 맞이한 첫째의 퇴행에 대해 이해가 되었고, 공감해줄 마음의 여유가 생겼다. 비록 수면 부족에 늘 피로감에 쫓겼지만, 아이를 향한 사랑으로 나는 이겨낼 수 있었다.

아이를 잘 키우고 싶은 마음에 책육아를 선택했다. 아이에게 책을 읽어주면서 나 역시 성장했다. 육아서와 심리서를 읽으면서 만나게 된 모든 인연이 나에게는 등대와 다름없었다. 캄캄한 바다를 건너는 배에게 등대는 빛을 비추어준다. 육아는 망망대해를 가로질러 목적지까지 가는 배와 같다. 엄마는 그 배의 선장이다. 육아서라는 나침반을 가지고도 어디로 가야 할지 알 수 없을 때가 있었다. 그때 육아를 포기하지 않도록 지혜와 사랑을 주신 푸름 부모님과 이환식 대표님, 서안정 작가님을 포함한 육아 선배님들이 계셨기에 나의 배는 무사히 나아갈 수 있었다. 그분들은 나에게 육아와 내면 성장의 스승님이었다.

내가 책육아에 확신을 가지고 실천을 할 수 있었던 것은 실천의 결과가 명확했기 때문이었다. 푸름 부모님의 육아 노하우를 일상에 접목해서 자신들만의 육아 노하우와 철학으로 견고하게 만들어나가신 육아 선배님들이 많이 계신다. 그분들의 지혜안에는 자신의 육아 기간 동안 무릎 깨져가며 겪은 각자의 시행착오의 아픔과 사랑이 담겨 있었다.

인류가 진화하는 것처럼 나는 선배님들의 책을 통해 시행착오를 줄일 수 있었고, 좀 더 편하게 나의 길을 걸어갈 수 있었다. 그리고 그분들과 닮은 듯 다른 나의 지난 육아 경험을 이 책에 담아 내가 걸어온 길 뒤에 따라오는 이름 모를 누군가를 위해 바친다.

누가 덫을 놓는 거지?

아이가 배밀이를 하면서 기어 다니던 시절에 있었던 일이다. 엉금엉금 기어 다니던 사랑이의 옹알이 소리가 갑자기 끊어졌다. 잠시의 정적에 섬찟한 느낌을 받은 나는 부랴부랴 아이를 찾았다. 벽 모퉁이에 아이의 다리가 보여서 가보니 엎드린 채 바닥에 떨어져있던 전단지를 뜯어 먹고 있었다. 다행히 자석까지 삼키진 않았다. 2013년 가을이었던 그날 처음으로 <푸름이닷컴>에 고민 글을 쓰기 시작했다.

"저희 아이가 종이를 뜯어 먹어서 고민이에요. 종이에 대한 관심일까요? 애가 탈이 나면 어쩌지요?" 그렇게 고민 글을 쓰자 상담 댓글이 달렸다.

"이 시기 아이들은 호기심이 왕성해서 무엇이든 다 입으로 가져갑니다. 종이를 좀 뜯어 먹는다고 해서 큰일나지 않아요. 아이의 호기심이 꺾이지 않게 아이를 부정하지 마시고, 아이의 호기심을 충족시켜줄 수 있도록 배려 깊게 양육하세요." 라는 내용의 상담 댓글이 달렸다.

부드럽고 깊이 있으면서도 현실을 반영하는 댓글을 보자 순간 울컥하는 마음이 올라왔다. 막막한 육아의 바다에서 길을 잃은 나에게 누군가 한줄기 빛을 비춰주는 느낌이 들었다. 그날 이후로 나는 아이를 배려 깊게 사랑하는 것이 무엇인지 깊이 고민해보았고, 푸름 부모님의 책을 비롯해 다양한 육아서의 세계에 빠져들었다. 아이에게도 아이만의 소유책을 사주었다. 특히나 걷기 전의 아기들은 구강기에 해당되므로 입에 넣어도 안전한 <푸름이 까꿍 그림책>을 적극 활용했다. 매월 한 질씩 들이면서 <프뢰벨 퍼포먼스> 중고 책과 함께 <푸름이 짝짜꿍 그림책> <푸름이 달님 그림책>(최근 바뀐 책명은 <맛있는 창작 브런치>)도 들였는데 모두 대박 책들이었다. 영유아 아이가 읽기에 너무 좋은 그림과 내용으로 구성되어있었다.

결혼 전 상담심리학을 전공한 것이 육아에 큰 도움이 되었다. 아이가 첫돌까지 구강기인 시절에 입에 쾌감을 느끼는 리비도가 있다는 것도 발달심리를 통해 배운 내용이었다. 그리고 생애 초기 무의식이 형성되는 36개월까지는 무조건 내가 주양육자로 어린이집에 보내지 않고 키우겠다는 다짐을 했던 것도 같은 이유에서였다. 발달심리에 대한 이해가 깊어지면서 아이의 발달에 따른 심리 변화를 기민하게 반응해주어야 하는 이유가 머리에서 가슴으로 깊이 내려왔다. 사실 아이의 발달에 대한 부모의 이해도가 깊어지면 육아는 쉽다. 아이의 행동에 대한 "왜?"라는 의문점이 채워지면 부모가 아이의 요구 사항을 들어주는 데 저항감이 덜 생기기 때문이다.

물론 머리로 안다고 해서 현실에서 육아를 하며 부딪히는 모든 상황에 능숙하게 대처할 수 있는 것은 아니다. 육아의 변수는 사람의 머리카락 수만큼이나 다양해서 매순간 정답이 있는 것이 아니기 때문이다. 그저 엄마인 우리는 51과 49의 비율에서 조금 더 나은 선택인 51에 무게를 두어 어제보다 나은 내가 되기 위해 반복 연습을 하는 것일 뿐이다. 그렇게 매순간 발버둥치듯 노력한 나의 점들이 한 선으로 이어졌을 때 나만의 육아 그라운드가 완성된다.

종이에 관심을 갖기 시작했던 아이에게 책 읽어주는 시간은 1시간이 2시간이 되고 2시간이 4시간이 되며 복리로 불어나는 마법처럼 늘어나기 시작했다. 잠깐 화장실을 갔다 오려 해도 아이는 막무가내로 울어재꼈다. 책을 읽어달라는 거였다. 그렇게 9개월이 채 되기 전부터 책의 바다는 시작되었다. 어린아이가 잠자고 먹고 배변하는 생리적인 시간 이외에 하루의 대부분 시간을 책 읽기로 보내는 것이다. 실제로 나와 내 아이는 그렇게 했었다. 하루 14~15시간을 책을 읽고, 아이가 자라면서 책 읽어주는 시간은 20시간까지 길어졌다. 그렇게 책 읽어주는 시간과 잠자는 시간이 불규칙해지면서 하루가 25~27시간씩 길게 늘어나는 기분이었다. 시계로 시간을 재는 것이 무의미하게 느껴졌다. 무아의 세계를 달리듯 아이와 나만의 시간이 흘러갔다.

21개월 동안 모유 수유하며 충분히 빨기 욕구를 채운 아이는 억지로 모유를 떼는 것이 아니라 졸업의 개념으로 모유와 작별했다. 그날 이후로 책의 바다에서 수영하던 아이가 깊은 심해로 해저 탐험을 떠나듯 더 깊은 책의 세계로 빠져들어갔다. 2시간은 책장으로 전면이 둘러싸인 거실에서 책을 읽어달라고 해서 책을 읽어주었다. 그리고 놀이방으로 꾸며준 작은방으로 내 손을 잡고 끌고 간 아이는 2시간을 놀았다. 책에서 읽은 문장을 역할놀이를 할 때 그대로 대입해서 자기만의 말로 익혀나갔다. 2시간 책 읽고 2시간 놀이하는 패턴이었다. 그러다가 잠이 오기 시작하면 책 읽어달라고 요구하는 시간이 늘어났다. 3시간, 4시간, 5시간… 아이는 내가 책 읽어주는 소리에 눈을 깜빡거리며 졸았다. 잠드는 것 같아서 형광등 불을 끄면 오뚝이처럼 벌떡 일어나 버럭 소리쳤다.

"책 읽어줘! 엄마!!"

깊은 새벽 아이의 버럭 소리에 깜짝 놀래서 잠이 홀딱 깨곤 했었다. 그 쪼그만한 아이가 어디서 그런 우렁찬 소리가 나오는지… 분명 잠든 눈이 다 감겼는데 어떻게 불만 끄면 책 읽어달라고 소리 지르며 깨는지 도무지 알 수가 없었다. 누가 알려줄 사람도 없었다. 책의 바다

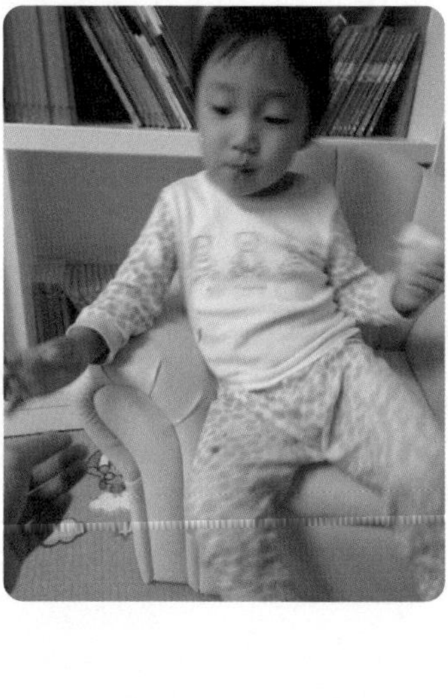

에서도 깊은 심해에 빠져있는 듯한 그 겨울 100일간 우리 집은 하루 종일 형광등을 켜고 살았다.

100일간 아이의 요구대로 책을 읽어주자 내 목에서는 피가 나왔고 아이의 코에서는 코피가 터져 나왔다. 나는 그때 처음으로 성대결절을 앓았다. 내 목에서 피가 나오는 것

은 괜찮았지만 두 돌도 채 안 된 아이가 코피를 쏟는 것을 보자 걱정이 되었다.

책 읽어주는 것을 며칠 더 진행하다가 아이의 두 돌 생일이 다가와서 생일 파티를 해주려 이틀간 중단하게 되었다. 책 읽어주는 것도 좋은 일이지만 아이의 존재에 대한 축복이 우선이라고 생각했다.

아이의 생일상을 준비하는 내게 신랑이 무언가 보여주었다. 책의 바다에 빠진 날 나와 딸의 모습을 사진으로 남겨둔 것이었다. 기절해 있는 내 모습을 이때 처음 보았다. 언뜻 봐도 육아의 고단함이 그대로 묻어있는 사진이다.

아이에게 정성을 다해 책을 읽어주고 장렬하게 전사한 장군처럼 기절해있었다. 정말 신기한 건 기절한 듯 뻗어있는 내 품속에서 이 자그마한 몸집의 아이는 에너지가 아직 남아서 무언가를 유심히 보고 있다는 사실이다. 사진을 보던 나는 아이의 눈동자를 보며 두 눈이 번쩍 뜨였다. 정말 아이는 호기심이라는 무한한 힘을 가지고 태어난다는 것을 이 사진을 보며 또 한 번 깨달았다.

아이가 21개월이던 어느 날 아이가 잘 때 나는 재테크 책을 읽고 있었다. 책 제목은 <당신이 속고 있는 28가지 재테크의 비밀>이었고, 부제목

이 '누군가는 덫을 놓고 누군가는 걸려든다'였다. 흑백으로 된 책 표지에 제목은 검정색이었고, 중간에 부제목은 빨간색 글씨로 적혀있었다. 어린아이일수록 빨간색 문자

에 반응한다. 이날 나는 내 아이의 잠재력을 보게 되었다. 밤 새워 책을 읽고 잠든지 2시간 만에 벌떡 일어나서 내 곁으로 오더니 내가 보던 책 제목을 보고는 이렇게 말했다.

"누가 덫을 놓는 거지?"

아이는 분명 빨간색 부제목을 읽었고 나에게 질문까지 던졌다. 나는 순간 머릿속이 멈춘 듯했다. 너무 놀라서 소리도 못 내고 아이를 바라보았다. 그리고 무음 카메라로 아이의 모습을 사진으로 남겨두었다. 책의 바다에 빠진 아이를 바라보는 일은 이 에피소드만큼 경이롭고 신비로운 일이었다.

"Is this yours?"

100일가량을 한글책에 빠져있던 사랑이는 35~38개월 무렵 다시 100일가량을 영어책에 빠졌다. 이때는 내가 둘째를 임신한 시기였다. 둘째는 영어로 태교를 한다는 생각으로 밤이고 낮이고 사랑이가 읽어달라는 만큼 또 영어책을 신나게 읽어주었다. 새벽 2~4시에 유독 아이는 영어 CD를 틀어놓고 노래에 맞춰 춤을 추고 CD 하나당 4~5

번 정도 반복하고 나면 누워서 영어책을 읽어달라고 했다. 마르고 닳도록 노부영 CD와 <삼성 노래로 영어 시작> 시리즈와 <푸름이 마더구스> 등 영어동요와 책이 연계된 것을 무한 반복해서 읽어주고 노래를 불러주었다. 영어유치원에 보내지 않아도 영어 독서만으로 영어가 트인 사례를 눈여겨보았기에 내 아이 역시 그럴 잠재력이 있다고 믿었고, 믿음은 현실로 나타났다.

100일간 영어책에 빠졌던 아이는 영어책 읽어주기를 쉬운 단계부터 서서히 진행하자 53개월에 처음 집에 들인 영어책 제목을 두 권 내리 읽어냈다. 그리고 56개월이 되자 한글책을 영어로 영작해서 나에게 읽어주었다. 보통 부끄럼을 타는 시기에는 동영상 찍는 것을 싫어하는 아이도 있다. 내 아이가 그랬다. 그런데 이날만큼은 자신감에 찼는지 자기가 영작해서 읽어주는 동영상을 찍어도 된다고 해서 촬영을 했었다. 지금도 그 영상을 볼 때마다 뿌듯한 마음이 든다.

내가 이렇게까지 간절하게 책을 읽어준 데는 그만한 이유가 있었다. 사실 나는 몸이 많이 아픈 엄마였다. 2016년 7월에 둘째를 제왕절개로 출산을 하고 퇴원하던 날 간 수치가 143이 되었고, 간에서 악성 모양의 종양이 발견되었다. 매월 간 초음파 검사로 종양의 크기가 커지는지 추적 검사를 했고, 다행히 종양이 커지지 않아서 경계성으로 일단락 지었다. 고비는 그것으로 끝나지 않았다. 둘째 아이에게 모유수유를 해야 하는데 모유가 나오지 않았다. 식체 증상인 것 같아서 단식을 해도 머리가 깨질 것처럼 아팠고, 기운을 내려고 조금만 먹으면 토하는 악순환이었다. 결국 한의원에 가서 진맥을 짚어보았다. 한의

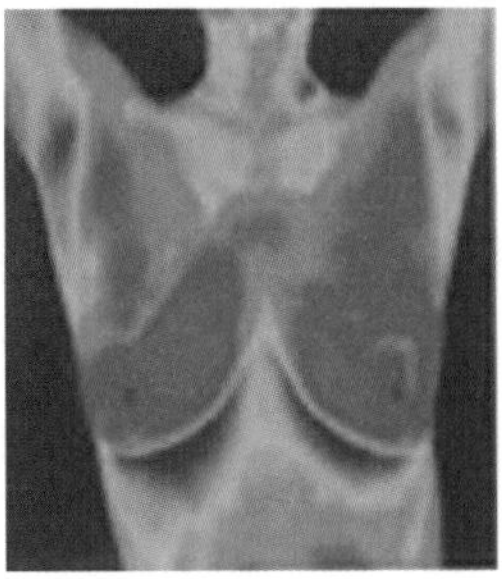

정상 패턴

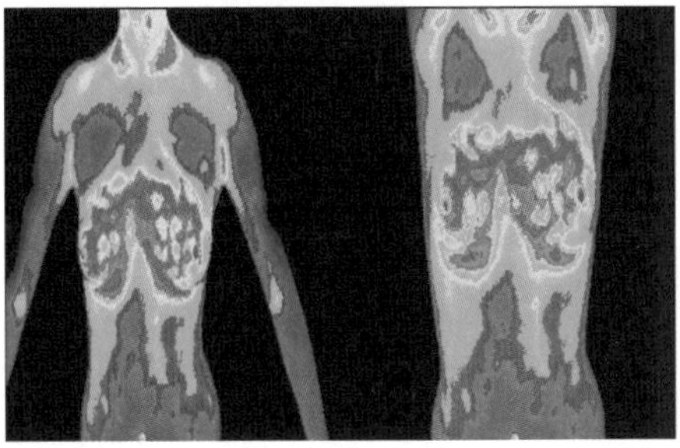

화병 진단(2017년)

사 선생님은 젊은 새댁이 진맥이 하나도 짚히지 않는다며 체열 카메라로 체온 측정을 해보자고 하셨다. 결과는 충격적이었다.

왼쪽이 정상이고 오른쪽 사진 두 개가 내 사진이다. 2017년, 중증 화병으로 진단 났던 내 체열 사진이다. 심장 부근에 빨간 점 한두 개가 찍히면 홧병으로 진단을 내린다고 하셨다. 지금 봐도 정말 기가 막힌 사진이다. 내 몸이 이렇게 되도록 나 자신을 방치하고 착한 아이, 착한 여자, 착한 며느리의 삶을 살기 위해 버티고 있었던 것이다. 나는 이런 몸을 하고서도 아이들을 지키기 위해 최선을 다했고, 아이에게 한없는 사랑을 주기 위해 아이의 요구량만큼 책을 읽어줬었다. 그리고 코로나가 불어닥친 2020년 3월 나는 경추 디스크 협착증에 감정 억압의 신체화가 겹쳐서 3박 4일간 목과 어깨의 마비 통증을 겪었다. 1에서 10까지의 퇴행 통증 중에서 7~8에 와있다는 심각한 결과지를 받았다.

몸이 이렇게 되도록 자신을 혹사시켰던 지난 시간들이 뇌리를 스쳐 지나갔다. 그때는 그게 최선이었다. 믿고 의지할 데는 오로지 나 자신뿐이었다. 나의 두 아기들은 아직 너무 어렸고, 내 몸은 하나둘씩 병이 나타나기 시작했다. 그래서 더 책 읽기에 모든 것을 걸었다. 책에 희망이 있었다. 이미 사랑이가 9개월부터 영어책의 바다에 빠졌던 38개월까지 30개월가량 이어진 책의 바닷속에서 나는 희망을 보았다. 그중에서도 더욱 깊이 빠졌던 한글책의 바다와 영어책의 바다 각각 100일간의 경험은 책의 힘을 온전히 믿기에 충분했다. 앞날을 예측할 수 없었던 나에게 책의 힘을 전해주는 것만으로도 내 삶은 가치 있겠다는 생각이 들었다. 절박한 만큼 간절한 마음으로 아이들에게 책을 읽어주었다. 두 아이에게 책을 읽어주는 시간은 내 모든 사랑과 아픔의 영혼을 담아낸 노력의 시간들이었다.

이제 엄마가 되려 하거나 이미 엄마가 된 사람들에게 나의 경험담이 밑거름이 되길 바라는 마음으로 이 책을 쓰게 되었다. 삶의 절박함을 경험한 사람들은 다시 일어설 힘이 있다. 절박함의 크기만큼이나 살고 싶은 간절함이 들어있기 때문이다.

엄마표 영어는 영어를 전공하지 않아도 되고 영어에 유창하지 않

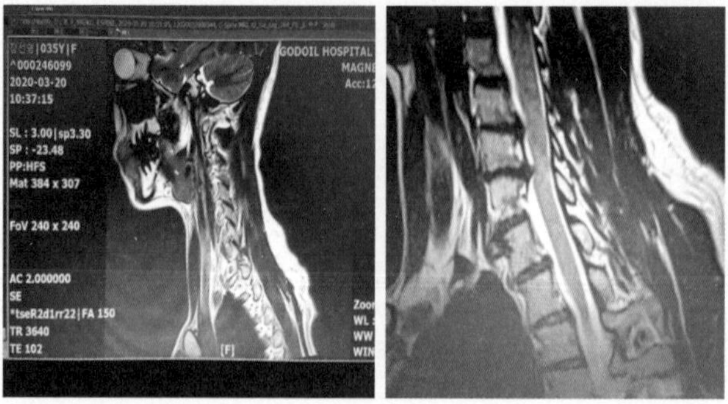

아도 된다. 오히려 영어 전문가일수록 아이에게 이것저것 지적하고 가르치려 들기 때문에 실패할 가능성이 높다. 아이가 영어라는 언어를 찍어보고 맛을 보고 이렇게 저렇게 변형해서 놀다가 영어가 재밌다는 감정을 느껴야 엄마표 영어는 성공으로 갈 수 있다. 많은 엄마들이 이 지점에서 실수를 많이 한다. 아이보다 영어를 더 많이 알고 있기에 가르치고 싶은 마음이 올라오는 것이다. 아이가 영어 발음을 조금 틀려도 지적하거나 교정해주는 것이 아니라 그저 감탄사를 연발하며 반응해주는 것이 옳은 방식이다. 엄마표 영어는 영어에 유창하지 않은 엄마가 더 강하다는 말을 나는 믿었다. 믿는 대로 창조되는 것이 현실이고, 내 믿음은 현실로 나타났다.

영어 그림책만으로 아이의 영어 입말이 트인 것이다. 아이가 요구하는 만큼 읽어주기만 했다. 엄마표 영어의 성공 사례처럼 나 역시 영어 그림책을 읽어주는 것으로 아이의 영어 입말이 트였고 아이 스스로 영어책을 읽어냈다. 한글책을 원하는 만큼 읽어줌으로써 아이 스스로 한글을 익히고 읽기독립으로 이어졌듯, 쉬운 영어 그림책을 시작으로 영어에 익숙해지자 아이는 말이 트였고, 파닉스를 깨우쳐 읽기 시작했다. 물론 영어 DVD와 그림책은 늘 함께했다.

엄마의 노력에 화답이라도 하듯이 아이가 그 작은 입술로 영어를 구사할 때 나는 가슴이 터지는 듯한 감격을 느꼈다. 동생과 역할놀이를 하면서도 영어로 말을 했다. 내가 물건을 떨어트리면 주워서 가까이 다가와 이렇게 말했다.

"Is this yours?"

이런 짧은 문장이 5살 아이의 입에서 자연스럽게 튀어나오는데 감동하지 않을 부모가 어디 있을까? 이 모든 것이 다 책을 읽어준 덕분이었다. 책은 아이가 언어를 익히는 데 최고의 수단이자 도구다. 외국인들이 영어를 쉽게 익히는 방법을 연구한 크라센 박사님은 이런 말을 했다.

"영어 독서는 영어 습득의 유일한 방법입니다."

다 자란 성인에게도 영어를 습득하기 위해 가장 좋은 방법은 영어 독서라고 못을 박았다. 나는 10년의 육아 경험을 통해 이 말이 진실임을 깨닫게 되었다.

교육은 아이에게 가장 익숙한 공간인 집에서, 아이가 가장 사랑하는 사람인 엄마가, 잔잔한 자극인 책을 읽어주는 방식으로 이루어져야 한다. 아이가 가장 잘 받아들이는 시간대는 잠을 푹 자고 일어나서 컨디션이 최상일 때다. 잠에서 깨어나 정신이 맑을 때 아이는 정보를 가장 잘 받아들인다. 영유아를 키우는 엄마라면 이 타이밍을 놓치지 말고 사랑을 가득 담은 목소리로 그림책을 읽어주자. 그러면 교육은 물이 위에서 아래로 흐르듯 순리대로 흘러갈 것이다.

배움을 즐기는 아이로 키우려면 가정에서 첫 단추가 잘 끼워져야 한다. 세상이 아무리 급변하고 로봇이 인간의 일을 대체한다 하더라도 희망은 어디에나 있다. 대한민국이 아무리 입시지옥이라 하더라도 가정에서 시작하는 교육이 견고하다면 정부의 교육정책과 상관없이 불안감을 떨처낼 힘을 키울 수 있다. 방법이 옳다면 목표는 중요하지 않다. 방법이 옳다면 방향도 올바르게 흘러간다는 것은 자명한 일이다. 가정에서 부모가 책 한 권 읽어주는 것이 모든 교육의 시작임을 간절히 전하고 싶었다.

목차

2장 책육아를 위한 준비

3장 아이의 발달 단계별 책육아

4장 책육아, 꼭 엄마가 읽어줘야 하는 이유

5장 책의 바다에 빠진 30개월의 기록

6장 책도 중요하지만 놀이도 중요하다

1장

책으로 육아를 공부하다

01

네가 내 희망이야

사람의 몸은 스스로 치유할 수 있는 자연 치유력과 위험을 느끼고 대피할 수 있는 순발력을 가지고 태어난다. 자연에서 키운 아이는 야생성이 살아있다. 자연에서 마음껏 뛰어놀면 야생성을 발달시킬 수 있다. 아이는 살아가는 동안 수많은 위험과 장애물을 만나게 된다. 부모가 도와주고 싶은 마음이 들 때도 있지만 아이는 자신만의 삶을 일구어나가야 한다. 그래서 아이는 자연에서 마음껏 뛰어놀며 야생성을 키워야 한다. 자연에서 자란 아이는 감수성 또한 뛰어나다.

나는 농사를 짓는 부모님 덕분에 자연에서 많은 시간을 보내며 자랐다. 새벽에 나가 늦은 밤이 되어서야 집에 돌아오셨던 부모님은 덜 바쁜 여름과 겨울에는 자식들과 놀아주기 위해 노력하셨다. 여름방학이면 우리 가족은 강변에서 텐트를 치고 한 달 내내 캠핑을 했다.

30년 전에는 수영도 하고 다슬기도 잡으며 놀 만큼 물이 깨끗했다.

그때에도 이미 농약을 사용했지만, 지금에 비하면 천혜의 자연 속에서 자란 것이나 다름없었다.

아침에 눈을 뜨면 쏟아지는 햇살이 텐트를 비췄다. 노란색 타원형 텐트는 6년 내내 우리의 여름 집이었다. 어린 나는 팔랑팔랑거리며 온 들판을 뛰어다녔다. 군데군데 수돗물이 나오는 수도꼭지가 설치되어있었고, 플라타너스 고목이 시원한 그늘을 만들어주었다. 나는 플라타너스 잎으로 모자도 만들고 소꿉놀이도 했다. 이따금씩 엄마가 부르는 소리에 도도독 뛰어가면 코펠로 갓 지은 따끈한 냄비 밥이 나를 반갑게 맞아주고 있었다. 흐르는 강물 소리를 들으며 간밤에 내린 이슬이 말라가는 햇빛 속에서 먹는 아침밥은 꿀맛 그 자체였다. 아빠는 지난밤에 쳐놓은 그물을 거둬서 물고기 손질을 다 마치셨다. 엄마는 뚝딱뚝딱 도마질 몇 번에 매콤한 감자매운탕을 끓여내셨다. 노랗게 잘 익은 햇감자를 떠서 후후 김을 불어 먹는 매운탕의 맛은 포슬한 감잣살이 으깨지는 사이사이로 내 혓바닥에 와닿았다. 눈 깜짝할 새에 밥을 다 먹고 나면 나는 해가 하늘 가운데 뜰 때까지 또 뛰어다녔다. 그리고 입고 놀던 옷 그대로 강물에 뛰어들었다. 튜브 하나만 달랑 배에 끼고서 말이다. 엄마가 얕은 물에서 다슬기를 잡고 있으면 나도 그옆에서 다슬기를 잡곤 했다.

강물에서 놀고 있으면 아빠 친구분의 딸인 동갑내기 친구가 어느새 내 옆에 와있다. 한두 살 어린 아이들과도 친구처럼 놀았다. 자연 속에서 놀다 보면 나이 차이가 별 의미가 없었다. 친구가 튀긴 물이 입에 들어가도 깔깔깔 웃음이 났고 놀다가 슬쩍 밀려도 넘어지면 그만이었다. 엎치락뒤치락 놀다 보면 어느새 또 배가 고파 왔다. 텐트로 가면 엄마는 다슬기와 삶은 계란을 준비해놓으셨다. 즐겁게 놀면서 먹었던 음식은 단 한 번도 체하지 않았다. 그렇게 우리 가족은 한여름 내내 에어컨 없이 더위를 정면으로 맞으며 뜨겁고 행복하게 여름을 보냈다.

아주 가끔 장맛비가 이삼일 연속 내릴 때도 있었다. 그럴 때는 아빠가 작은 모종삽으로 텐트 주변을 둘러서 삽질을 하셨다. 텐트 속으로 물이 들어가지 않도록 텐트 주변에 도랑을 내시는 거였다. 텐트 속에서 쏟아지는 빗소리를 들으며 아빠의 발자국을 따라가다 보면 어느새 텐트 한 바퀴를 시계 바늘 돌듯이 뱅그르르 돌았다. 그러면 아빠는 밤새 잘 준비를 마친 비버처럼 손을 털고 텐트 속으로 들어오셨다. 아빠의 땀냄새와 빗방울이 함께 들어왔다. 수건으로 아빠가 물기를 훔치고 나면 우리는 텐트 바닥에 발라당 누워서 천장을 토도독 두드리는 빗소리를 음악 삼아 잠이 들곤 했다. 지금 떠올려보아도 너무 행복한 추억들이다.

여름방학 숙제가 분명 있었던 듯한데 한 달 캠핑을 마치고 오면 3일만에 몰아서 밀린 숙제를 순식간에 해냈다. 그래서 숙제를 잘해서 상을 받은 적은 없었지만 한 달간의 캠핑 자체가 나에게는 큰 상이었다. 그 기억이 내 모든 상처를 치유해준 스승이었고, 이때 나는 질긴 탄성을 자랑하는 회복탄력성을 가지게 되었다.

무척이나 고되고 힘든 농사일을 하면서도 엄마는 자식을 보며 견디고 때론 버티셨다. 노부모님의 봉양과 어린 시동생의 뒷바라지도

해야 하는 맏며느리의 역할이 어깨를 짓눌러도 어린 오누이를 바라보며 힘듦을 견디셨으리라. 때로 삶이 고달프고 눈물겹던 날에는 엄마는 나를 꼭 끌어안으며 말씀하셨다.

"네가 내 희망이야."

힘든 상황을 겪고 있는 부모에게 자식은 곧 희망이고 살아내야 할 이유이기도 하다.

부모님의 일이 잘돼 유복한 시절도 보냈고, 가정 경제가 어려워지면서 힘든 순간도 많이 겪었다. 사람은 절박할 때 비로소 성장한다는 사실을 몸과 마음으로 경험했다. 언제나 결핍이라는 요소가 성장의 원동력이 된다. 나는 결핍과 열등감이 많았던 사람이라서 더욱 자기계발에 몰두했다. 한 달간 외갓집에 있었을 때 외할아버지의 새벽 기상을 따를 수밖에 없게 되면서 나는 18살부터 지금까지 새벽에 기상한다.

일찍 일어나는 새가 더 많은 모이를 먹는다는 삶의 진리는 변하지 않는다. 내 감정이 우울감에 젖어있을 때 무의미하게 흘려버린 순간도 많았고, 감정의 증폭을 즐기며 감정중독에 빠져버린 때에는 시간을 허비하고만 살았다. 그런 나를 자각하고 바닥을 치고 올라왔을 때 나의 빛났던 순간과 장점들이 보이기 시작했다.

그리고 힘든 마음을 부여잡고 다시금 일어섰다. 집이 망했을 때 제일 먼저 든 생각은 새벽 기상이었다. 일어나는 시간을 당기고 잠드는 시간을 뒤로 미루며 하루를 두 번 산다는 생각으로 살았다. 새벽에 기상해서 동네 한 바퀴를 뛰고 출근했다. 왕복 한 시간가량의 출퇴근 버스 안에서 쪽잠을 잘 수 있었다. 퇴근 후 이태리 레스토랑에서 서빙 아르바이트를 하기도 했었다. 투잡을 뛰며 벌었던 소소한 수입이 그때의 나에게는 큰 힘이 되어주었다. 또 열심히 살고 일어서려는 의지는 삶을 조금씩 더 나은 방향으로 이끌어주었다.

모두 가족 사랑의 힘이 일으킨 의지력이라고 생각한다. 어린 시절 아빠는 늘 가족은 함께 모여 살아야 한다고 강조하셨다. 할아버지의 부재로 인해 상처가 있었던 아빠는 가족이니까 모여 살아야 한다는 말을 입에 달고 사셨다. 송아지의 커다란 눈망울을 닮았던 아빠의 두 눈은 눈물이 가득 담긴 듯 선했다. 때로 할아버지에게 못다 받은 사랑이 서러웠던 날에 아빠는 술을 드시고 전혀 딴 사람이 되어있었다. 간디와 히틀러, 빛과 어둠, 사랑과 미움, 성군과 폭군, 지킬과 하이드의 민낯을 어린 시절부터 보아왔던 것이다. 그것은 깊고 얕은 차이만 있을 뿐, 우리 아빠만이 아니라 한국전쟁의 아픔을 겪은 우리 민족이 모두 느끼는 아픔이었다.

울지 말라고 교육받았고 남자는 강해야 한다고 주입받았다. 자신의 감정이 무엇인지 모른 채 가면을 쓰고 살게끔 교육받으며 자랐다. 하지만 지식보다 감정이 우세하다. 원하는 것이 있을 때는 감정을 흔들어야 한다는 말까지 있다. 사람은 감정의 동물이기 때문이다. 그런데 그런 감정을 차단시키고 학교와 부모가 시키는 것만 잘하도록 길들여진 사람들은 자신의 감정이 무엇인지 몰라서 헤매고 자기가 무얼 좋아하는지 모르며 살아간다. 감정이 메마른 채.

나 또한 학교를 졸업하고 사회생활을 할 때 가면을 쓰고 살았다. 내가 받은 어린 시절의 사랑과 추억은 고스란히 기억 어디엔가 묻어두고 바쁜 일상을 살았다. 책은 일 년에 한 권 읽을까 말까였고, 친구가 그저 좋았던 날들이 더 많았다. 그러다 25살에 자동차 전복 사고를 겪으며 나의 몸보다 마음이 더 아프다는 것이 느껴졌다. 아픈 몸보다 마음이 더 궁금했다. 교통사고라는 명확한 이유로 아픈 몸은 이해가 되었지만 그보다 마음이 왜 더 아린지 궁금했다. 그리고 심리상담학을 공부하면서 나 자신에게 대입하기 시작했다. 나의 무의식 속에 잠들어있는 나와 만나기 시작했다.

울지 않도록 교육받았고 감정을 차단당했기에 어떻게 표현해야 할지 몰랐다. 초등학교 시절 반 친구들이 모두 모여있는 와중에 담임선생님께 면박을 받은 적이 있었다. 서러웠던 나의 감정을 담은 일기장을 선생님은 반 친구들 모두가 있는 앞에서 읽으셨다. 그러면서 감정을 글로 적은 부분에 대하여 면박을 주던 선생님으로 인해 나는 큰 상처를 받았다. 그 일로 일기와 글쓰기에서 밀어졌다. 책을 읽어도 글로 남기지 않으리라 다짐했었다. 대략 25년이 지나서야 글을 쓰면서 마음이 치유되는 것을 배웠기에 조금씩 나의 이야기를 써내려갔다. 글쓰기에는 치유의 힘이 있다. 자신과 만나는 내밀한 시간이기에 그렇다. 나를 되돌아보며 창작물을 만들어나가는 시간이 유일한 창조이자 치유의 시간이다. 인간은 창조를 하면서 성장하기 때문이다.

특히나 여자는 창조의 몸을 가졌다. 아이를 잉태하고 낳고 엄마가 되면서 남자보다 먼저 성장할 수 있는 계기가 주어진다. 아내가 치유되면 남편의 치유를 이끌어줄 수도 있다. 물론 그 과정에서 많은 다툼도 수반한다. 나의 부모님이 그러했고, 성장을 알게 되면서 만났던 수많은 사람들이 그러했다. 남자와 여자 단둘의 결합이 아닌, 남자와 남자의 내면 아이와 여자와 여자의 내면 아이가 만나 결합하는 것이 결혼이기 때문이다. 어린 시절에 상처받고 얼어붙었던 마음속 찌꺼기는 부모가 되면서 아이가 성장함에 따라 드러나게 된다.

나의 부모님 또한 그런 과정을 겪으셨다. 몸서리치게 두 분은 다투셨다. 모조리 없었던 일로 잘라내버리고 싶지만, 그때의 기억은 몸에 저장되어 나를 아프게 했다. 몸은 뇌보다 더 빨리 기억에 반응한다. 몸은 모든 것을 알고 있다. 몸의 기억은 무의식의 반영이다. 폭력의 말 못 할 상처가 있는 사람들은 감정이 억압되고 직간접적으로 받았던 몸의 상처가 남아있다. 그 상처를 대면하고 치유하지 않으면 병든 몸으로 결국은 죽음에 이른다. 나 역시 이러한 것을 모르고 인간관계의 어려움을 겪으며 살다가 결혼했다. 다행히 자상하고 배려심 많은 남자를 만나 가정을 꾸렸다. 두 아이의 엄마가 되었고, 육아를 하면서 나의 어린 시절 얼어붙어있던 내면 아이를 시간이 흐름에 따라 매번 만나고 있다.

to think!

내면 아이의 마음이 느껴질 때가 있었다면, 그때 어떤 생각과 감정이 떠올랐나요?

02

부모가 될 준비

나다운 결혼으로 독립했다. 허례허식을 최대한 피해서 화려하고 비싼 웨딩홀이 아닌 양가 어르신들만 모신 자리에서 식을 올렸다. 결혼 준비 과정을 둘이서 계획하고 꼭 필요한 경비만 들여서 했던지라 만족도는 최상이었다. 그때까지도 나는 나다움을 잃지 않았다.

기쁨도 잠시 결혼 후 갑작스런 아빠와의 이별이 기다리고 있었다. 결혼한 지 10달 만에 아빠가 돌아가셨다. 원망도 하고 미워도 했던 아빠였지만 그 깊이만큼 아빠를 사랑했다. 건강이 나빠지고 있었던 아빠는 내가 좀 더 철들기를 기다려줄 수 없었나 보다.

아빠의 생신상 한번 제대로 차려드리지 못한 설움이 내 심장을 옥죄어 왔다. 시부모님의 생신상을 차례대로 차려드린 후 결혼 후 처음으로 아빠의 생신상도 차려드리겠다고 말씀드렸다. 팔랑개비 철없는 딸이 처음으로 아빠에게 미역국을 끓여드리겠노라 말씀드리고 현관

문을 나온 날이었다. 현관문 틈 사이로 보이던 아빠의 옆모습이 아빠의 마지막 모습이 될 줄 그때는 꿈에도 몰랐다. 우리는 그렇게 문 하나를 사이에 두고 삶과 죽음의 경계에 서있었다. 투병 7년만에 아빠는 회복 불가능한 상태가 되셨다. 생일 미역국 차려드리겠다는 작은 약속도 못 지켜드렸는데, 아빠는 유언 한마디 남기지 못하고 의식을 잃어버리셨다. 총명한 머리를 가지고도 가난한 집의 맏이 역할을 하느라 평생 일만 하신 아빠였다. 남동생 대학원 공부까지 시키시느라 자신의 학업은 이루지 못한 아빠의 한이 가여웠다. 제대로 된 교육만 받았더라도 그 힘든 농사일에 한평생을 바치지 않아도 되었을 아빠의 삶이 가여웠다. 가슴이 아려 왔다.

출혈이 시작된 간세포의 사멸이 죽음의 시간이 다가옴을 알려주었다. 1분 1초 아빠 곁을 떠날 수가 없었다. 아빠의 두꺼비 등껍질 같은 손을 붙잡고 나는 꼬박 밤을 지새웠다. 새벽이 다가오고 밥을 교대로 먹자며 엄마와 오빠를 먼저 식당으로 보냈을 때였다. 아빠를 바라보던 내가 순간 멍한 시간이 있었다. 아빠의 영혼이 나를 어루만져주고 떠나신 걸까… 맥박 측정기가 '삐…' 소리를 내며 멈추었다. 당황했다. 어쩔 줄을 몰라 하며 의사를 불렀다. 중환자실 안내 데스크를 지키던 젊은 의사 선생님이 후다닥 달려오시더니 나를 바라보기만 했다. 나는 아무 말 없는 의사 선생님의 눈빛만 보고도 아빠의 목숨이 끊어졌음을 알 수가 있었다.

그제야 눈물이 폭포수처럼 쏟아졌다. 목에 걸린 듯한 뜨거운 것이 터져나왔다. 맥박 측정기가 멈춤과 동시에 남자 두 분이 나타나 아빠에게 흰 이불을 덮어씌우고 병실 침대를 옮겼다. 아빠의 체온이 남아 있을 때 조금만 더 아빠 손이라도 잡게 해달라고 애원했다. 중환자실이라서 죽음을 앞둔 다른 환자들이 충격을 받으면 안 되기 때문에 얼른 이동해야 한다고 했다. 그들의 움직임은 칼 같았다.

아빠의 손이 아직은 따뜻한데 아빠의 볼이 아직 말랑말랑한데… 내 뺨으로 부비면 아빠가 일어날 것만 같은데 그 누구도 나를 기다려 주지 않았다. 링거 바늘을 다 뽑은 아빠의 손을 이불속에 둘둘 말고, 아빠의 침대를 차에 실었다. 그러고는 우리가 살던 지역으로 이동했다. 그렇게 허망하게 아빠를 보내드릴 수밖에 없었다. 아빠의 장례를 치르며 내가 누군가의 부모가 되어 살게 된다면 아빠처럼 주어진 삶에 최선을 다하겠노라 다짐했다.

그렇게 엄마가 되기 위한 마음 밭을 일구었다. 상실을 겪은 본능은 창조를 끌어당겼다. 계획했던 임신이 이루어졌다. 건강한 아이를 낳게 해달라고 하늘에 빌었고, 내가 알지 못해 저지르는 실수는 최소한으로 하게 해달라고 빌었다. 내가 할 수 있는 최선을 다하는 내가 되게 해달라고 기도했다.

미래에 대한 두려움도 과거에 대한 후회도 없이 살고 싶었다. 후회 없는 하루살이의 사랑을 꿈꿨다. 딱 오늘 하루 나에게 주어진 시간을 충실히 살자고 나를 다독였다.

아빠의 죽음이라는 상실과 아이의 출생이라는 창조가 빠르게 지나갔다. 아빠의 죽음 이후 무기력에 빠져있던 중 아이는 기다렸다는 듯이 와주었고, 슬픔에만 빠져있지 말라는 듯한 신의 선물 같았다.

아빠가 얼큰하게 취하신 날, 나에게 자주 하시던 말씀이 있다.

"욱하는 성질은 더 이상 대물림하지 않도록 네 선에서 정리해라."

어린 시절부터 귀에 딱지가 앉도록 들었던 말이니 벌써 30년은 되어가는 아빠의 말씀이다. 당신의 내면 아이의 아픔과 대물림되는 내적 불행을 섬세하게 느끼고 계셨을 아빠는 어린 나에게 돌을 쌓아 돌탑을 만드는 것처럼 한 번씩 당부의 말씀을 하시곤 했다.

아빠의 유언과도 같았던 "욱하는 성격을 네 선에서 끊어내거라" 라는 말씀을 내 삶에서 실현시키려고 노력했다. 그리고 두 아이를 기르면서 순간순간 나의 내면 아이를 대면할 때마다 내 상처를 녹여 아이들에게는 사랑으로 주리라 결심했다.

엄마가 되면서 아이를 양육하는 데 어떤 것이 좋은 방향인지 고민하고 정보를 찾았다. 하나같이 아이에게 책을 읽어주는 것이 최고의 교육이라는 이야기를 했다. 나 역시 책을 읽어주는 것이 최고의 방법이라 생각했지만, 그보다 더 중요하게 선행되어야 하는 것은 환경이라고 믿었다.

부모가 모범이 되는 가정환경이 책보다 중요하다. 아들은 아빠의 모습을, 딸은 엄마의 모습을 그대로 보고 자란다. 자녀는 가르치고 잔소리하는 내용을 통해 자라는 것이 아니라 성장하는 부모의 모습을 보며 내면의 자아가 성숙하면서 어른이 되어간다. 부모가 네모의 모습을 하면 자식은 네모나게 자란다. 부모가 둥글고 투명한 모습을 하고 있으면 아이 또한 영롱하고 순수하고 고귀한 '참 나'로 자라난다. 참 나란 태어날 때 그대로의 순수한 의식과 깨끗한 마음의 상태를 뜻한다. 자식 잘되기를 바란다면 부모가 먼저 책을 읽고 내면을 성찰하고 성장하면 된다.

나는 어린 시절 시립도서관이 10분 거리에 있는 곳에서 자랐다. 도서관 서가의 책을 모조리 읽으며 자란 것은 아니지만, 책을 보며 책의 향기를 맡을 수 있었다. 시험 기간에는 도서관에서 시험 공부를 했고 도서관 공원에서 시간을 보내며 자랐다. 이따금씩 끌리는 책을 만나면 그 책을 꺼내 읽었다. 누구에게도 책을 강요받지 않고 스스로 원하는 책을 읽으면서 배움을 즐기게 되었다. 거창한 사교육 없이도 책을 좋아하게 되면서 배움의 기쁨을 알게 된 것이다.

내 기억의 시간을 더 어린 시절로 되돌렸을 때 책에 대한 첫 기억이 떠올랐다. 7살 때 같은 유치원 친구 집에서 읽은 그림책이 지금도 기억에 남아있다.

옛날 한 스승이 세 명의 제자를 앉혀두고 글짓기 대회를 열었다. 주이가 없는 문징을 만들어야 하며, 문장의 첫마디가 어떤 사람이나 명사로 시작해서는 안 된다는 규칙을 정해놓았다. 그리고 상상의 힘을 요구하는 이야기를 지어서 말해야 했다. 스승의 까다로운 규칙에 따라 문장을 만들어낸 제자만 합격시켜주는 대회였다. 일단 세 제자는 숙제를 받았다. 첫 번째 제자도 두 번째 제자도 다 규칙에서 벗어난 글을 지어서 불합격했다. 마지막 세 번째 제자는 합격을 했는데, 그 제자가 지은 문장은 다음과 같았다.

"끝없이 펼쳐진 창공을 훨훨 날아간다. 움츠렸던 날개를 활짝 펼친채 바람을 타고 날아간다. 보일 듯 보이지 않는 수평선 저 너머까지

훨훨 날아간다."

페이지당 글밥이 5~6줄 정도 된 그림책이었지만 내용은 철학적이고 심오했다. 수묵화 느낌의 그림도 한국인의 정서에 잘 들어맞았다. 나는 하늘색의 커다란 새가 힘찬 날갯짓을 하며 날아가는 모습을 상상하며 책에 빠져들었다. 이것이 행복한 책 읽기의 첫 기억이었다. 유치원 시절 친구 집에서 우연히 읽은 책이 38살이 된 지금까지 문장과 그림이 생각나는 걸 보며 나는 그림책의 위력을 직접 느꼈다. 나 자신이 산증인이었다.

농사일로 무척이나 바쁜 와중에도 엄마는 몇 권 되지 않는 동화책으로 잠들기 전 베갯머리독서를 해주셨다. 엄마의 애틋한 사랑과 지극한 정성으로 <빨간 구두>, <인어 공주>, <신데렐라>, <잠자는 숲속의 공주>는 내 인생책이 되었다. 농사일로 지쳤을 법한데도 엄마는 졸린 눈을 비벼가며 나에게 책을 읽어주셨다.

책은 내 삶의 중요한 분기점마다 늘 나에게 길잡이 역할을 해주었다. 책을 사주지 못했다고 자책할 필요는 없다. 그보다 중요한 것은 아이가 편안하게 책을 접할 수 있도록 환경을 만드는 것이다. 형편이 되면 되는 대로 책을 사주고, 형편이 되지 않을 때는 도서관을 충분히 활용하면서 아이에게 책을 읽어줄 수 있다. 엄마가 사랑을 담아 읽어주면 그것으로 충분하다.

내가 한글을 뗀 건 5살 때였다. 오빠가 한글 공부 하는 모습을 어깨너머로 보며 스스로 깨쳤다. 엄마에게 혼난 적도, 배운 적도 없었기 때문에 한글에 대한 두려움이 없었다. 독학했다는 사실 하나만으로 폭풍 칭찬을 받았던 기쁨이 나의 무의식 어딘가에 자리 잡았다. 그래서 나는 아이들에게 쉽게 한글을 노출해줄 수 있었다. 물론 엄마가 바쁘고 피곤한 와중에도 그림책을 한두 권씩 읽어주셨던 마중물이 있었기에 엄마의 따뜻한 사랑으로 한글을 쉽게 받아들일 수 있었다.

이모들의 말에 의하면 엄마는 우리 오누이의 욕구를 최대한 들어주려고 노력하셨다고 한다. 5살 된 오빠는 농사일하고 저녁이 되어 집에 돌아온 엄마 손을 잡고 밖에 나가 놀아달라고 졸라댔고, 엄마는 당신을 기다렸을 아이들이 가여워서 3살짜리 아기인 나를 포대기로 업고서 동네 골목 여기저기를 다니며 말로 놀아주셨다고 한다.

오빠가 "엄마 이건 뭐야?" "이건 또 뭐야?" 하고 끝없이 질문을 쏟아내면 엄마는 "이건 베롱나무고 저건 무화과 꽃이야" 하면서 오빠가 쏟아내는 모든 질문에 일일이 답해주었다고 한다. 그렇게 에너지를 쏟아내고 엄마의 사랑을 채운 오빠는 새벽녘이 되어서야 졸려 하며 집으로 돌아오곤 했난다. 그렇게 집에 돌아오면 등에 업혀있던 나는 엄마가 포대기를 풀자마자 잠에서 깨어 엄마에게 책을 읽어달라고 졸라대며 울었다.

그 젊은 시절 아빠가 육아에 동참해줬을 리는 없다. 게다가 엄마는 뇌경색으로 쓰러지신 할아버지 병간호와 때때로 꼬장꼬장한 시어머니의 모진 시집살이를 겪는 중이었다. 큰집이라 일 년에 제사를 10번이나 치러야 했다. 시동생들의 뒷바라지도 엄마의 몫이었다. 그 와중에도 엄마는 뼈를 깎는 노력으로 두 아이를 업고 안고 다니셨으니 얼마나 지치고 힘들었을까!

그런 삶 속에서 엄마의 희망은 오로지 자식이었다. 엄마가 나와 오빠의 사랑과 희망이었듯, 엄마 또한 자식을 희망 삼아 억척스러운 삶을 개척할 수 있었다. 그렇게 살아오는 여정 중에도 힘이 조금이라도 남는 날에는 책을 읽어주셨으니, 그것은 분명 큰 사랑이었다.

명작 동화 네 권이 나란히 놓여있는 모습을 생각하면 언제나 마음이 따뜻해진다. <빨간 구두>, <인어 공주>, <신데렐라>, <잠자는 숲속의 공주> 책에 대한 기억은 이래서 매우 중요하다.

힘든 삶 속에서도 자식에게 책을 읽어주며 엄마는 희망을 보았을 것이다. 엄마를 따라 한글을 읽는 아이를 바라보며 엄마는 하루의 피로를 풀었을 것이다.

엄마의 희생으로 성장한 나였지만 나는 내 아이들에게만큼은 희생이 아닌 헌신의 사랑을 주고자 노력했다. 때론 부족했을지라도 내 부모님께 받았던 사랑보다 1그램이라도 더 큰 사랑을 주고자 시작한 책육아가 모든 교육의 문을 열었고 더 폭넓은 가능성으로 연결되었다. 두 아이는 자신의 호기심으로, 책과 놀이로 배움을 이어나가고 있다. 책이라는 하나의 씨앗이 과학, 수학, 역사, 철학, 문화, 예술, 창작, 종교라는 줄기로 뻗어나가고 있는 중이다.

03

태교의 핵심은 기쁨과 긍정의 감정

친정 아빠의 죽음으로 온 가족이 우울감에 젖어있던 그때 나의 임신 소식은 분위기를 전환시켜주었다. 친정 식구와 시댁 모두 축하해주었다. 아이는 그렇게 존재 자체로 환영을 받으며 나와 하나가 되었다. 온 가족의 축하와 기쁨이 태아에게 그대로 전달되는 듯했고, 온 가족의 축하로 나는 더 기뻤다.

실제로 배 속의 태아는 엄마의 감정을 그대로 느낀다고 한다. 임신한 엄마가 수치심을 느끼면, 태아에게 그 감정이 고스란히 전달되어 아기도 자신의 존재를 부끄러워한다. 태아의 존재를 환영해주었을 때 아이는 삶을 축복으로 받아들인다.

태아와의 교감 시간도 중요하다. 교감은 주로 태담을 통해 이루어지는데, 나는 이 시간이 즐거웠다. 5주 차 되던 날 배 속에 와준 아이의 존재를 알게 되었고, 성별이 무척이나 궁금했지만 남아든 여아든 환영하고 축복하며 맞이했다.

아이가 태어나면 모유 수유를 하고 싶어서 모유 수유 지정 병원으로 자리를 옮겼다. 그때가 임신 5개월 차였다. 그 병원에서는 아이의 성별에 대한 힌트를 주었다.

"분홍색으로 출산 준비물 준비하세요."

의사 선생님의 말씀에 진료실이 떠나가라고 웃었더니 의사 선생님과 간호사 선생님 모두 깜짝 놀랐다.

"그렇게 좋으세요?" 하고 묻던 의사 선생님의 말씀이 지금도 생생하다.

내심 성별 구분 없이 환영해주어야 한다고 생각하면서도 딸이라서 더 좋았던 것이다. 출산 준비물을 준비하면서도 싱글벙글 웃음이 나왔다. 그렇게 좋을 수가 없었다. 분홍색 베냇저고리, 레이스 달린 점프 슈트, 백일이 지나면서 입힐 손수건만 한 원피스를 준비하는 것이 소꿉놀이 하는 것처럼 행복하게 느껴졌다. 신생아에게 필요한 용품이 어쩜 그리 아기자기한지 바라만 봐도 행복했다. 작고 앙증맞은 손싸개와 발싸개를 어루만지며 아기에게 태담을 했다.

"사랑아~ 우리 사랑이 태어나면 입게 될 베냇저고리야. 넘 예쁘지? 양말도 손싸개도 모두 핑크색이야. 이걸 입은 사랑이는 얼마나 예쁠까? 엄마가 사랑이 입혀주려고 베냇저고리도 바느질해서 만들었어. 사랑이는 4월에 태어나니까 엄마가 만든 도톰한 베냇저고리부터 입어보자."

아이가 다 듣고 있다고 확신하면서 태담했다. 그리고 <톡톡톡 영

어태교>과 <탈무드 태교 동화>을 하루 두 시간씩 읽어주었다. 사회생활을 할 때는 돈을 조금이라도 더 벌기 위해 퇴근 후 이태리 레스토랑에서 아르바이트를 하며 참 열심히도 살았다. 그렇게 돈을 버는 것에 초점이 맞춰지다 보니 막상 영어 공부에는 소원해졌다. 아이에게 책을 읽어주는데 그렇게 어색할 수가 없었다. 그래서 영어 CD를 틀어놓고 처음에는 여러 번 반복해서 들었다. 내 귀에 영어 소리와 노래가 익숙해지자 책 한 권을 거의 외우게 되었다. 그렇게 하루를 보내면서 틈나는 대로 배를 쓰다듬으며 영어 노래를 불러주었다. 남편이 퇴근해서 집에 오면 잠들기 전 배 속 아이에게 책을 읽어주길 부탁했다. 남편은 아빠가 되기 위한 연습을 위해 나긋한 목소리로 태아에게 말을 걸고 책을 읽어주었다.

"사랑아. 아빠야~ 아빠가 우리 사랑이한테 책 읽어줄게."

배 속의 태아는 무한한 지능을 가졌다. 세상에 나오기 전 생존에 필요한 만반의 준비를 하기 위해 뇌를 발달시키고 있기 때문이다. 인간의 뇌는 배 속에 잉태되면서부터 발달하기 시작해 생후 36개월까지 뇌의 90%를 발달시킨다고 한다. 그 중요한 시작점인 배 속 환경은 무척이나 중요하다. 엄마 아빠의 다정한 말로 시작되는 태담은 아이의 뇌 발달에 긍정적인 영향을 끼친다. 하루 종일 엄마의 목소리에 익숙한 태아가 세상에 태어나서 낯선 아빠의 목소리를 들으면 운다는 사실을 책에서 읽고는 남편에게 아빠 목소리를 많이 들려주길 부탁했다. 눈앞에 보이지 않는 대상에게 말을 건다는 것은 남자의 입장에서는 난감한 일이기도 하다. 하지만 조금은 부끄럽고 낯설더라도 남편에게 태교의 중요성을 알리고 교육의 장으로 이끌어 오는 지혜가 필요하다.

배 속에서부터 부모의 목소리와 다양한 이야기를 들었던 첫째는 말이 무척이나 빨랐다. 엄마의 품에 안겨 세상을 바라볼 때에도 마치 몸짓, 발짓으로 더 많은 소리를 들려달라는 것을 요구하는 듯했다.

배 속에서부터 많은 이야기를 들었던 아이는 태어나서도 이야기를 많이 듣고 싶어 한다. 배 속에서의 환경과 비슷한 것을 원하기 때문이다. 안정감을 느끼며 지냈던 배 속 환경을 태어나서도 조성시켜 주면 아이는 안정된 정서를 가지게 된다.

나는 태담 외에도 다양한 태교 활동을 했다. 포크아트, 가계부 쓰기, 임산부 요가, 천연 화장품 만들기, 서예, 컬러푸드 요리, 바느질, 모빌 만들기 등 곧 태어날 아기를 떠올리며 하는 활동은 엄마에게도 행복한 일이었다. 엄마가 숫자를 암산하며 쓰는 가계부가 태아의 수학적 사고에 도움이 된다는 기사도 있었다. 엄마가 손으로 무언가를 만들며 느끼는 감정과 뇌 활동이 태아에게 큰 영향을 미친다는 연구 결과도 있다. 직장 생활을 하는 엄마라면 출퇴근 시간을 이용해서 태아에게 말을 걸 수 있다. 엄마가 일하는 것을 즐긴다면, 그런 기쁨이 아이에게 전달되어 긍정적인 효과를 갖는다. 반대로 태교에 전념할 수 없다고 자책하고 죄책감을 느낀다면 아이도 불행을 느낄 수 있다. 어떤 상황에서도 엄마의 감정이 기쁨과 긍정의 주파수에 맞춰져있다면 잘못될 일은 없다. 늘 엄마 자신의 감정을 들여다보고 다독이는 것이 중요하다.

04 두뇌가 폭발적으로 성장하는 시기의 아이를 바라보는 부모의 자세

모든 아이는 영재로 태어난다. 세상에 대한 호기심은 본능이자 영재성의 씨앗이다. 아이들의 호기심을 끊지 않고 지원해주면 아이의 영재성은 꽃을 피운다. 그 시기는 아이마다 다르다. 꽃이 저마다의 개화 시기를 가지고 각기 다른 모양의 꽃을 피워내듯, 아이 또한 자기 자신의 재능을 꽃피우는 시기가 제각각이다.

부모로부터 물려받은 유전자가 다르고 각 가정의 경제적 환경이 다르다 해도 태교부터 유년기 사이에 다양한 책을 접하고, 많은 대화를 나누고, 다양한 경험을 한 아이는 타고난 영재성을 꽃피울 수 있다는 점은 후성유전학이 증명하고 있다. 그런 환경을 만들어주지 못한 부모라고 해도 죄책감을 가질 필요는 없다. 아이는 자신에게 좋은 것을 선택할 힘이 있기 때문이다. 아이는 자신이 좋아하는 것에 빠져드는 경향이 있다. 좋아하는 것을 더욱 좋아하게 도와줄 때 비로소 성취가 이루어진다. 아이가 어릴수록 좋아하는 것에 적극적인 의식 활동이 포함될 가능성이 있다.

의식은 인간이 지닌 지성의 핵심이다. 인간이 태어나는 순간 모든 개인은 어느 정도 측정이 가능한 의식 수준을 갖고 태어난다고 한다. 아이의 잠재 능력과 성장 가능성은 부모의 판단으로 가늠할 수 없고, 가늠해서도 안된다. 판단은 부모의 에고일 뿐이다. 인간의 뇌는 25~35세를 지나야 성숙에 도달한다. 출생 후 영유아기를 거쳐 아동기, 청소년기, 성인기에 이르러서야 지식이 지성으로 무르익고, 뇌가 성숙해야 자아실현이 시작된다. 그런데 영유아기 시절의 아이는 생존 본능이라는 무기를 가지고 있어 자아실현의 꽃을 피우려고 한다. 36개월 이전의 아이가 세상에 대한 호기심으로 이것저것 물어보고, 만지고, 책을 통해 지성을 발달시키는 시기가 있다. 이 시기의 두뇌는 폭발적으로 발달하는데, 부모가 이 시기에 노력과 정성을 기울인다면 육아의 기틀은 다져진 셈이다.

자연 출산 운동을 정립한 그랜틀리 딕리드 박사는 다음과 같이 말했다.

"신생아에게는 세 가지 욕구만이 있을 뿐입니다. 어머니의 팔에서 느끼는 따뜻함, 어머니의 가슴에서 얻는 음식, 그리고 어머니가 같이 있다는 것을 앎으로써 얻는 안정감입니다. 모유 수유는 그 세 가지 욕구를 모두 만족시킵니다."

출산 후 처음 아이를 받아 안았을 때는 눈도 뜨지 못하고 잠만 자던 신생아였다. 엄마의 젖 냄새를 찾아 꼬물꼬물거리며 입을 벌려 먹으려고 애쓰다 이내 다시 잠에 취하곤 했다. 이삼일이 지나자 아이는 눈을 떴고 그제서야 나는 별빛처럼 반짝이는 아이의 눈빛을 볼 수 있었다. 밤하늘의 별빛보다 맑고 빛나던 아이의 눈빛에 비친 나의 모습을 보곤 했다.

아기가 태어나 먹는 음식으로는 모유가 최상이다. 모유에 들어있는 IgA는 대식세포를 활성화하고 세균과 바이러스, 곰팡이 감염을 막아주는 면역글로불린인데, 여기에는 8종의 핵심 단당류 중 5가지 단당류가 들어있다. 모유의 당단백질과 당지질 또한 감염으로부터 아기를 보호해준다. 당 영양소는 인체 세포에 해를 끼치지 않으면서 가장 이상적인 면역 기능이 발휘될 수 있도록 아기의 몸을 지켜준다.

나는 모유 수유로 임신으로 찐 살도 빠진다는 것을 알게 되었다. 엄마에게도 아이에게도 좋은 모유 수유를 꼭 하겠다는 다짐을 했지만 유선이 뚫리지 않아 고생했다. 유네스코 모유 수유 지정 산부인과에서의 출산은 모유 수유 강행군으로 이어졌다. 유선염으로 고열이 난 적도 있었고 어떻게 해서든 모유를 먹이려고 노력했는데 아기는 그만 황달에 걸려버렸다. 황달 수치가 높다는 이유로 먼저 광선치료를 받게 되었다. 그때 소아과 진료 대기실에서 만난 어느 산모의 친정어머니께서 이런 조언을 해주셨다.

"내가 산후 도우미 경력 15년 차인데, 모유 수유 시작하다가 아기가 황달에 걸린 산모 여럿 봤어요. 모유를 잠시 중단하고 산양 분유 2주만 먹여봐요. 태변 다 누고 나면 황달 싹 나아있을 거예요. 엄마는 유축해서 모유 얼려놓고 아기가 나으면 그때 모유 수유를 다시 시작해도 돼요."

유축을 하면 모유의 양이 줄어들고 결국은 모유가 마른다는 정보도 봤던지라 초보 엄마인 나는 고민의 갈래에 섰다. 산부인과의 모유 수유 담당 선생님은 그래도 직접 수유를 하는 게 좋다고 말씀하셨다. 담당 선생님의 말씀대로 모유 수유를 진행했는데, 결국 황달 수치는 나아지지 않았다. 그 일을 통해 지식보다 경험에서 우러나오는 지혜가 중요하다는 것을 깨닫게 되었다. 모유 황달로 아이는 신생아 집중치료실의 광선치료기 속에 들어가게 되었다. 간호사의 손길은 차가웠다. 아기에게 치료를 받자는 이야기를 해줄 틈도 주지 않고 겉싸개에서 아기를 빼내서는 곧장 진료실로 집어넣었다.

나의 작고 소중한 첫 아기는 무력하게 불안의 기억을 몸에 새기게 되었다. 속싸개와 손 싸개를 하지 않아 광선치료기 속에서 엄마를 찾느라 두 팔을 허우적거리고 있었다. 면회는 하루 30분만 가능했다. 아기를 보고 집으로 돌아오는 발걸음이 무거웠다. 아기는 엄마의 목소리를 듣던 태내 환경에서 세상에 태어나 무지막지한 일들을 겪게 되었다. 그로 인한 아기의 불안한 감정을 무엇으로 치유해줄 수 있었을까?

캥거루 케어로 생명을 되찾은 미숙아 영상과 기사를 찾아본 후 아기의 퇴원 날만 기다렸다. 6일 만에 정상 수치를 되찾은 아기를 안고 그날부터 나는 캥거루 엄마가 된 듯 늘 아기를 안고 다녔다. 아기의 불안감을 치유하기 위해 안고 다닌 모든 날들이 아이의 영재성을 키워주는 자양분이 되었다. 아기 띠로 포근하게 끌어안고 다니며 아기에게 수많은 이야기를 들려주었기 때문이다.

05

자기 주도적인 아이로 키우기

미국 실리콘밸리의 첨단 기술 연구 단지의 핵심 인력들은 자기 자녀에게 최첨단 기기를 주는 게 아니라 오히려 몬테소리식 교구로 학습을 한다. 과한 자극을 삼가고 아이가 생각하면서 공부할 수 있는 환경을 만들어주는 것이다. 그에 반해 대한민국 아이들의 스마트폰 보급률은 어떠한가? 초등 저학년 아이들의 하굣길 모습을 관찰해보면 너나 할 것 없이 모두 스마트폰을 바라보면서 학원 차를 기다리고 있다. 스마트폰으로 친구와 게임을 하는 게 요즘 초등생들의 일과다. 우리나라 게임 회사 CEO들 역시 자신의 자녀들에게는 게임기를 주지 않는다고 한다. 그도 그럴 것이 자라나는 아이는 뇌가 미성숙한 상태인데, 게임과 과도한 영상을 노출하면 뇌에 악영향을 미친다는 사실을 잘 알고 있기 때문이다.

장시간의 영상 시청이 아이의 뇌에 어떤 영향을 미치는지 알려주는 강연을 들은 적이 있다. 아이의 뇌를 단층 촬영한 사진을 보니, 장시간 미디어에 노출된 아이의 뇌는 중심 부분이 진한 보라색으로 변해 있었다. 정상적인 뇌와 색깔이 확연히 구분되는 사진을 보면서 큰 충격을 받았다. 이후 나는 더욱 영상 시청 시간을 조절하게 되었다. 과한 시각적 노출에 자극을 받은 아이의 뇌는 공격적인 행동으로 표출된다. 과도한 영상 시청은 뇌를 망친다. 그러므로 잔잔한 자극이 되는 책을 통한 대화와 몸을 쓰면서 노는 놀이로 아이를 이끌어주어야 한다.

아이의 지능을 발달시키고 부모와 아이 사이를 끈끈하게 이어주는 놀이가 있다. 바로 바둑, 장기, 체스, 고누, 윷놀이와 같은 전통 놀이다. 마인드 스포츠의 일종으로, 생각하는 힘과 집중력, 끈기, 과제 집착력 등 마음의 근력을 키워주기에 적합한 놀이다.

온 가족이 둘러앉아 윷놀이를 하며 웃음꽃을 피웠던 추억은 누구나 하나씩 가지고 있을 것이다. 말이 말을 업고 전체적인 경기를 승리로 이끌도록 하는 놀이는 결국 거시적 관점을 키워준다. 마인드 스포츠의 꽃은 바둑과 장기라고 생각한다. 나는 어린 시절 아빠의 영향을 참 많이도 받았다. 아빠는 솥뚜껑 같은 두툼한 손으로 윷놀이와 장기, 공기놀이를 정말 많이 해주셨다. 자연에서의 놀이, 한자의 중요성, 꾸준히 노력하면 반드시 성과를 얻을 수 있다는 자기 확신, 일의 기초인 기획력 또한 아빠와의 장기 놀이를 통해 배웠다. 아빠는 장기 말의 반을 떼어놓고 경기를 하면서도 늘 나를 이겼다. 초등학생이었던 나는 발끈했다. 자녀가 유아기라면 아이가 눈치채지 못하게 많이 져주며 이기는 경험을 자주 갖게 하는 것이 좋다. 하지만 초등 중학년이라면 부모가 져주기만 하는 것이 아니라 살살 약 올리면서 이기고, 아이가 발끈하는 오기를 발동시켜서 부모를 뛰어넘을 수 있게 노력하도록 유도해야 한다. 나는 이것을 아빠의 육아 방식을 통해 배웠다.

마인드 스포츠만이 줄 수 있는 장점이 있다. 바둑이나 장기, 윷놀이를 하는 과정에서 아이의 뇌는 많은 생각을 하면서 여러 변수를 고려해야 한다. 그렇다고 실력이 바로 느는 것도 아니다. 게임에서 승리하려면 수많은 연습이 필요하고 집중력이 필요하다. 그 과정을 놀이를 통해 배우는 것이다. 전체의 흐름을 읽으면서 앞날을 예측하고, 하나하나의 선택이 전체의 판도를 어떻게 바꿔가는지를 보면서 전략과 전술을 배울 수 있다. 느림의 미학을 통해 엘리트 인재로 성장하는 것이다.

부모가 아이와 함께하는 놀이 속에서 생각을 깊이 하고, 책을 통해 다양한 배경지식을 쌓은 아이는 변화가 빠른 시대의 리더로 자라날 수 있다. 4차 산업혁명 시대에는 창의적인 인재가 필요하다. 창의력을 가진 인재는 풍부한 호기심을 바탕으로 창조 능력을 발휘한다. 창의력은 무에서 유를 만들어내는 것이 아니라, 기존에 있는 것과 또 다른 무언가를 융합해서 새로운 것을 만들어내는 능력이다. 융합력이 핵심이다. 사물을 유심히 관찰하면서 번뜩이는 영감을 통해 재창조할 수 있는 능력이 있어야 한다. 이런 능력은 일상에서 아이가 보이는 호기심을 통해 발달된다. 아이는 놀면서 배우는 존재이기 때문이다. 논다는 것은 즐기는 것이므로 노는 와중에 배우는 배움이야말로 진정으로 자기 것이 된다.

천재는 노력하는 자를 이길 수 없고, 노력하는 자는 즐기는 자를 이길 수 없다는 말이 있다. 노력에는 많은 에너지가 들어간다. 긴장된 상태로 오랫동안 집중해야 하기 때문이다. 즐기는 사람은 활씬 더 적은 에너지로 이 과정을 해낸다. 즉, 즐기는 것이 꾸준히 하는 비결이 된다. 이런 집중력은 놀이를 통해 발달한다.

육아는 아이를 키우는 동시에 엄마인 나 자신을 재양육하는 과정이다. 이미 다 자란 성인을 누가 키워주지 않는다. 매일 반복되는 일상이 누적되어 조금씩 변화하는 것이다. 등 떠밀어서 해내는 것에도 한계가 있다. 나 자신이 스스로 크는 과정이 진정한 육아다. 아이 또한 어느 시점이 되면 스스로 자란다는 느낌이 들 때가 온다. 엄마의 손이 많이 가는 영유아기 시절에 힘들더라도 조금만 더 정성을 기울인다면 어느새 자기 주도적인 아이로 성장해있다. 자기 스스로 성취한 일에 대해 큰 기쁨을 맛본 아이들은 점점 더 스스로를 성장시키기 위해 노력한다. 너른 품을 가진 부모는 아이가 잠재된 힘을 발휘할 수 있을 때까지 믿고 기다려줄 수 있다.

to think!

여러분의 아이가 좋아하는 분야에는 어떤 것들이 있나요?

06

육아의 네 가지 뿌리

'Simple is best.' 내 삶의 원칙이다. 단순함은 힘이 세다. 단순해지기 위해서는 일단 가능한 한 많은 것을 경험하고, 경험을 통한 통찰력을 길러야 하며, 지금껏 쌓아올린 에고를 깨부수어야 한다. 그러고 나면 꼭 필요한 것만 남고 나머지는 가지치기를 해서 내가 진정 추구하는 단순한 삶의 철학이 세워진다.

사랑은 육아가 이루어지는 기본 토대이자 뿌리다. 모든 것의 초석은 사랑이다. 육아는 사랑이라는 근원으로부터 뻗어 나가는 줄기인 셈이다. 사람은 사랑 없이는 살지 못하는 존재다. 그중에서도 엄마의 사랑이야말로 가족의 관계를 이어주는 중심이 된다. 나는 사랑을 기반으로 그 위에 네 개의 기둥을 세웠다. 바로 눈빛 교환, 자연에서의 몸놀이, 대화, 책이다.

눈빛 교환

아이가 부모를 바라보는 횟수보다 부모가 아이를 바라보는 횟수가 많을 때 아이는 사랑받는다고 느낀다. 아이가 엄마를 바라볼 때 늘 같이 눈을 맞출 수 있도록 엄마의 관심을 아이에게 집중하고 있어야 한다. 아이가 어릴수록 더욱 그렇다. 부모가 하루 종일 TV를 틀어놓고 멍하게 있는 것은 쉬고 싶기 때문이기도 하지만 그보다 어린 시절 자신의 부모에게 눈빛을 받은 경험이 적기 때문이기도 하다. 한마디로 부모로부터 받은 사랑 에너지가 고갈되어 근원 에너지가 소진된 것이다. 물론 쉼을 통한 재충전은 필요하지만 그렇다고 해서 TV만 무작정 틀어놓고 아이에게 보게 하는 것은 지양해야 한다. 이는 같은 공간에 함께 있어도 서로 다른 세계에 있는 것과 같다. 부모와 감정의 연결이 끊긴 아이들은 방치의 상처를 입게 된다.

우리 가족은 TV에 연결되었던 유선방송과 요금제 TV를 위약금을 내고 해지했다. 아이와 가깝게 지낼 수 있는 집 안 환경을 만들기 위한 노력이었다. 물론 나와 남편 또한 책 읽을 시간을 확보하기 위해 결단한 행동이다. 그런 결단력이 쌓이고 쌓여 지금 우리 가족은 책을 좋아하는 가족이 되었다.

책을 읽는 아이의 모습을 사랑스럽게 바라보는 엄마의 시선을 아이도 느끼고 있었다. 아이가 바라보는 곳에 무슨 그림이 있고 무슨 텍스트가 있는지, 아이가 그걸 바라보며 무슨 생각을 하고 있을지 나는 늘 관찰하고 생각했다. 회사 일이 바빴던 남편이지만 설거지만큼은 도움을 받았고, 최대한 집안일에 연연하지 않으려고 애썼다.

결혼 전에는 청소 강박증이 있을 정도로 퇴근 후 방바닥 걸레질을 두 번씩 하던 나였다. 그런데도 아이가 어지르는 것에는 덜 신경 쓰려고 노력했다. 육아서에서 크게 감명받은 문장을 읽은 덕분이었다. <믿는 만큼 자라는 아이들>의 저자 박혜란 작가는 가수 이적을 포함해 아들 셋을 키운 어머니다. 세 아들을 키울 때 늘 집이 어질러져 있었다고 한다. 아이들과 총싸움 칼싸움을 하며 뛰어놀던 집은 늘 먼지와 신문지, 책이 여기저기 널브러져 있었는데, 청소를 하지 않아도 문제없이 살 수 있었던 것은 코끼리 발바닥처럼 무던한 성격 덕분이라는 글이 있었다.

평소 서글서글했던 사람도 엄마가 되고서 날카롭고 예민해지는 경향이 있다. 출산 후 호르몬이 불안정해지면서 신경이 예민해지는 것이다. 내가 그런 케이스였다. 아이가 아플 때 병원에서 악몽 같은 경험을 했고, 엄마가 되는 과정에서 녹록지 않은 무거운 책임감으로 나는 예민해졌다. 그러다가 박혜란 작가의 책을 읽으며 조금은 둥글고 넉넉한 마음을 가지기 시작한 것이다. 그때부터 집안일에 되도록 덜 신경을 썼다. 먼지가 보여도 슥 밀어버리고 못 본체했다. 신기하게도 집 안이 깨끗했을 때보다 먼지가 쌓여있을 때 두 아이는 더 건강하게 잘 자랐다. 아무래도 자연 면역이 생긴 것 같았다.

엄마의 마음이 여유로워질수록 아이는 책에 더 깊이 몰입하는 날이 많아졌다. 그럴 때 아이의 속눈썹 너머의 눈빛이 정말 고요하고 아름다웠다. 나도 어린 시절에 TV에 방치된 날이 많은 사람이었다. 바쁜 부모님과 조부모님과 살았기에 매 순간 엄마는 내 곁에만 있을 수 없었다. 그래서 나는 강렬한 사랑의 눈빛을 받은 경험도 있지만, 자라면서 엄마의 부재로 인한 상처로 아이에게 눈빛을 주기가 어려운 순간도 있었다. 그럴 때마다 알아서 불행을 끊으라는 아빠의 말씀을 떠올렸고, 엄마의 따스한 눈빛이 아이들에게는 세상에서 가장 큰 선물이라는 생각을 떠올렸다. 잊지 말자. 아이는 엄마의 눈빛을 받을 때 사랑을 느낀다.

자연에서의 몸놀이

육아가 익숙하지 않은 아빠라 해도 책을 읽어주는 것과 놀이는 충분히 할 수 있다. 자연에서의 몸놀이는 아빠를 통해 배웠다. 비록 아빠가 사랑 표현에 익숙하지 못했을지라도 농한기 자연에서의 놀이만큼은 만족스러웠고, 당신이 자신 있는 장기와 공기놀이를 통해 우리와 함께할 수 있었다. 내가 지닌 낙천적인 정서와 자신감은 이 시기에 형성되었다.

아이가 부모에게 사랑받는다는 느낌을 갖는 요소 중에 스킨십이 있다. 스킨십을 많이 받은 아이들은 사랑받는다는 느낌이 충만해진다. 몸놀이를 포함해서 가볍게 쓰다듬어주는 스킨십만큼 서로를 가깝게 해주는 것도 없다. 아이가 어릴수록 몸으로 안아주고 업어주고 놀아주는 것은 큰 사랑을 선물하는 것이다. 부모로부터 몸놀이를 많이 받은 아이들은 스스럼없이 친구들과도 잘 어울린다. 부모와의 좋은 관계가 좋은 사회성으로 이어지는 것이다.

반대로 부모와 몸놀이를 통한 교류가 어색한 아이들은 친구들과도 잘 어울리지 못한다. 안타까운 현실이다. 어린 시절 자연에서 뛰어놀고 부모와 몸으로 놀아본 경험은 정말 중요하다. 아이의 발달에 지대한 영향을 미치기 때문이다.

앞서 말했듯이 자연에서 놀면서 자란 아이들은 야생성이 살아있다. 자연의 넓은 품에서 뛰어놀다 보면 아이들은 자신의 본능에 충실해진다. 자기 자신으로부터 멀어지지 않는 것이다. 위험이 도사리고 있는 도시화된 현실에서 아이가 자신의 감각의 날을 세워 주체적으로 살아가는 것은 굉장히 큰 힘이 된다. 부모는 아이를 키울 때 온실 속의 화초로 만들어서는 안 된다. 비가 오고 바람이 불어도 뿌리 뽑히지 않을 그 아이만의 자생력을 길러주어야 한다. 자연에서의 몸놀이만큼 그런 힘을 길러주는 것도 없다.

요즘에는 자연에서 아이를 키우자는 자연 생태주의 교육이 널리 퍼지면서 일반 어린이집에 다니는 아이들도 숲으로 자연 체험을 떠나는 일이 늘어나고 있다. 이미 많이 오염된 환경에서 태어난 아이들은 기저 질환부터 가벼운 아토피까지 전에 없던 새로운 질병을 앓고 있는 경우가 많다. 아토피도 일종의 자가면역질환이다. 적절한 자극을 통해 외부 침입자에 대응하는 힘을 키워야 하는데 지나치게 차단된 환경은 몸의 대응력을 키우지 못한다. 아토피 피부를 가진 아이들이 자연에서 마음껏 뛰어놀며 자연 치유를 경험하는 사례는 아주 많다. 디지털과 온라인, 사이버 공간 등 폐쇄적인 환경에 익숙해진 우리의 아이들에게 자연 속에서 마음껏 뛰어놀게 하는 자연 생태 교육이 인기 있는 대안 교육으로 떠오르고 있는 이유이기도 하다.

자연에는 치유의 힘이 있다. 나 역시 어린 시절 자연에서 마음껏 뛰어놀았던 경험 덕분에 그 어떤 어려움도 이겨내는 생명력을 지닐 수 있었다. 자연의 너른 품은 마음의 포용력을 길러준다. 물이 위에서 아래로 흐르듯 내 안의 감정을 막지 않고 자연스럽게 흐르게 하면 몸과 마음이 정화된다는 것을 자연을 통해 배웠다. 우리의 아이들에게 가르쳐주어야 할 것은 자연의 섭리이다. 나는 이 말을 좋아한다.

"자연이 그를 가르치게 하라."

이는 많은 의미를 내포하고 있다. 자연의 순리대로 키운 아이는 자유롭고 억압되지 않아 자신의 감정을 잘 알아차리고 풍부한 정서를 지니게 된다. 자연 속에서 자란 아이는 자연의 싱그러움을 그대로 간직하고 있다. 자연은 잔소리를 하지 않는다. 자연에서 마음껏 뛰어노는 가운데 몸과 마음은 균형과 조화를 이루고 즐거움을 알게 된다. 그 즐거움이 곧 에너지가 된다.

자연은 아이들이 뛰어놀며 섭생을 배우기에 더없이 좋은 환경이다. 가까운 뒷산이나 집 근처 공원에서도 얼마든지 자연을 느낄 수 있다. 풀 한 포기, 사계절 피고 지는 들꽃, 그늘을 내어주는 나무, 그 속에서 살아가는 작은 곤충들의 바삐 움직이는 모습까지 아이들이 보고 배울 수 있는 것은 무궁무진하다. 아이들은 자연 속에서 경이로움을 배운다. 우리가 거대한 우주의 일부로서 서로가 연결된다는 것을 알게 된다. 아이의 시선을 디지털 기기에서 자연으로 돌리게 하자. 아이의 두 눈을 바라보며 그 속에서 우주를 발견하자. 아이의 우주를 바라보며 그 속에 담긴 잠재력을 키워주는 부모가 되자. 아이라는 소우주가 자연에서 자신의 잠재력을 키워나갈 수 있게 기다려주는 미덕을 가진 부모가 되자.

대화와 책

언어는 사람과 사람을 이어주는 소통의 수단이다. 아이들은 언어 습득 능력을 가지고 태어난다. 어린아이의 언어 습득 능력은 성인 능력의 몇 배에 달한다. 이 또한 생존 본능이기 때문에 그렇다. 다양한 어휘를 들려줄수록 아이의 언어능력은 유창해진다. 일상에서 부모가 나누는 대화 속 어휘는 평이하다. 고급 어휘를 많이 들을수록 아이의 지능은 발달한다. 나는 첫아이의 언어능력을 키워주기 위해 되도록 고급 어휘를 사용하려고 노력했다. 책을 있는 그대로 읽어주는 것만 해도 큰 효과가 있었다. 일상어 이상으로 고급 어휘가 많이 담긴 것이 책이기에 더욱 다양한 영역의 책을 구비해놓고 그저 읽어주기만 했다. 때로 아이가 궁금한 점이 생겨서 나에게 질문하면 그 책으로 대화가 이어졌다. 엄마의 말로 쉽게 풀어주기도 하고 책의 고급 어휘를 그대로 들려주기도 했다. 그러다 보면 자연스럽게 아이와 나누는 대화가 풍부해졌다. 아이 또한 대화를 통해 자신의 생각을 표현하고 어휘를 늘려나갔다. 다양하게 고급 어휘를 구사하는 것은 언어 영재의 특징이다. 높은 지능은 모든 영재성(미술, 음악 분야 등)과 연결될 때 빛을 발할 수 있다.

우리가 흔히 아는 지능검사인 웩슬러 검사는 어휘를 바탕으로 한다. 다양한 어휘를 많이 듣고 자란 아이들은 이 검사에서 높은 지능

점수를 받을 수 있다. 하지만 IQ가 모든 것을 반영하지는 않는다는 사실을 최근에는 많은 사람들이 인식하고 있다. 예전에는 개인의 IQ가 중요한 요소였다. IQ가 높으면 당연히 공부도 잘할 것이라고 예상했다. 과연 그럴까? IQ 검사 결과가 높으면 공부를 당연히 잘할까?

미국 로스앤젤레스 대학에서 연구한 '지능지수와 수학 성적의 연관성'에 따르면, IQ와 수학 성적은 학년이 높아질수록 서로 필연적으로 영향을 미치는 것은 아니라고 오히려 공부 방법이나 동기부여, 공부를 대하는 긍정적인 태도가 성적 향상에 도움을 준다는 점을 밝혀냈다.

결국 부모가 자녀에게 책을 읽어주며 아이가 다양한 어휘를 구사하는 것은 바람직하지만, 똑똑한 아이를 부모의 자랑으로 앞세우는 것은 지양해야 한다. IQ 검사보다 우선되어야 하는 것은 아이 존재 자체에 대한 깊은 사랑이다.

to think!

어린 시절 부모님으로부터 충분히 사랑받았다고 생각하시나요?

2장

책육아를 위한 준비

01

흔들리지 않는 마음 준비

새벽은 염원의 시간이다. 해가 뜨기 직전이 가장 어둡다. 그 시간에 자신의 미래를 위해 책을 읽거나 기도를 해본 사람들은 알 것이다. 그 시간이 가장 우주와 가깝게 연결되는 지점이라는 사실을.

18살부터 외할아버지의 가르침으로 새벽 기상을 했던 나는 가정 형편이 어려워졌을 때 새벽 기상을 하면서 나의 염원을 빌었다. 동네를 가볍게 조깅하면서 떠오르는 해를 바라보며 혼잣말을 중얼거리곤 했다.

"나에게 닥친 상황이 어쩔 수 없는 것이라면, 내가 이겨낼 수 있는 힘을 주세요."

"나는 나의 가족이 다시 안정을 찾을 수 있도록 노력할 것이다. 나의 부모님과 나의 형제가 어려움을 뚫고 이겨낼 수 있도록 밑받침이 되어줄 것이다."

이런 말을 떠올리면 힘든 감정이 복받쳐서 울컥하고 눈물이 나곤 했다. 운동을 통해서 근육을 단련시키듯 세상이 주는 풍파는 나의 마음 근육을 단련시키기에 충분했다.

그랬던 내가 엄마가 된 뒤에는 아이가 자꾸만 책 읽어달라는 시간이 길어지면서 점점 밤을 새고 나서 새벽을 달리게 되었다. 그때 육아는 장기 체력전임을 깨달았다. 마라톤도 이런 마라톤이 없었다. 아이를 낳아서 성인이 되기까지 20년은 온전히 부모가 아이와 함께하는 장기 마라톤이기에 지치지 않도록 엄마 자신을 잘 다독여야 한다.

새벽을 달리던 책의 바다 시기를 지나서도 아이는 밤늦은 시간과 새벽 시간의 독서를 좋아했다. 아이에게 원하는 만큼의 책을 읽어주고 나면 목소리가 쉬어서 아무 말도 할 수가 없었다. 남편은 자고 있었고, 오로지 나 혼자만 세상에 남은 느낌이었다. 때로는 나가서 친구도 만나고 싶고 혼자만의 시간을 가지고 싶었지만 내 옆에서 쌔근쌔근 잠든 아이를 바라보고 있노라면 그럴 수 없었다. 아이에게는 내가 세상의 전부임을 이미 여러 번 느꼈기에 더욱 그랬다.

아이를 키우고 나서 먼 훗날 내가 나를 되돌아봤을 때 아이가 자고 있는 이 귀한 시간에 무엇을 하면 좋을지를 생각해봤다. 스마트폰으로 여기저기 기웃거리며 한두 시간 써버리고 잠든 날은 후회가 막심했다. 남는 것도 없었고, 시간을 쓰레기통에 버린 것만 같았다. 스마트폰에서 나온 청색광 때문에 숙면도 취하지 못했다. 이렇게 계속 사는 것은 바람직하지 않다는 결론에 이르자 나는 무식하게 책만 읽자고 다짐하게 되었다. 책을 읽은 다음 날은 머리도 맑고 잠도 푹 잘 수 있었다. 무엇보다 아이의 행동이 무얼 하든 다 예쁘고 사랑스럽게 느껴졌다.

아이가 잠든 새벽 시간 30분은 무조건 내 책을 읽었다. 무슨 책이든 무작정 읽었다. 진도가 안 나갈 때는 예전에 읽었던 책을 반복해서 또 읽었다. 사실 심리학 이론이 담긴 전공서보다 육아서가 나에게는 더 어려웠다. 육아는 과학이기 때문에 그렇다는 생각이 들었다. 정말 다양한 분야에 대한 이해가 있어야 육아를 잘할 수 있다는 사실을 여러 책을 보며 느꼈다.

귀한 새벽 시간에 책을 읽고 메모한 내용은 나에게 큰 자양분이 되어주었다. 책을 읽고 나면 맑은 정신으로 의식이 깨어있는 부모가 된 느낌이었다. 책을 통해 의식에 촛불이 켜지는 순간을 새벽 시간마다 경험했다. 이렇게 노력하는 것만으로 아이는 잘 자랄 것만 같았다.

두 아이의 책육아를 통해 나는 밤-새벽형 인간이 되었다. 아이들에게 책을 읽어주고 나면 12시, 2시, 4시에 잠들곤 했다. 아이들이 까무룩 잠든 그 시간부터 2시간 정도는 아주 깊이 잠들기 때문에 이 시간에 내가 할 수 있는 활동을 했다. 나 역시 지칠 대로 지쳤기 때문에 가만히 누워서 육아서와 심리서를 두 시간 정도 읽다 잠이 들었다.

첫째가 초등학생이 되면서는 아침-새벽형으로 바꾸어야 했다. 아이의 등교 시간이 8시 50분이니 7시 30분에는 일어나야 하는데 새벽 늦게까지 아이들에게 책을 읽어주고 나도 책을 읽고 나면 4~5시는 기본이었다. 그러면 수면 시간이 3~4시간이 채 되지 않아서 일상생활이 힘들었다.

코로나로 인해 온라인 수업으로 대체된 날이 많았던 2021년은 등교를 몇 번 하지 않았지만 아이는 학교에 많이 가고 싶어 했다. 그래도 등교가 아닌 집에서 온라인 수업을 듣는 아이의 기상 시간이 7년간의 밤 새벽 독서 패턴을 아침 새벽 패턴으로 바꾸는 데 적응 기간이 되어주었다.

엄마의 독서 시간을 확보하기 위한 방편으로 남편이 육아에 참여해야 한다. 엄마는 로봇이 아니다. 감정적 휴식도 필요하다. 나는 둘째가 어느 정도 크고 나서는 남편에게 죽이 되든 밥이 되든 두 아이의 육아를 맡기고 한 시간 정도씩이라도 혼자만의 휴식을 가졌다. 그러고 나면 육아에 지친 몸과 마음이 한결 나아졌다.

전 직장의 복귀 러브콜도 마다하고 육아에 매진한 지난 10년이 빛나고 보람된 것은 마음이 소진되지 않도록 나 자신을 다독여가며 오랜 기간 정진한 결과이기도 하다. 남은 육아 후반전 또한 소중한 새벽 시간을 활용해서 공부하고 더욱 성장하는 엄마가 되어야겠다고 다짐했다.

누구나 살아가면서 성공을 바란다. 성공의 기준 또한 사람마다 다르지만 좋은 결과를 얻기 위해서는 매일 쌓아가는 노력이 필수다. 오늘 걷지 않으면 내일은 달려야 한다. 우리에게 주어지는 소중한 하루를 신의 선물로 여기고 매일 조금씩 책을 읽어보자. 맑은 정신으로 깨어있을 수 있도록 충분히 수면을 취하고 몸 컨디션을 회복하자. 하루이틀 쌓여가는 책의 페이지만큼 자신의 지성이 자라나는 것을 느낄 수 있을 것이다. 그것만큼 보람되고 기쁜 일은 없다.

02

나다운 엄마
나다운 육아

나답다는 것은 무엇일까? 소크라테스는 "너 자신을 알라"라고 말했는데, 나는 나 자신에 대한 성찰이 무르익지 못했는지, 초보 엄마여서인지 나다운 육아를 하기가 어려웠다. 그래서 육아를 공부하기 시작했다. 아이를 정말 잘 키우고 싶다는 열정으로 오랜 기간 동안 여러 육아 고수들의 책을 탐독했다.

다양한 사례를 검토한 후에 내가 세운 원칙은, 어떤 상황에서도 책은 엄마가 읽어주자는 것이었다. 책 읽어주는 엄마의 행동을 통해 아이들은 사랑을 받는다는 사실을 깨달았기 때문이다. 책 읽어달라는 요구를 하는 것 자체가 책을 좋아하는 아이라는 뜻이다. 나는 아이가 세상을 살아가기 위한 지혜를 책을 통해 배우고, 책 속의 의대한 인물들을 멘토 삼아 스스로의 삶을 꾸려나가는 사람이 되길 바란다.

그래서 나 역시 비전을 세우고 책 읽는 뒷모습을 보여주려 노력했다. 나는 R=VD(Realization=Vivid Dream, 생생하게 꿈꾸면 이루어진다)라는 말을 좋아한다. 나만의 꿈 지도를 만들고, 간절히 원하는 것의 우선순위대로 생생하게 이미지화했다. 내가 원하는 대로 이루어진다는 강력한 확신은 꿈이 현실이 되는 시간을 점점 단축시켜주었다.

예전에는 삶에 대한 기준이 불분명했기 때문에 주변 사람들의 말에 휘둘리는 경향이 있었다. 남에게 휘둘리지 않으려면 스스로 중심을 잡아야 한다. 내가 지킬 수 없는 원칙은 오히려 나에게 스트레스가 된다는 것을 경험적으로 깨달았기 때문에 최대한 심플한 원칙을 세웠다. 그리고 다양한 육아 노하우를 적용해보고 아니라고 느껴지는 것은 과감히 버리면서 나에게 맞는 방법을 취사선택했다. 옆집 아이의 성향에 맞는 육아 방식이 내 아이에게는 맞지 않을 수 있다. 그래서 전업 책육아맘으로 10여 년을 살아온 나는 누군가 워킹맘의 입장에서 추천하는 학원이라든가 사교육의 정보는 들어놓되 내 것으로 가져오지는 않았다.

아이에게 사교육이 꼭 필요한 순간에는 시키는 것도 좋은 방법이다. 하지만 아이가 어리면 어릴수록 독서에 대한 깊이를 더해주는 것이 좋다. 독서는 아이 스스로 책을 읽고 이해하고 생각하고 다양한 관점에서 상상해봄으로써 사고를 확장할 수 있는 최고의 배움 수단이다. 읽는 능력이 향상되어야 점점 어려워지는 국어 학습에 대한 아이들의 습득 능력이 길러질 수 있기 때문이다.

대한민국은 입시를 빼놓으려야 빼놓을 수 없다. 입시의 관문인 수능 시험 국어 영역의 지문은 갈수록 어려워지고 길어지면서 아이들의 독해력과 문해력이 발달되어있지 않으면 이해하기 어려운 구조로 흘러가고 있다. 독서력의 힘을 어린 시절부터 길러야 하는 이유가 입시에서도 드러나고 있는 것이다.

읽기 능력은 듣기에서부터 시작된다. 가정에서부터 엄마가 책을 읽어주는 것이 모든 교육의 시작이다. 나는 가장 단순한 육아 원칙을 세우고 그것 하나만 지켰다. "엄마가 책을 읽어주는 것." 그 외의 모든 활동은 덤이라는 생각으로 아이가 하는 행동을 전적으로 지지하려고 노력했다.

책 읽어주기라는 원칙은 심플하게 유지하면서 육아법은 다양하게 적용했다. 남매라는 아이의 성별 차이로 딸에게 맞는 육아법과 아들에게 맞는 육아법이 다르기도 했거니와 이성 형제가 갖는 다양한 상황들에 대처하기 위해서는 수많은 변수에 대해 알아야 했다. 그것을 배우는 가성비 갑의 도구는 역시나 책이었다. 독서를 통해 먼저 아이를 키워낸 분들의 책 속에는 10~20년 동안 쌓인 에피소드와 노하우가 농축 앰플처럼 들어있었다.

그저 단순 무식하게 끝없이 읽고, 때로 이해가 되지 않는 문장이라도 반복해서 읽다 보면 어느 날 깨우침이라는 막이 터지면서 의식이 성장하는 것을 느낀다. 집에는 책이 쌓여갔다. 집 안에 물건들이 많으면 정신이 없었지만 책만큼은 쌓여가도 기분이 좋았다. 책을 하나씩 사면서 점점 책장을 채워갔고, 어느덧 집 안에는 20개의 책장이 들어섰다.

책장을 들이기 위해서 집 안의 물건을 하나둘씩 중고로 처분했다.

책 이외의 물건은 모두 미니멀화했다. TV 받침 가구, 침대, 화장대, 소파와 작별하고 그 자리를 책장으로 채웠다. 책에 둘러싸인 환경 속에서 노는 두 아이의 모습을 보고 있자면 밥을 먹지 않아도 흐뭇했다. 아이들이 읽다가 놀고 또 읽다가 놀면서 흩뿌려지는 책은 마치 활짝 핀 벚꽃잎이 나뭇가지에서 떨어지는 것 같았다. 바닥에 놓이는 책의 권수만큼 아이의 속눈썹이 자라나고 볼록 튀어나왔던 볼살이 길쭉해지는 듯했다.

내가 세운 나다운 육아와 나다운 엄마라는 것은 결국 독서교육이었고, 나는 책 읽어주는 엄마가 되어갔다. 내가 나의 부모님께 받은 책에 대한 작은 기억을 씨앗 삼아 나는 나의 아이들에게 독서라는 뿌리를 내리게 하고 큰 거목으로 자라나게 하는 중이다.

책육아 과정에서 시행착오라는 태풍을 맞이하기도 했고, 책을 통해 일찍 말이 트이고 한글을 깨우치는 열매의 달콤함을 맛보기도 했다. 이 책에서 내가 말하는 아웃풋이란 아이가 책을 읽고 자신이 아는 것을 자신의 언어로 설명하고 이야기하는 것을 뜻한다. 희로애락이 비빔밥처럼 버무려진 것이 우리네 인생이라면 육아의 상황도 역시 마찬가지였다. 기쁜 일만 있을 수 없고 그렇다고 매일이 지옥이지도 않았다. 깔깔깔 웃다가도 어느새 뒤돌아서면 분노의 민낯이 드러나려고 해서 깜짝 놀라기도 했고, 나의 감정을 귀신같이 알아차리는 두 아이의 섬세함에 놀라 자빠질 뻔한 적도 여러 번이다. 그럼에도 아이의 감정을 세심하게 돌보아주었을 때 아이는 고유하게 잘 자란다는 것을 확인한 시기이기도 했다.

엄마가 엄마 자신의 정체성을 되찾고 나다움을 잃지 않으면 아이들 또한 자신이 누구인지를 알아간다. 삶에서 놀이에서 매 순간 아이들은 즐거움을 찾아가기 때문이다. 나 자신이 누구인지 아는 사람은 흔들림이 없다. 그저 삶의 목적을 세우고 묵묵히 즐기며 나아간다. 그렇게 고유하고 존귀한 아이들을 위해 엄마 자신부터 '나다움'을 찾는 마인드를 길러야 한다.

to think!

육아를 하면서 엄마 자신의 어떤 점을 보완하고 싶나요?

03

엄마 책 읽는 요령과 추천 도서

독서의 방법은 다양하다. 먼저 책을 눈으로 읽으면서 뜻을 머리로 생각하며 읽는 정독, 책에서 필요한 부분만 뽑아서 읽는 발췌독, 자신이 관심 있는 분야의 책을 다양하게 쌓아놓고 읽는 탐독, 소리 내어 읽으며 귀로도 듣는 음독, 소리 내지 않고 눈으로만 읽는 묵독, 읽다 보니 속도가 빨라져서 후루룩 읽어내는 속독 등이 있다.

나는 초보 엄마 시절 육아서 10권을 선택해 반복해서 읽었다. 책의 내용을 내 삶에서 실천할 수 있으려면 나에게 필요한 책을 내가 소화할 수 있을 때까지 읽어야 한다고 생각했기 때문이다. 사실 어린 아기를 키우는 동안에 엄마는 잠이 부족하다. 첫돌까지는 새벽 수유를 하느라 두 시간만이라도 푹 자는 것이 소원이었다. 그래서 여러 책 중에서도 책육아에 대한 바이블 도서를 선정해 반복해서 읽었다. 내가 읽기 편하고, 나에게 도움이 되고, 내가 소화하기 쉬운 책이 가장 좋은 책이라 생각한 것이다. 엄마 스스로가 읽기에 편한 책이 가장 좋은 책이다.

단순히 읽는 것에서 그치지 않고 양서 읽기 반복 → 실행 → 중요한 부분 필사 → 눈에 보이는 곳에 모두 붙여놓기 → 남편에게도 읽고 같이 실천해달라고 부탁하기 → 다독의 순서로 진행했다. 그렇게 해서 10권의 책은 완전히 내 것이 되었다. 그러고 나서 다독을 하기 시작했다. 아이가 1살 일 때는 양서 10권을 반복했고, 아이가 2살 일 때는 내 나이만큼 책의 권수를 정해서 읽었다. 아이가 3살 일 때는 1년에 50권 읽기에 도전했고, 그러다 어느 날 나에게도 책의 바다가 찾아왔다. 정말 신기했다. <당신이 속고 있는 28가지 재테크의 비밀>이라는 책을 시작으로 <생각하는 인문학>이 나를 책의 바다에 빠트렸다. 정말 밤을 꼴딱 새어가며 읽으면서도 신기하게 잠이 오는 게 아니라 오히려 정신이 또렷해졌다.

그 이후로는 1년 100권 읽기에 도전하면서 곧 책이 삶의 일부가 되었다. 나는 자동차 전복 사고 후유증으로 운전 연수에 실패했다. 도저히 죽음의 공포를 이겨내기 어려웠다. 아직 어린 두 아이가 있었기에 아기 띠를 하고 운전하는 것은 위험하기도 해서 운전을 하지 않았다. 그리고 차로 이동할 때면 나는 늘 책을 한 손에 들고 있었다. 그 당시에는 운전을 못한다는 자격지심이 들기도 했지만 오히려 늘 책을 읽게 되는 행운이 찾아온 것이다.

책을 읽을 땐 늘 줄을 치며 읽었다. 줄 쳐놓은 부분을 반복해서 읽지 않은 책은 시간이 지나면 잊어버리기 때문이다. 이때 밑줄 친 부분만 다시 읽어도 책의 내용이 장기 기억으로 넘어간다. 책에서 읽은 내용은 한 줄이라도 필사하며 반복해서 눈에 익혔다. 에빙하우스의 망각곡선대로 책을 읽은 지 5분, 10분, 1시간이 지나면서 자꾸 잊어버리는 것이 아쉬웠다. 다양한 분야에 대한 앎은 곧 삶이 풍성해지는 데 도움이 되었다. 당시에 내가 읽었던 책 중 엄마 책으로 좋은 육아서 55권을 추천한다.

육아서 55권 추천 목록

1. 생의 목적을 아는 아이가 큰사람으로 자란다 _전혜성
2. 배려 깊은 사랑이 행복한 영재를 만든다 _최희수
3. 아이의 행복을 위해 부모는 무엇을 해야 할까 _웨인 다이어
4. 스마트 러브 _마사 하이네만 피퍼, 윌리엄 J. 피퍼
5. 엄마 수업 _법륜 스님
6. 엄마의 학교 _백은영
7. 푸름이 엄마의 육아 메시지 _신영일
8. 세 아이 영재로 키운 초간단 놀이육아 _서안정
9. 지랄발랄 하은맘의 불량육아 _김선미
10. 내 아이 위대한 힘을 끌어내는 영재 레시피 _서안정
11. 엄마 달인 _정재은
12. 말 안 듣는 우리 아이가 영재였다니 _신성권
13. 아이의 자존감 _정지은, 김민태
14. 평범한 아이를 공부의 신으로 만든 비법 _이상화

⑮ 공부머리 독서법 _최승필

⑯ 내 아이를 위한 7가지 성공 씨앗 (남자아이 편) _나카노 히데미

⑰ 내 아이를 위한 7가지 행복 씨앗 (여자아이 편) _나카노 히데미

⑱ 결과가 증명하는 20년 책육아의 기적 _서안정

⑲ 생각하는 인문학 _이지성

⑳ 아이가 나를 미치게 할 때 _에다 르샨

㉑ 우리 아이 내면의 힘을 키우는 몰입독서 _최희수

㉒ 아이를 위한 하루 한 줄 인문학 _김종원

㉓ 유태인 가족대화 _슈물리 보테악

㉔ 감동을 주는 부모 되기 _이호철

㉕ 하버드 새벽 4시 반 _웨이슈잉

㉖ 가족 힐링 _버지니아 사티어

㉗ 싸우지 않고 배려하는 형제자매 사이 _아델 페이버, 일레인 마즐리시

㉘ 초등 영어, 독서가 답이다 _이상화

㉙ 행복한 영재로 키우는 칼 비테 영재 교육법 _기무라 큐이치

㉚ 엄마의 화는 내리고, 아이의 자존감은 올리고 _이자벨 피이오자

㉛ 운명을 바꾸는 10년 통장 _고득성

㉜ 꿈이 있는 아내는 늙지 않는다 _김미경

㉝ 영어책 한 권 외워봤니? _김민식

㉞ 행복이란 무엇인가 _탈 벤 샤하르

㉟ 내 아이를 위한 365일 부모 수업 _박용재

㊱ 인생 수업 _엘리자베스 퀴블러 로스, 데이비드 케슬러

㊲ 총명한 아이로 키우는 아기대화법 _도로시 더그허티

㊳ 둘째는 다르다 _김영훈

㊴ 어린이를 위한 하버드 상위 1퍼센트의 비밀 _전지은

㊵ 아이를 잘 키우는 자존감 공부 _도로시 브리그스

㊶ 살아갈 날들을 위한 공부 _레프 톨스토이

㊷ 사랑하는 아이에게 화를 내지 않으려면 _최희수

㊸ 자존감 수업 _윤홍균

㊹ 불안 _알랭 드 보통

㊺ 말의 품격 _이기주

㊻ 인생수업 _법륜스님

㊼ 야무지고 꼼꼼하게 선생님이 알려주는 초등 1학년 _오설자, 이호선, 이현정

㊽ 지속하는 힘 _고바야시 다다아키

㊾ 가족의 심리학 _토니 험프리스

㊿ 당신의 아이는 원래 천재다 _이지성

51 실패를 두려워하지 않는 아이로 키우는 7가지 방법 _최연희

52 틀 밖에서 놀게 하라 _김경희

53 공부 잘하고 싶으면 학원부터 그만둬라 _이병훈

54 초등학교 때 수학 꽉 잡는 법 _이신애(잠수네 아이들)

55 자존감은 높게, 자신감은 크게, 배려심은 깊게 _이자벨 피이오자

to think!

하나의 책을 반복해서 읽어본 경험이 있나요?

04

내가 만났던
엄마 책의 바다

자세히 보아야 예쁘다.

오래 보아야 사랑스럽다.

너도 그렇다.

나태주 시인의 「풀꽃」이라는 시를 접하면 내 마음에 봄바람이 살랑이는 것 같았다. 사랑의 느낌을 몰랐다면 '도대체 얼마나 사랑하길래 저런 시를 쓸 수 있을까?' 궁금했겠지만, 이 시를 접한 나는 이미 두 아이와 사랑에 흠뻑 빠졌기에 사랑하는 심정이 어떤지 충분히 공감되었다. 특히나 배 속에서부터 애틋했던 첫째 사랑이와는 각별했다. 그리고 '하나의 심장에 어떻게 둘을 다 사랑하지?'라고 생각했던 나의 아둔함은 둘째가 태어나면서 홀연히 바람결에 사라졌다. 어쩜 그리 사랑스러운지… 두 아이는 나의 풀꽃들이었다.

매일 아침 단잠에서 깨어나면 나의 풀꽃 같은 사랑이는 엄마의 품에서 일어나 책장으로 어김없이 걸어갔다. 자기가 좋아하는 책을 꺼내 가녀린 손가락에 힘주어 책장을 넘기는 모습을 볼 때면 한없이 행복했다. 그 뒷모습이 어찌나 사랑스러운지. 거실 커튼을 비집고 들어오는 햇살이 아이를 비추고 있는 모습을 보고 있노라면 내 앞에는 천지창조 속의 천사가 앉아있는 기분이었다.

한 떨기 풀꽃 같은 내 여리고 작은 아기는 책 속의 그림과 글을 보느라 초집중 모드였다. 소리 없이 일어나 그 곁에서 아이의 눈을 바라보고 있으면 속눈썹 사이로 비치는 눈동자의 느린 움직임이 느껴졌다. 고요함과 적막함 속에서 아이와 나는 하나였다. 쥐 죽은 듯한 고요 속에서 아이의 책장 넘기는 소리만이 거실에 울렸다. 아이는 집 안에 피어난 꽃송이 같았다.

서너 살 때의 사랑이 모습을 떠올리면 나태주 시인이 묘사한 풀꽃 같았다. 발길 닿는 어디에서도 피어나는 풀꽃이지만 멈추어 서서 가만히 들여다보면 한없이 예쁘고 사랑스러운 풀꽃. 내가 바라보던 아이는 풀꽃이었다. 소리 없이 묵독하는 아이 곁에 다가가는 나 역시 소리 없이 날아다니는 나비처럼 아이 곁에 사뿐히 다가섰다. 보면서도 신기했다. 모든 아이가 책을 좋아하는 아이로 태어난다고 하지만 내가 배 아파 낳은 아이가 이렇게 책에 몰입하는 모습은 보면 볼수록 신기했다. 그리고 아름다웠다.

나도 어릴 때 이렇게 예뻤을까? 우리 부모님도 나를 이렇게 예뻐하셨을까? 문득 궁금해졌다. 또 하나 드는 궁금증은 '나도 이렇게 책을 사랑하고 책 읽기에 푹 빠진다면 어떤 기분일까?'였다. 책 읽기에 몰입한 아이의 모습을 바라보는 것은 덩달아 황홀한 기분을 느끼게 해주지만, 정작 당사자는 아니었기 때문에 그 느낌이 궁금했다. 아이스크림을 먹으며 시원하고 달콤한 맛에 흠뻑 취한 사람을 보면 그 맛이 궁금해지는 것처럼 내 마음도 그랬다.

초보 엄마 시절 나에게 육아서는 어려웠다. 분명 글자를 읽었는데 내가 처한 상황에서 어떻게 대입해야 할지 몰라 안절부절못했다. 분명히 책대로 따라하고 있는 것 같은데 머릿속에서는 물음표가 떠나질 않았다. 도대체 나보고 어쩌라는 건지 알 수가 없었다. 책 속의 아이와 비슷한 반응을 내 아이가 보일 때는 내가 세상에서 가장 좋은 엄마 같았다. 반대로 책에 소개된 아이의 반응과 전혀 딴판의 모습을 보이면 나 홀로 우주에 내던져진 것 같았다. 마치 사공이 많으면 배가 산으로 간다는 속담이 나에게 와서 거머리처럼 들러붙은 기분이었다. 그때 처음 깨달았다. 육아서를 읽고 다양한 사례를 참고는 하되 본능대로 움직여야 한다는 것을. 육아는 본능이다. 본능대로 해야 한다. 책대로 안 된다며 내 머리를 붙잡고 자책국에 밥 말아먹는 것이 아니라 그저 참고 사항으로 보면 되는 것이다.

책대로 되지 않는 내 상황을 또다시 책으로 분별하고 정답을 찾는 것이 아니라, 내 마음을 들여다보다 것이 먼저였다. 그런데 그 당시에는 그것을 누구도 알려주지 않았다. 착잡했다. 그저 굶주린 하이에나처럼 이 책 저 책을 맛보며 먹어대기 시작했다.

<생각하는 인문학>이라는 책을 읽으면서 나도 몰입의 즐거움을

알아가기 시작했다. 아이를 잘 키우고 싶은 마음이 절실했을 때 마침 이 책을 만났다. 아이를 잘 키우려는 열정이 있는 부모라면 육아서와 심리서를 함께 읽어야 한다. 오디오북으로도 유튜브 강연으로도 얼마든지 육아에 대한 꿀팁은 접할 수 있다. 앞서 육아는 본능이라고 말했지만 엄마 자신 안에 있는 본능이 선한지는 자기 자신만이 안다. 남은 속여도 자신은 속일 수 없다.

육아는 아이를 키우며 엄마 자신이 성장하는 것이다. 엄마의 마음 그릇이 흙탕물이면 아이 또한 불안정한 감정선을 갖게 된다. 뿌린 대로 거둔 다는 말이 왜 있겠는가. 엄마 마음을 갈고닦아서 수양해야 하는 이유가 여기에 있다. 엄마 마음을 수양하는 가장 가성비 좋은 도구는 단연 종이책이다. 유튜브는 보다가 딴 길로 새버릴 수도 있고 오디오북을 듣는 것보다 종이책을 눈으로 읽고 줄 치고 손으로 필사하는 것이 장기 기억에 남을 확률이 더 높다.

나는 아이가 생각할 줄 아는 사람으로 자라길 바랐다. 빠르게 흘러가는 세상 속에서 흐름을 맞춰 가기는 하되 자기만의 색깔을 유지하고 주관이 뚜렷한 사람으로 성장하길 바랐다. 그러려면 인문학이 필수다. 아이들이 꼬마 철학자로 성장하길 바랐다. 깊이 생각하는 힘을 길러주고 싶었다. 모진 세상의 풍파가 다가오더라도 깊이 있게 생각하고 그 신중함 뒤에는 단호한 결단력으로 자신의 속도를 내는 사람이 되길 바랐다. 그러려면 어린 시절에는 인문학을 통해 자기만의 생각을 할 줄 아는 아이로 키워야 한다.

아이를 그렇게 키우고 싶다는 마음이 강해질수록 엄마인 나부터 제대로 된 사고 체계를 가져야겠다고 생각했다. 그러다가 마침 이 책 <생각하는 인문학>을 만난 것이다. 사람은 무언가 필요할 때 반드시 거기에 걸맞은 책을 만나게 된다고 생각한다. 겪을 일은 겪어야 하고 만날 사람은 꼭 만나게 되는 카르마처럼 책도 마찬가지라고 생각한다. 결혼 전 <꿈꾸는 다락방>과 <보물지도>를 만났듯이 육아의 방향타를 잡아주는 데 <생각하는 인문학>은 큰 귀감이 되었다.

읽으면 읽을수록 깊이깊이 빠져들었고, 심해로 들어가는 고래처럼 숨을 쉬는 것도 잊고 소변이 마려운 느낌도 멈추었다. 아무 감각 없이 그저 책 속에 내가 있었다. 책을 왜 읽어야 하는지, 사고하는 뇌를 왜 만들어주어야 하는지, 부모인 나부터 왜 성장해야 하는지 하나 둘씩 가슴속으로 들어오고 있었다. 시간이 얼마나 흘렀는지 감각이 없었다.

좋아하는 빗소리를 음악 삼아 좋아하는 작가의 책을 만나서 황홀한 책의 바다에 빠진 그날의 경험은 내가 책을 사랑하는 사람으로 성장하는 도화선이 되어주었다. 사실 책을 읽으면서도 어느 순간 다음 날 육아에 대한 두려움이 몰려왔다. '잠을 한숨도 못 잤는데 내일 어떡하지?'라는 걱정의 마음이 올라오자 흐름이 순간 끊기는 것을 느꼈다. 그리고 '내일 일은 내일 생각하자'라고 혼자 다짐하고는 다시 책 읽기에 몰입했다. 지금도 그다음 날의 기억은 하나도 없다. 아마 병든 닭처럼 졸면서 아이 밥 챙겨주고 하루를 버텼을 거라 짐작한다. 그럼에도 불구하고 그날의 황홀경은 7년이 지난 지금까지 뚜렷이 몸의 기억으로 남아있다.

34살이나 먹은 아줌마가 책의 바다를 경험했을 때 그렇게 행복했는데, 세상에 태어난 지 2~3년밖에 안 된 아이들이 책의 바다를 경험한다면 이 아이들의 미래는 어떨까? 상상도 할 수 없었다. 부모의 통제와 억압만 가해지지 않는다면 정말 빛나는 사람으로 성장할 것이라는 느낌이 들었다. 그날부터 매일이 가슴 뛰는 일상이 되었다. 아침에 눈을 뜨면 행복했다. 책 읽어달라고 할 때 목이 아파서 두려움이 일어나기도 했었다. 그랬던 내가 엄마 책의 바다에 빠진 날 이후로는 아이에게 책을 먼저 읽어주고 싶어서 가슴이 뛰었다. 참 신기했다. 생각이 바뀌면 행동이 바뀐다는 것을 몸소 경험하면서 게으른 내가 변화했으니 누구라도 다 변화할 수 있을 거라는 희망도 생겼다. 내 아이만 잘 자라는 게 아니라 대한민국의 모든 아이들이 행복하게 잘 성장해야 하므로. 그 아이들이 잘 성장하려면 부모가 먼저 깨어나야 한다.

사람들은 행복하게 살기를 바란다. 누구나 다 같은 마음일 것이다. 그런데 왜 행복해야 할까? 그 "왜?"라는 질문을 스스로에게 할 수 있는 사람은 이미 일상에서 인문학을 실천하고 있는 것이다. 우리는 사고하는 뇌를 가져야 발전할 수 있다. 생각을 멈추는 순간 기계와 AI의 노예가 되고 만다. 생각하는 사람이 될 것인가? AI의 노예로 전락할 것인가? 행동에 따른 결과는 당신이 잡고 읽는 책 한 권에 달려있다.

05

나에 대한 배려가 먼저다

배려란 무엇일까? 모든 것에는 양면성이 있다. 빛인 줄 알았는데 알고 보니 어둠 속에서 헤매는 것을 깨달았을 때 어떤 기분이 드는지 아는가? 빛을 비춰주는 줄 알고 따라가다 천 길 낭떠러지로 굴러떨어지는 듯한 위험을 느꼈을 때의 감정을 사람들은 흔히 배신감이라고 부른다.

아이를 배려하며 양육하기 위해 애썼다. 그런데 이 배려라고 하는 것은 엄마인 나 자신에 대한 배려도 포함해야 한다. 그러려면 나 자신에 대한 이해가 선행되어야 한다. 엄마가 자기 자신에 대한 이해를 제대로 하려면 누군가 비춰주는 이가 있어야 가능하다. 그것이 곧 순수하고 맑은 자녀다. 아이는 엄마의 모든 것을 사랑하기에 엄마 내면에 있는 모든 것을 끄집어내기 위한 행동을 한다. 제일 두드러지는 시기가 아이의 첫 번째 자아 형성 시기인 18~36개월이다. 이때 아이를 기르는 것이 힘든 이유는 아이가 자신의 의사를 강력하게 주장해서만이 아니다. 엄마 자신이 어린 시절에 그런 떼씀과 반항을 제대로 표출하지 못했기 때문이다. 엄마 자신의 아픈 내면 아이가 건드려지므로 마음이 힘들게 느껴지는 것이다.

육아서에는 흔히 아이를 배려하고 아이의 말에 경청하라고 나와 있다. 그런데 실천이 어려운 것은 엄마가 못나서도 아니고 나빠서도 아니다. 그저 모르기 때문에 이상적인 표현대로 몸과 마음이 움직여지지 않는 것이다. 바로 그것이 무지의 사랑이다.

나는 타인을 위해 배려하느라 힘들었는데, 지나친 타인 배려는 곧 자기희생이 되어 나를 아프게 했다. 삶은 누구에게나 처음의 순간이고 서투름의 연속이다. 조금 더 나은 방향으로 살아가고자 노력하는 것을 우리는 자기 계발이라고 부른다. 자기 계발 역시 자기 자신에 대한 이해가 선행되어야 한다.

나는 스캇 펙 박사님의 <아직도 가야 할 길>을 읽으며 나 자신이 이해되기 시작했다. 눈에 보이지 않던 막이 깨지는 느낌이었고, 흩어져 있던 퍼즐들이 순식간에 맞춰지는 듯한 기분이었다. 나 자신을 알게 되니 혼란스러웠던 삶의 파편들이 하나의 그림으로 완성되었다.

<아직도 가야 할 길> 48쪽을 보면 이런 내용이 나온다. 개인의 문제로 정신과를 찾는 사람들은 크게 두 부류로 나뉜다. 신경증과 성격장애가 그것이다. 모두 책임감에 장애가 있는 상태인데, 신경증인 사람들은 너무나 많은 책임을 지려 하고, 성격장애인 사람들은 책임을 회피하려는 경향이 있다고 나온다. 나는 이 구절을 읽고 발달심리학

에 적용해 분석해보았다.

신경증은 어린 시절에 죄책감이 형성되는 시기(5세 이전)에 욕구가 좌절되거나 주 양육자에게 부정적인 말을 듣고 타격을 받아서 성장 후 주변 모든 사람들의 아픔과 책임을 스스로 떠맡으려는 성향을 가진 마음의 불균형 상태이다. 반대로 성격장애는 어린 시절 수치심이 형성되는 시기(3세경)에 정신적·감정적 상처를 받아서 성장 후에는 책임을 회피하고 세상이 문제라고 생각하는 마음의 불균형 상태이다. 성격장애가 신경증보다 더 깊은 상처이다.

여기에 하나를 더 추가하자면 부모가 아이의 감정을 반영해주지 못하고 방치했을 경우 그 아이는 평생 자신의 감정이 어떤 것인지를 모르는 나르시시스트가 된다. 지적인 대화에만 몰두하고 에고가 강한 특징이 두드러진다. 자신의 은근하고 교묘한 통제로 상대방을 속박시키려 하고 조정하려 한다. 그것을 알아채지 못하고 당하는 사람들은 끊임없는 가스라이팅에 시달리는 것이다. 부모가 영유아 시기 아이의 감정을 받아주고 부모와 아이의 감정이 연결되어야 하는 주요한 이유이다.

배변 훈련을 받는 3세경의 아동이 부모에게 제대로 된 보살핌을 받지 못했을 때 그 아이는 스스로 사랑받을 자격이 없다는 자아상을 갖게 된다. 건강하지 못한 해로운 수치심에 사로잡히는 것이다. 예를 들면 부모의 부재나 다툼, 이혼 등으로 인해 부모와 자녀 간의 감정의 연결이 끊겼을 때 아이는 정신적인 불균형을 겪게 된다.

자기 주도성이 형성되고 죄의식의 기틀이 마련되는 시기인 5세경의 아이 역시 부모로부터 제대로 된 보살핌을 받지 못했을 때 해로운 죄의식에 사로잡히게 된다. '나 때문에 부모님이 이혼을 했어' '내가 동생을 미워했기 때문에 부모님이 나를 돌봐주지 않는 거야. 동생을 미워하는 나는 나쁜 죄인이야'라는 거짓된 신념을 갖게 되는 것이다. 올바른 사고가 아닌 그릇된 신념 체계를 이 시기 아이들은 마치 진실인 양 가지게 된다. 그런 아이들은 자라서 알코올의존증을 비롯해 각종 중독 증세에 빠지게 된다. 사람은 누구나 신경증과 성격장애를 깊게 혹은 가볍게 가지고 있다. 어린 시절에 자기가 바라는 만큼 사랑을 받지 못해서이기도 하고, 또 누군가는 깊은 트라우마를 간직하게 되면서 생기는 증상이기도 하다.

나는 신경증에 가까운 편이었다. 내 주변 사람들의 일을 마치 모조리 내 일인 양 모든 책임을 떠맡고 그게 당연하다는 잘못된 신념 체계를 가지고 있었다. 그래서 그 증상이 신체화로 나타나기도 했다. 목과 어깨의 마비 증상이 그것이다. 자동차 전복 사고의 후유증과 구부정한 자세로 인한 경추 디스크 협착증을 진단받기도 했다. 하지만 경추가 압착되어 디스크가 돌출된 부분의 신경이 눌리는 통증과 감정의 억압으로 인한 마비의 통증은 엄밀히 다르다. 신경이 눌리는 통증은 전기가 찌릿하게 오듯이 아픈 느낌이고, 마비로 인한 통증은 근육이 갈기갈기 찢기는 듯한 통증이다.

나는 목과 어깨의 마비 통증이 올 때마다 내 마음의 패턴을 분석하기 시작했다. 모든 책임을 떠맡으려는 신경증을 자각하고 내 삶에서 덜어내겠다고 선언했다. 빨간 볼펜으로 종이에 이렇게 적었다.

"나는 이 시간 이후로 나와 내 가족을 괴롭히고 힘들게 하는 모든 것을 하지 않겠다. 무리한 요구나 부탁을 정중히 거절할 줄 아는 내가 될 것이다. 나 자신과 내 가족의 건강한 심리를 유지하기 위해 건강한 경계를 칠 것이다."

그리고 눈에 잘 보이는 곳에 종이를 붙여두었다. 여기에서 내가 말한 경계란 건강한 심리적 거리를 뜻한다. 너무 가까우면 뜨거워서 데이고, 너무 멀면 차가워서 식어버리는 난로처럼 사람들 간에도 적당한 마음의 거리가 필요하다. 가족 관계, 친구 관계, 동료 관계, 부모 자식 관계 등 모든 관계에 적용된다. 보통 모든 문제의 책임을 스스로 떠안으려는 신경증이 있는 사람은 거절을 어려워한다. 상대방이 건강한 심리적 거리의 경계선을 마구 침범해도 아무런 대응을 하지 못하는 것이다. 그래서 건강한 마음의 거리를 유지한다는 의미로 '건강한 경계를 친다'는 표현을 썼다.

나는 마음이 흔들릴 때마다 이 글을 소리 내어 따라 읽었다. 여기서 무리한 요구나 부탁이란 예를 들면 이런 것이다. 과한 액수의 돈을 달라고 한다든지 빚보증을 서달라든지 이유 없이 금품을 요구한다든지 하는 것이다. 준 것 없이 달라고 하는 사람들이 의외로 아주 많다. 그들의 무례한 요구에 일일이 반응하지 않겠다고 선언한 그날 이후 나는 거짓말처럼 몸이 아프지 않았다. 마치 척추까지 꽂혀있던 빨대가 뽑혀져 나간 듯 홀가분한 기분이었다.

가볍고 자유로운 자기 자신이 되자. 거짓된 신념을 다시금 재해석해서 스스로를 속박하고 있는 굴레에서 벗어나야 한다. 대한민국에 태어난 여성이라면 누구나 존재 자체로 환영받지 못한 거절의 상처가 무의식에 남아있다. 대한민국은 남아 선호 사상이 뿌리 깊이 박혀있다. 이제는 세대가 많이 바뀌었다고 주장하는 사람들도 있지만 기본 정서는 아직도 남아있다. 여자라서 환영받거나 대우받지 못하던 세상을 바꾸는 것은 여자의 몸을 입고 태어난 여자들의 몫이다.

나의 친정 엄마는 본인을 포함해 자매가 7명이다. 물론 옛날에 태어났으므로 남아 선호 사상이 집안 분위기에 남아있었다. 하지만 노인이 되신 외할아버지께서는 생전에 이런 말씀을 하셨다.

"여자라고 큰일 못 하라는 법 없다. 끝까지 배우고 노력해서 큰일하는 사람이 되거라."

실제로 이모 중에는 자신의 커리어를 끝까지 쌓아가신 분도 있다. 외할아버지의 이 말씀이 나에게도 큰 희망으로 남아있다. 외할아버지의 말씀도 이렇게 뇌리에 깊이 남게 되는데, 본인이 직접 낳은 자녀를 키우는 엄마라면 아이들에게 어떤 말을 해주어야 할까?

엄마의 말은 아이들에게 절대적이다. 엄마가 자신의 욕구를 잘 알아차려야 한다. 그래야 희생하지 않고 아이들에게도 적당한 온도의 배려와 헌신을 할 수 있다. 아이들을 사랑하기 위해 자기 자신을 희생하면 나중에 분노가 남는다. 자신을 보살피지 않은 까닭이다. 반면 자기 자신의 욕구도 챙겨가면서 베푼 사랑은 헌신이라고 할 만하다. 헌신은 보상을 바라지 않고 그저 베푸는 것만으로도 만족을 느끼기 때문에 분노가 남지 않는다. 헌신 뒤에는 보람이라는 싹이 튼다.

나는 이러한 사실을 알기 전에는 나 자신을 아끼지 못하는 사람이었다. 나를 갈아서 가루가 되면서까지 타인을 위해 봉사하고 희생했다. 그 분노가 내 몸을 아프게 하면서 비로소 알아차리게 되었다. 그러면 안 된다는 것을. 그리고 온전한 내가 되기 위해 타인이 아닌 나 자신을 먼저 보살펴야 한다는 사실을 깨닫게 되었다.

타인의 무리한 요구에 대한 거절이 어려웠고 무리하게 나를 희생하면서까지 사랑받고 싶었던 자신을 자각하던 어느 날, 눈물이 왈칵 터져 나왔다. 차라리 이기적으로 자신의 것을 잘 챙기는 사람들이 부러울 정도였다. 그날 이후 모든 것을 거꾸로 하기 시작했다. 행동의 패턴을 바꾸는 것이 처음에는 너무 어색했다. 무언가를 해야만 내 존재에 대해 인정받을 수 있을 것 같아서 안절부절못하고 있는 나를 정면으로 바라보았다. 그리고 그렇게 애쓰고 노력하지 않아도 온전한 나로 인정받고 존중받을 수 있다고 스스로에게 말해주었다.

심리 성장의 과정에서 나는 다양한 인간관계를 통해 많은 역경계를 경험했다. 서로에게 좋은 인연으로 다가와 좋은 영향을 주고받는 것을 순경계라 하고, 악연을 만나 무르팍 깨져가며 무언가를 깨닫게 되는 것을 역경계라 부른다. 우리의 삶은 탄탄대로처럼 좋은 일만 일어나지 않는다. 밀물처럼 오고 가는 인연 속에서도 다양하게 요동치는 내 감정을 들여다보며 정화시키는 것이 심리 성장이다.

때로 상대방이 자신의 수치심을 만만한 상대인 나에게 던지고 있다는 사실을 알아차릴 때도 있었다. 알면서도 반박하지 않고 묵묵히 당하고 있는 나를 마주하던 날도 있었다. 착한 아이로 살면서 욕구를 모두 죽이고 스스로 숨통을 조이고 있는 나를 바라볼 때는 결국 내가 나 자신을 죽이는 것이라는 생각에 이르렀다.

“성장은 하던 것을 멈추고, 하지 않던 것을 하는 것”이라는 내가 존경하는 분의 말씀이 떠올랐다. 어색한 나를 마주할 때마다 나는 멈추지 않았다. 어색하지만 정진했다. 그러자 내 마음속 깊숙이 박혀있던 억울함의 뿌리가 뽑혀 나가는 듯 가슴이 시원해지는 것을 느꼈다. 모든 일은 일어나야 할 이유가 있음을 깨닫게 되었다. 빛이 있어야 어둠이 있고 해가 지고 나면 달이 뜨듯이 모든 것이 순환하는 느낌이었다. 생의 인과관계가 자명해지는 순간이었다.

아이들을 잘 키우고 싶어서 책을 읽고 필사를 하고 잠을 줄여가면서까지 성장을 위해 노력했다. 모든 게 아이들을 위한 일이라 생각했는데, 결국 내가 성장하고 있었다. 신이 곳곳에 계실 수 없어서 아이 곁에 엄마의 존재를 두신 것이라는 말씀이 어느 날 불현듯 떠올랐다. 붓다의 가르침도 기독교의 진리와 맞닿아 있음을 알 수 있었다. 붓다는 제자들에게 이런 가르침을 주었다.

“모든 존재는 불성을 가진 존재이므로 전생의 악업을 현생에서 갈고닦으면 성불할 수 있다.”

이 말은 자신의 신성을 자각한 사람은 좋지 않은 습관(전생의 악업이자 내적 불행)을 끊어내고 깨달음을 얻을 수 있다는 이야기이다. “네 이웃을 네 몸과 같이 사랑하라”는 예수님의 가르침 역시 자신의 존재만큼이나 타인의 신성을 존중하고 사랑하라는 가르침이다. 자기 자신을 사랑하지 않는 사람은 타인을 진정으로 존중하고 사랑할 수 없다. 그런 척만 할 뿐이다.

엄마는 종교의 틀을 벗어나 더욱 넓은 관점으로 아이를 바라보아야 한다. 자신의 욕구와 부정적 신호마저도 자기 스스로 받아들이게 될 때 비로소 타인도 있는 그대로 바라볼 수 있게 된다. 있는 그대로의 자신이 되면 억지로 애쓰지 않아도 자연스럽게 그리된다. 그렇게 되면 아이가 무슨 행동을 해도 예쁘고 사랑스럽게 보일 수밖에 없다. 아이가 고유함과 온전함을 가지고 세상에 온 존재라는 것을 깨닫게 될 때 엄마는 그저 아이를 있는 그대로 사랑하게 된다. 선순환의 굴레가 시작되는 것이다. 이번 생에서 내 아이의 엄마라는 직무를 다하는 것만도 큰일이라는 것이 머리에서 가슴으로 내려온 날에 읽었던 구절을 여기에 인용해본다. 누군가의 가슴에도 뿌리를 내리고 줄기와 잎을 키워 꽃으로 피어나길 바라며….

> 참으로 사랑하고 사랑에 필요한 지혜를 얻고자 노력하는 사람들은 행동이 곧 하느님 행세라는 것을 안다. 그러나 그렇다 해서 행하지 않으면 무력과 무능만이 남는다는 것 또한 알고 있다.
> 사랑은 우리 역할이 하느님의 것과 같다는 사실과, 그것의 엄청난 의미를 충분히 인식하며 행동할 것을 요구한다. 이런 의식으로 사랑하는 사람은 하느님의 역할에 따른 책임감을 느끼면서 부주의하게 행동하지 않으며 실수 없이 신의 뜻을 실현하고자 애쓴다.
>
> -<아직도 가야 할 길>, M. 스캇 펙

06

엄마가 갖춰야 할 세 가지 원칙

초등학교 5학년부터 중학교 2학년까지 나는 서예를 썼다. 초등학교를 졸업할 즈음에는 졸업 전시회도 하게 되었다. 한창 질풍노도의 사춘기인 아이들이 서예를 배우게 되면서 차분하게 성장하는 모습을 기특하게 여기신 학부모님들이 선생님과 뜻을 모아 시립문화회관을 대관해 전시회를 열어준 것이다. 덕분에 좋은 추억으로 남아있지만 그 속의 비하인드 스토리는 따로 있었다.

2년의 연습 과정은 즐거웠다. 당시 우리 집은 부모님의 다툼이 잦았다. 나와 오빠가 어렸을 때는 많이 놀아주셨던 부모님인데, 자녀들이 자라고 사춘기가 되면서 관계가 힘들어졌다. 사소한 말에도 크고 예민하게 반응하면서 언성을 높이셨다. 나는 늘 가슴이 조마조마했다. 그나마 서예를 쓰는 시간 동안은 집중하며 마음을 가다듬을 수 있었는데, 덜컥 졸업 전시회를 한다고 하니 무슨 문구를 쓸지 갈피를 잡을 수 없었다.

그 당시에 아이들이 너 나 할 것 없이 서예 책에 있는 좋은 문장을 앞다투어 뽑아 갔다. 나는 수줍음이 많고, 나서는 것을 싫어하던 성격이라 제일 꼴찌로 서예 책 앞에 서게 되었다. 좋은 문장은 다 뽑혀 나가고 내가 선택할 문장이 없었다. 한참을 혼자 우두커니 서있었다. 아무리 봐도 마음에 드는 문장이 없었다.

"전시 기간이 끝나면 각자 집으로 작품을 가져가서 전시해놓을 거니까 잘 써보도록 해라"라고 선생님이 말씀하셨다. 오랜 기간 집에 걸어두고 본다면 스스로 한 문장을 지어보는 것도 좋겠다는 생각이 들었다. 정자체 하나와 흘림체 하나를 쓰는데, 정자체의 문장 하나를 고심 끝에 작문했다.

자신의 생각이 중요한 것처럼
남의 생각도 존중하여야 한다

24글자의 정자체를 몇 번을 연습하면서 나는 혼자서 흐뭇했다.

'이걸 집에 걸어두면 부모님이 좀 덜 싸우지 않으실까'라고 혼자 상상했던 것이다. 13살의 내가 서예를 쓸 때 생각한 키워드는 '존중'이었다. 자신의 생각이 옳다고 내세우기 이전에 상대방의 말도 존중해주면 싸울 일이 없을 것이라고 생각했다.

아마 다 자란 나와 남편의 싸움을 어린아이들도 똑같은 생각을 하며 바라볼 것이다. 그래서 엄마가 된 후 존중과 배려가 삶의 기본 태도가 되도록 노력했다. 때론 억울하기도 했지만 참는 게 미덕이라는 생각에 양보를 선택했다. 억울함이 눈 뭉치처럼 커져서 내 몸이 아프기 전까지는 배려가 미덕이라고 생각하며 살았다.

자기희생을 해오며 살던 사람은 자기 사랑이 부족하기 때문에 자기를 보살피는 것부터 먼저 해야 한다. 그와 반대로 타인보다 이기적으로 자기 자신을 우선순위에 두는 사람은 타인을 배려하는 것이 철칙이 되어야 한다. 사실 조금만 서로가 배려한다면 싸울 일이 거의 없다. 부모가 싸우지 않고 서로를 배려한다면 아이들은 그런 부모의 모습을 거울삼아 자신의 자아상을 키워나간다. 부부지간이라도 싸우지 않고 대화로 소통하며 좋은 관계를 유지하려고 노력하는 것이 바로 사랑이다. 노력하는 부모의 모습을 본 아이들은 굳이 잔소리하지 않아도 타인을 배려하고 사랑하는 아이로 자란다.

우리는 이 지구라는 별에 사랑을 배우고 깨닫기 위해 여행하러 온 존재들이다. 심지어 내 모습을 그대로 보고 닮아가는 소중한 아이까지 있다. 그렇다면 어떻게 살아야 할까? 거창한 가훈까진 아니더라도 삶의 철학이 필요하다. 나 역시 처음에는 남의 옷을 빌려 입은 것처럼 어색했다. 누구나 노력의 시작은 그렇다. 하지만 철학이 있는 것과 없는 것은 하늘과 땅 차이이다.

내가 세운 철학은 '존중', '배려', '사랑'이다. 내 말이 옳다고 내세우기 전에 상대방의 말을 귀담아들을 줄 안다면 그 사람은 이미 존중과 배려가 태도에 묻어있는 것이다. 우리는 모든 관계에서 사랑을 깨달아야 한다.

내가 노력해도 인간관계가 어려울 때 소리 내어 읽던 문구가 있다. 모든 종교는 하나의 가르침을 준다는 통찰이 느껴지던 날 메모했던 구절이다. 결국 나 자신을 경계하는 것이 우선이었다.

유리하다고 교만하지 말고 불리하다고 비굴하지 말라.
무엇을 들었다고 쉽게 행동하지 말고 그것이 사실인지 깊이 생각하여 이치가 명확할 때 과감히 행동하라.
벙어리처럼 침묵하고 임금처럼 말하며 눈처럼 냉정하고 불처럼 뜨거워라.
태산 같은 자부심을 갖고 누운 풀처럼 자기를 낮추어라.
역경을 참아 이겨내고 형편이 잘 풀릴 때를 조심하라.
재물을 오물처럼 볼 줄도 알고 터지는 분노를 잘 다스려라.
때로는 마음껏 풍류를 즐기고 사슴처럼 두려워할 줄 알고 호랑이처럼 무섭고 사나워라.
이것이 지혜로운 이의 삶이니라.

-<잡보장경>

to think!

원칙을 지키고 싶지만 잘 되지 않을 때는 언제인가요?

07

사랑의 선순환

내적 불행을 끊어야 한다고 강조하시던 아빠의 말씀이 곧 유언이 되었다. 아빠는 자신도 모르게 버럭 화를 낼 때마다, 나에게는 그 불행을 끊으라고 당부하셨다. 본인 스스로도 부모로서 분노의 모습을 보인 것이 미안하셨으리라. 그렇다고 해서 이미 겪은 부모의 모습이 내 안에 없을 리 만무했다. 비록 내적 불행에 대한 자각은 있었지만 대물림을 끊기 위한 실행 또한 많은 에너지가 필요했다.

불행의 고리를 끊기 위해 무턱대고 시작한 독서가 곧 실행으로 이어졌다. 그저 감정 기억으로만 느껴질 때는 막막하기만 했다. 안갯속에 서있는 듯했고, 나만 힘든 일을 도맡게 된 것 같아서 억울하기까지 했다. 그렇지만 나는 이미 엄마였고 현실에서 도망갈 수도 없었다. 아이의 맑은 눈동자를 보고 있을 때면 어떻게 해야 바람직한 삶을 살 수 있을지 생각해보게 되었다.

늘 고민했다. 빤히 보이는 인과관계 앞에서 어떤 결정을 해야 먼 훗날 후회 없을지 생각했다. 그러다가 아이가 어릴 때는 엄마인 내가 잘 키우고, 아이가 자라서는 하고 싶은 것을 마음껏 할 수 있게끔 경제적으로 지원해주는 것이 바람직하다고 생각했다. 그래서 두 아이를 키우면서 절약하는 것을 궁색하게 생각하지 않았다. 아이들을 위해 저축한 돈을 그들이 어디에 쓰든 상관없이 베푸는 것이 사랑이라고 생각했다.

사랑은 슬픈 사랑, 미운 사랑, 고마운 사랑, 찬란한 사랑 등 여러 모습의 사랑이 있다. 그런데 결국 사랑은 하나다. 특히나 부모 자식 간의 사랑은 견고하고 위대하며 지극한 관계다. 존재가 사라지지 않는 한, 아니 눈앞에 보이지 않더라도 영원히 남는 것이 사랑이다. 사랑하는 내 아이에게 어떤 사랑을 주어야 할까?

모든 것은 순환한다. 자연도 경제도 인간관계도 순환한다. 순환하면서 서로에게 영향을 주고받으며 성장과 퇴보를 반복한다. 하물며 어린 자녀와 부모 간의 관계는 어떠하겠는가? 특히나 부모의 에너지와 감정은 여과 없이 아이들과 연결된다. 그래서 부모가 여기 이 순간에 깨어있으면서 의식적인 사랑을 주도록 노력해야 한다.

의식적인 사랑이란 무엇일까? 내가 생각하는 의식적인 사랑이란 어제보다 나은 내가 되어 아이의 자아상에 나를 닮아도 부끄럽지 않은 것, 아이에게 한없이 따스한 체온의 사랑을 주는 것, 아이에게 물질적인 것으로도 채워주는 것이라고 생각한다.

아이가 어릴 때는 몸을 비비며 놀아주는 것이 최고의 사랑이다. 아이가 엄마를 원할 때 두 눈을 맞춰주고 볼을 비비고 엄마 냄새를 맡으며 노는 아이는 정서가 안정적으로 자란다. 하지만 그런 아이들이라도 자라서 경제적인 도움이나 정서적 지원을 받지 못하면 아이의 무한한 가능성이 꽃피워지지 못하고 시들고 만다. 아이가 세상을 경험할 돈을 마련해주는 것도 성인이 되어가는 자녀를 위한 사랑이다.

첫째는 생후 50일에 첫 통장을 개설해서 지금까지 적은 돈이라도 꾸준히 저축해오고 있다. 2016년 둘째가 태어났다. 그해에는 둘째의 탄생과 함께 남편의 승진이 겹쳐서 기쁨이 두 배였다. 덕분에 저축액이 조금 더 늘어났고 두 아이에게 책도 고루 사줄 수 있었다. 외벌이 가정이 그렇듯 월급을 쪼개어 저축하고 살림하는 구조라 넉넉하지는 않아도, 돈의 소중함을 알고 감사하며 조금씩 저축을 이어나갔다.

결혼하자마자 월급 통장과 신용카드를 모두 나에게 주며 경제권을 넘겨준 남편이 고마워서 신혼부터 노후대비 비과세 연금저축계좌를 개설해 10년 불입을 마쳤다. 열심히 일한 뒤 편안한 노후를 맞이하기 위해 젊은 시절부터 다양한 저축형 금융 상품을 알아보고 연금 상품에 가입해두었다.

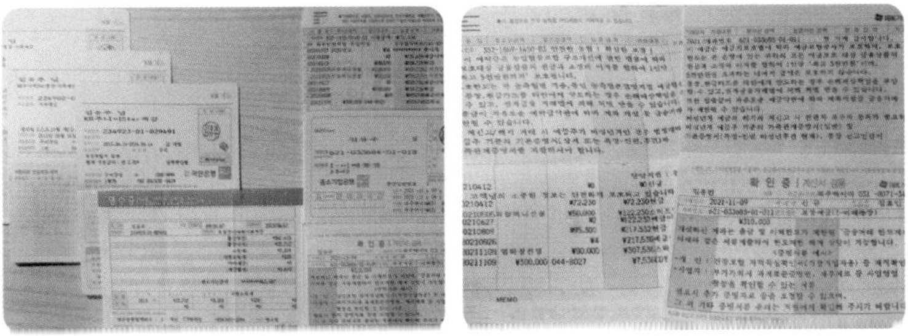

첫째 아이에게 만들어준 통장과 꾸준히 저축한 내역

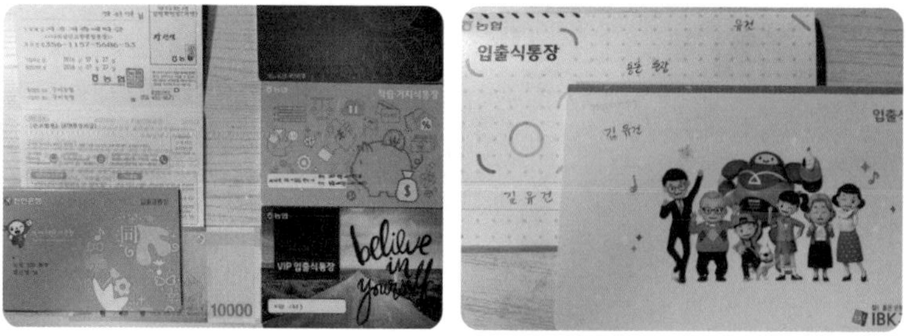

'건강과 행운이 항상 뒤따르길'이라는 문구와 함께 보관해온 통장들

2011년에 결혼해서 2012년 1월 신년을 맞이해 은행에서 신권을 발행했다. 그리고 오랜 기간 보관해둘 용도로 돈에 감사한 마음을 담아 메모를 남겨두었다. '건강과 행운이 항상 뒤따르는 길'이라는 문구를 적어서 통장들과 함께 보관해두었다. 결혼해서도 1년간 함께 일을 하며 버는 월급에서 저축을 하고 용돈도 아껴서 따로 저축했다. 데이트 비용을 아끼기 위해 일찍 결혼한 것은 가난한 어린 시절에 돈의 소중함을 깨달았기 때문이다. 푼돈을 모아서 목돈을 만들어나가는 것은 작은 구슬을 기다란 실에 하나씩 꿰는 듯한 재미를 안겨주었다. 그 당시에는 저축의 중요성을 알았기 때문에 비교적 실행하는 것이 힘들지는 않았다. 나중에 이야기하겠지만, 저축을 하느라 놓친 자기 욕구 충족에 대한 부분은 치열한 육아 뒤 내면 성장의 과정에서 풀게 되었다.

아무리 어려워도 아이 몫으로 적은 돈이라도 저축을 했다. 아주 적은 돈이라도 두 아이의 명의로 된 통장에 차곡차곡 돈으로 넣어주었다. 세계적인 거부인 워런 버핏도 30년째 같은 집에 살고 신혼 초에 차던 시계를 지금도 차며 근검절약을 최우선 덕목으로 여긴다는 글을 본 적이 있다. 그를 본받고 싶어 나도 행동으로 옮겼다. 알면서 실천하지 않는 것은 곧 썩게 될 고인 물이나 다름없다고 생각했기 때문이다.

욕구가 채워지면 절약을 해도 궁색하게 느껴지지 않는다. 부동산이나 주식에 투자하기 위한 목적으로 절약하는 것은 목표에 도달하기 위한 노력이기 때문에 그렇다. 주어진 삶에서 자신만의 목표를 설정한 사람은 절약하고 저축하는 것이 당연한데, 그것은 부자의 습관 중 하나다. 자수성가형 부자들은 모두 근검절약이 기본 생활 습관이다. 태어날 때부터 금수저를 물고 나오는 사람이 몇이나 되겠는가? 각자 주어진 삶에서 최선을 다해보지도 않고 금수저니 흙수저니 이름 붙이는 것 자체가 오만한 행동으로 보였다. 그저 자신에게 주어진 삶 속에서 행복을 느끼며 사는 사람이야말로 성공한 사람이다.

만족할 줄 알면 어떤 상황이라도 행복하게 느껴진다. 결국 자신의 행복 마지노선이 어느 정도로 설정되어있는지가 관건이다. 커피 한 잔의 여유에도 소름 돋는 행복을 느끼는 사람이 있는가 하면 외제 차에 고급 빌딩을 갖고서도 더 갖지 못해 수전노처럼 구는 사람들이 여전히 존재한다. 불행한 스크루지가 아닌 행복한 앤 셜리 같은 사람이 되는 것이 행복의 첫걸음이다.

아이는 가르쳐야 배운다고 크게 착각한 적도 많았다. 가르치는 것이 아니라 깨우치는 것이 맞는 표현인데 처음에는 나도 몰랐다. 오랜 기간 동안 아이의 모습을 관찰하다 보니 가르쳐서 배우는 것이 아니라 아이는 본 대로 들은 대로 생의 목적을 깨닫고 자신의 방식대로 깨우쳐나가고 있었다. 아이라는 우주는 자기만의 세상을 창조할 힘이 내재되어있다. 자본주의 사회에서 살아갈 나름의 방식 또한 가지고 태어났다. 다양한 선택지를 제시하고 아이가 어떤 것을 선택하더라도 너는 너만의 세계를 펼쳐나갈 것이라는 믿음, 그 이상의 확신을 주는 것이 부모의 몫이다.

어르신들의 말씀 중에 이런 말이 있다. “제 먹을 식량 타고 난다.” 아이는 이미 자신의 운명과 스스로 선택하는 힘을 가지고 부모에게 온다. 자신의 부모를 선택해서 오는 것이다. 그리고 주어진 운명이 비록 비관적일지라도 자신의 역량껏 삶을 개척하고 일구어나갈 힘 또한 가지고 태어난다. 결국은 매 순간의 선택과 꾸준한 노력만이 남는다. 부모가 자녀에게 주는 선택지 위에 아이의 선택과 노력이 모여 인생의 운명이 펼쳐지는 것이다.

나는 절약 목표를 무리하게 세운 적이 있었다. 도저히 애쓰다 지쳐 떨어질 때쯤 내가 가지고 쓰는 돈에 대해 감사함보다는 찌든 듯한 지친 감정이 올라왔다. 이건 아니라는 느낌이 들었다. 그리고 저축의 임계점을 지났다고 스스로 판단했을 때 욕구를 채워야 한다는 필요성도 느꼈다. 엄마와 아이 모두의 욕구를 무시하고 저축만 하는 것은 어쩌면 또 다른 이름의 수전노이다.

나는 아이들의 경험 비용과 물욕도 어느 정도 채워주어야 한다고 생각한다. 내가 할 수 있는 경제적 한도 내에서 적절하게 지출 계획을 세우고 여행 계획도 세웠다. 그리고 내가 누리는 것에 대한 감사함을 온전히 느껴보는 시간도 가졌다. 둘째 아이가 36개월이 되기 이전이었다. 두 아이의 소유욕을 채워주는 것이 필요하겠다는 통찰이 느껴지던 날 여행 가방을 꾸렸다. 간접 경험인 책 읽어주기와 직접 경험인 놀이와 체험학습을 동시에 충족시키는 2년여의 기간 동안에는 잠시 절약을 유보했다. 먹어보고 싶은 것, 해보고 싶은 것을 요구할 때 부모가 기꺼이 받아본 경험이 있는 아이와 욕구를 외면하고 절약에만 힘써서 통장만 두둑한 부모의 아이가 있다고 가정해보자. 두 가정의 아이들 중 누가 현재 더 행복한 감정을 느낄까? 이 아이들이 자라서 어떤 미래를 펼쳐나갈까?

내가 지금까지 읽은 책, 내 주변 지인들, 그리고 내 경험을 통틀어도 전자의 경우가 훨씬 더 많은 행운을 맞이했고 행복감을 느꼈다. 그리고 어릴 때 아무 조건 없이 받아본 경험이 많은 아이들은 성인이 되어서도 쥐어짜듯 애써서 성취하는 것보다 말 그대로 운이 좋아서 좋은 상황을 맞이하고 좋은 지인을 많이 만나게 된다.

다양한 육아 멘토들을 만나면서 확신을 가지게 되었다. 그분들 역시 초보 부모의 서툰 육아를 거쳐 아이를 고유한 방식으로 키우고 더 나아가 내면을 들여다보는 성장의 시간을 거친 분들이다. <푸름이 이렇게 영재로 키웠다>, <배려 깊은 사랑이 행복한 영재를 만든다> 등 다수의 육아서를 쓴 최희수 작가님과 <푸름 엄마의 육아 메시지>, <엄마 마음> 등을 쓴 신영일 대표님은 푸름 군과 초록 군을 키워내며 두 분의 내면 아이를 치유하신 경험을 토대로 수많은 육아맘들의 내면 성장을 이끌어내고 있다.

<세 아이 영재로 키운 초간단 놀이 육아>, <내 아이 위대한 힘을 이끌어내는 영재 레시피>, <엄마 공부가 끝나면 아이 공부가 시작된다> 등 다수의 육아서를 쓴 서안정 작가님을 비롯해 책육아를 진행하는 지혜로운 육아맘들의 경험담과 사례를 들으며 성장기의 아이들에게는 어떤 경우에도 무조건적인 사랑을 주어야 한다는 것을, 사랑이 제일 우선순위가 되어야 한다는 것을 몸에 새겨 넣었다. 물이 위에서 아래로 흐르듯 부모가 자녀의 정서를 보듬고 사랑하는 것이 사랑의 선순환이자 부의 선순환이었다.

정리하면 이렇다. 먼저 신혼부터 아이가 걷기 전까지는 최대한 근검절약을 한다. 그리고 본인 스스로 생각했을 때 저축의 임계점이 어느 정도 채워졌다고 생각될 때는 아이들의 소유욕을 채워주는 것에 주의를 기울인다. 아이가 용돈을 아무 조건 없이 기꺼이 받아본 경험을 누릴 수 있도록 돈을 주도록 하자. 용돈을 받아본 경험이 많으면 많을수록 그 아이가 성인이 되어 살아갈 세계는 순조롭다. 사랑 또한 마찬가지다. 아이가 애쓰고 노력하지 않아도 아이의 존재 자체를 사랑하고 있는 것은 아이의 자존감과 직결된다. 아이는 부모의 조건 없는 사랑을 느낌으로써 거침없이 자신의 세계를 펼쳐나간다. 부모에게 조건 없이 받은 사랑과 돈은 동일한 에너지를 갖는다. 존재에 대한 조건 없는 사랑은 곧 돈으로 연결됨을 잊지 말자.

3장

아이의 발달 단계별 책육아

01

아이의 발달 단계를 알면 육아가 쉽다

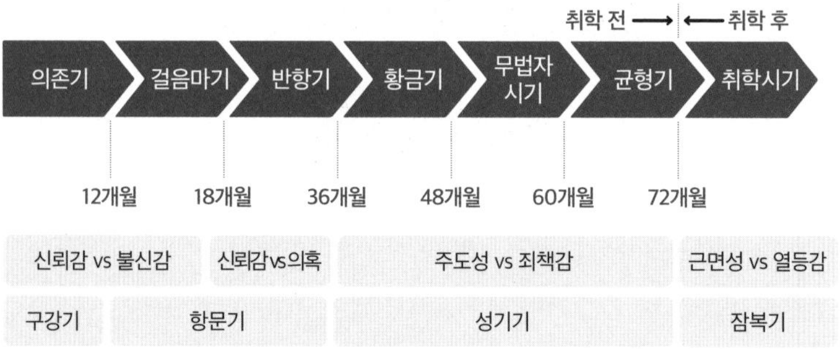

0~12개월: 부모에게 의존하는 의존기

의존기에 적절한 돌봄을 받지 못한 아이는 세상을 불신하게 되고 좌절감을 겪게 된다. 아이는 양육자에게 존재에 대해 부정당하면 그 영향으로 해로운 수치심에 휩싸여 중독 증상을 갖게 된다. 따라서 이 시기의 아이를 기를 때는 아이의 욕구를 최우선으로 채워줘야 한다.

12~18개월: 세상을 탐색하는 걸음마 시기

아이는 대근육이 발달하면서 걸음마를 익힌다. 아이에 따라 다르지만 손과 발을 이용해 기어 다니던 아이가 직립보행을 시작하면서 세상을 탐색하기 시작한다.

18~36개월: 본인의 의사를 강하게 주장하는 자아 형성기(불균형)

이때 형성된 무의식이 일생에 영향을 준다. 흔히 말하는 결정적 시기이다. 그런데 나는 민감한 시기라고 지칭하고 싶다. 이 시기의 아이를 둔 부모는 다름의 중요성을 깨달을 필요가 있다. 아이는 자아가 생기는 과정이라 부모의 그 어떤 말에도 "No"라는 반응을 보인다. 아이는 자신의 경계를 시험하고 건강한 경계를 갖기 위해 공격성을 보이기도 한다. 아이의 발달 단계를 이해하지 못한 부모가 당황해 혼을 내면 아이의 행동은 고착된다.

36~48개월: 자아가 형성된 후 부모와 의견을 조율할 줄 아는 황금기(균형)

아이의 자아가 균형이 잡히고 평온한 시기를 보낼 수 있다. 아이마다 개월 수의 차이가 있다. 지성이 빛나도록 자라는 시기이다.

48~60개월: 아이의 주도성이 나오는 무법자 시기(불균형)

무엇이든지 아이는 자신이 먼저 해야 하고 이겨야만 직성이 풀리는 시기다. 부모가 지혜를 발휘해서 아이에게 질 듯 이길 듯하다가 아슬아슬하게 져주는 센스를 발휘해야 한다. 아이가 부모의 내면 아이를 제일 많이 비춰주는 시기라서 부모 역할이 제일 힘든 시기다.

60~72개월: 취학 전 시기(균형)

취학을 앞두고 아이가 좋아해 몰입하는 것이 학업 성취로 이어질 수 있도록 부드럽게 연결해주어야 한다. 영유아 시기의 아이는 자신이 좋아하는 것을 하며 노는 시간이 집중해서 몰입하는 시간이다. 책을 읽으며 몰입하는 것이나 아이가 놀이에 몰입하는 것이나 동일하게 에너지를 모은다. 깊은 몰입감의 황홀경을 맛본 아이는 그 힘으로 초등학교 학습 시간에 집중한다. 여기서 자기 주도성이 판가름 나는 것이다. 책을 띄엄띄엄 보고 좋아하는 강도가 약했던 아이들도, 놀이에만 푹 빠져있던 아이들도 몰입감을 경험했다면 학업 성취로 이어나갈 수 있다. 부모의 지속적인 관심과 도움만 조금 필요할 뿐이다.

to think!

지금까지의 육아 과정 중에서 자녀가 몇 개월일 때 키우기 가장 힘들다고 느꼈나요?

02

0~12개월 의존기

이 시기는 스킨십이 최고다. 엄마의 배 속에서 세상에 갓 태어난 아기는 엄마의 심장 소리를 듣는 시간에 가장 평온함을 느낀다. 나는 아기가 황달 치료를 끝마치고 퇴원한 이후 최대한 많이 안아주려고 노력했다. 낮잠을 잘 때 소파에 기대듯 누운 채 아이를 배 위에 엎어놓았는데 아기는 심장에 귀를 대고 3시간을 내리 잤다. 생후 50일경이었는데, 세상에 나온 시간보다 배 속에서 지낸 시간이 더 길어서 익숙한 편안함을 느꼈을 것이다. 그렇게 가슴에 엎어서 잠드는 시간을 최대한 많이 가지려고 노력했는데, 그래서인지 아이는 월령별 키와 몸무게를 봤을 때 상위권에 속했다.

신생아는 울음소리로 자신의 상태를 알린다. 폐의 확장이 이 시기에 이루어져야 자라면서 건강한 폐가 되기 때문에 일부러 울려야 한다고 주장하는 학자도 있다. 그런데 아기의 울음을 10분 이상 방치해서는 안 된다. 폐의 활동량을 높여서 건강하게 해주는 시간을 확보한다고 해도 아이의 불편한 점을 도와주어야 한다. 아기는 젖이 먹고 싶거나 소변을 보아서 기저귀가 축축하거나 엄마의 품에 안기고 싶을 때 울음으로 표현한다. 아기가 울 때는 언제나 안아줘야 한다.

아기가 엄마의 심장 소리를 느낄 수 있도록 안아서 키우면 안정감을 느낀다. 엄마 또한 아기를 안고 있으면 안정감을 느낀다. 모유가 제대로 돌게 하려면 아기와 밀착된 시간을 가지는 것이 좋다. 엄마는 출산 후 산후우울증에 걸릴 가능성이 높다. 나도 간혹 감정이 다운되고 착잡한 기분이 들 때가 있었다. 돌아가신 친정 아빠가 생각날 때는 슬픈 감정에 힘들기도 했다. 그럴 때는 아기를 안고 공원으로 산책을 나갔다. 바깥바람을 잠시나마 쐬면서 햇볕을 쬐고 아기에게 말을 걸다 보면 어느새 엄마인 나의 심리도 안정되었다. 그런 엄마의 안정된 심리가 아이에게 고스란히 전해진다.

엄마의 마음이 불편한 상황을 만들지 않도록 주변에 도움을 요청하면 좋다. 법륜 스님은 <인생 수업>에서, 어린 아기를 키우는 엄마의 마음을 편안하게 해야 한다고 하시며 시댁과 친정 부모님이 옛날 사고방식을 버리고 아이 엄마를 지원해야 한다고 말씀하셨다. 요즘처럼 저출산 시기에는 엄마가 아이를 잘 키울 수 있도록 자녀들에게 잔소리하거나 간섭하지 않아야 한다고 일침을 놓으셨다. 결혼도 하지 않고 출가하신 스님인데도 이런 통찰력을 갖추신 것은 마음을 다스리는 것이 곧 세상의 모든 일과 연결되기 때문이라는 생각이 든다.

아기를 아기 띠로 안고 산책을 하다가 낮잠이 들면 다시 집으로 향하곤 했다. 매일 비슷한 시간대에 아기를 안고 나오는 새댁의 모습을 본 공원의 어르신들은 꼭 한 말씀씩 하셨다.

"아기 버릇 그렇게 들이면 안 돼. 그냥 눕혀놓고 TV 틀어서 시끄럽게 해놔야 아기가 예민하게 굴지 않고 저 혼자 잘 자. 잠버릇 잘못 들여서 엄마가 고생하네. 그렇게 유난 떨어봤자 소용없어."

처음 보는 어르신께 유난하다 말을 듣더라도 내 아이의 욕구에 기민하게 반응하는 것이 좋다. 첫돌까지 아이의 욕구가 반영되면 아이는 안정 애착을 형성한다. 세상에 대한 신뢰감을 가졌기 때문에 대근육을 이용해서 걸어보려 도약을 한다. 엄마와 떨어져서 탐색해도 되겠다 싶을 때 아기들은 걸음마에 도전한다.

애착의 유형은 안정, 회피, 집착, 혼란 네 가지로 나눌 수 있다. 안정 애착은 부모의 보살핌이 적절했고, 아기의 욕구에 맞추어 젖을 제때 먹고 스킨십을 많이 받은 경우에 형성된다. 이런 유형을 가진 아기는 자라서 원만한 인간관계를 맺는다.

회피 애착은 부모와의 스킨십이 부족해지면서 아기가 친밀한 관계를 거부하는 상태다. 이런 유형은 성인이 되어가면서 타인을 신뢰하지 못하기 때문에 스스로 고립된 외로움을 많이 느끼게 된다.

집착 애착은 부모가 아이를 일관성 없이 대하거나 심하게 배변 훈련을 시키는 등 강압적인 태도를 보일 때 생긴다. 성인이 되어 타인의 인정과 사랑에 지나치게 반응하는 불안정한 정서를 보이게 된다.

혼란 애착은 부모에게 학대를 당한 경우에 나타난다. 회피 애착과 집착 애착이 섞여 있는 형태의 모습을 보인다. 이런 유형의 애착이 생긴 아이는 부모와 적절한 상호 관계를 가진 경험이 없기 때문에 성인이 되어서도 인간관계에 어려움을 겪는다. 정서장애, 행동장애, 알코올의존증, 경계성 인격장애 등으로 이어질 확률이 높다.

이렇게 애착의 유형에 대해 이해하게 되면 엄마가 조금 힘들더라도 아기를 의식적으로 안아주게 된다. 사람이 타인에게 말하는 비난은 거짓인 경우가 많다. 남의 말이 나의 가슴에 비수로 와서 꽂히더라도 무엇이 더 중요한지 곰곰이 생각해보면 크게 연연하지 않게 된다. 나 역시 동네 어르신들의 눈총을 받을 때에는 기분이 가라앉았지만 대수롭지 않게 웃으며 같은 길을 지나다니니 그분들도 나에게 더 이상 신경 쓰지 않았다. 귀에 닿는 조언이 이로울 때도 있고, 듣기 싫을 때도 있다. 타인의 말이 나의 감정을 뒤흔드는 것은 아닌지 잘 생각해보자. 불안과 안정의 시소에서 안정에 무게를 두고 늘 긍정적인 관점을 선택하는 지혜로운 엄마가 되자.

to think!

아이가 울 때 곧바로 안아주나요? 엄마가 안아주기 힘들 때는 어떤 생각이 드나요?

03

12~18개월
걸음마 시기

걸음마 시기는 아기가 세상을 탐색하는 시기다. 평균적으로 아이들은 12~18개월에 걸음마를 익힌다. 첫째는 14개월에 첫 걸음마를 뗀 신중하고 평균적인 발달을 보였고, 둘째는 책장으로 둘러싸인 환경에서 태어난 덕분에 7개월에 걸음마를 시작했다. 처음에는 소파를 잡고 일어서더니 차츰 옆에 있던 책장을 잡고 꽃게처럼 아장아장 온 집안을 걸어다니기 시작했다.

황달 치료를 하면서 손을 허우적거리며 생애 초기에 불안감을 경험했던 첫째는 손에 무언가를 잡고 있는 것을 좋아했다. 첫 걸음마를 뗄 때 손에 지갑을 쥐고서 걷더니 자라면서 책을 좋아하게 되자 늘 책을 한 권씩 잡고 다녔다. 그 시기에 한창 반복해서 읽으며 좋아하던 책을 늘 손에 쥐고 다녔다.

둘째는 7개월에 책장을 잡고 안방부터 시작해서 주방을 향해 걸으며 거실까지 온 집 안을 걷더니 10개월에는 아무것도 잡지 않고 성큼성큼 잘 걸어다녔다. 12개월에는 엄마의 손을 잡고 계단 오르내리기를 연습했다. 남자아이라 그런지 보이는 대로 직진하며 세상에 대한 호기심을 채워나갔다. 책이 있는 환경에서 잡고 걸을 수 있는 안정적인 환경이 아이의 발달을 가속화시켰다.

to think!

자녀가 걸음마를 배울 수 있도록 집 안 환경이 다치지 않는 구조인가요?
그렇지 않다면 어떻게 집 안을 꾸미면 좋을까요?

04

18~36개월
자아 형성기

아이의 자아가 형성되므로 아이의 주장이 강해지는 시기이면서 가장 민감함 시기이다. 부모가 처음으로 아이를 키우면서 심리적으로 좌절감을 느끼기 시작하는 때이기도 하다. 나 역시 앙증맞고 온순한 아이였던 첫째가 어느 날 갑자기 "안돼", "싫어"라는 말을 할 때 속으로 놀랐다. '이제 전쟁이 시작되는구나' 하고 마음을 다잡았다.

일반적으로 이 시기의 아이들은 듣지도 보지도 않고 무조건 "아니, 싫어!"라고 말한다. 다양한 어휘를 들어서 말을 유창하게 하는 아이들은 그나마 말로 대응할 수 있기 때문에 수월하다. 그런데 말보다 행동이 먼저 나가는 남자아이들의 엄마는 아이의 행동에 감정적으로 많이 힘들어하는 모습을 보였다.

엄마의 강요하는 듯한 말은 이 시기 아이의 반감을 사게 한다. 놀이터에서 첫째가 동갑내기인 아이와 몇 번 만나서 놀게 되었다. 그 아이의 엄마 또한 육아에 열심이었다. 최대한 아들의 입장에서 이해하려고 노력했던 엄마였는데, 어느 날부터인가 표정이 좋지 않았다. 두 아이가 생일이 비슷한 동갑이었기 때문에 그 남자아이도 비슷한 발달을 보였다. 엄마가 간식을 먹자고 하거나 이제 그만 놀고 집에 가자고 말하자 흙을 뿌리고 엄마의 안경을 잡아채는 등 공격성 있는 모습을 보였다.

이 시기의 아이들은 자신의 건강한 자아 경계를 시험하려고 이런 행동을 보이기도 한다. 부모가 아이의 발달에 대한 이해를 넓히지 않으면 아이의 겉모습만 보고 크게 화를 내게 된다. 그 아이의 엄마 역시 얼굴이 붉으락푸르락하면서 놀이터 공원에서 아이의 두 팔을 잡고 씩씩거렸다. 아직 어린 3세 아이의 행동이 매너 있고 예의 바르기를 바라는 것은 무리다. 아이가 자신의 건강한 경계를 지키는 방법을 몰라서 하는 행동을 크게 나무라면 아이의 공격적인 행동은 더 강화된다. 다음번에 비슷한 상황이 오면 똑같이 안경을 잡아채거나 엄마의 의견에 반항하는 강도가 심해진다. 그러면 지난번의 일까지 묶어서 엄마는 더욱 감정적으로 화가 쌓여 결국 아이에게 표출하게 된다.

어린아이에게 다양한 경험을 제공하는 것은 좋지만 이 시기 아이는 거부나 부정의 말을 듣게 되면 해로운 수치심을 갖게 된다. 그래서 아이가 부정의 말을 듣지 않도록 되도록이면 집콕육아를 하는 것이 좋다. 3세까지의 아이는 감정적으로 상처를 받으면 해로운 수치심을 갖게 되고, 3세부터 5세까지의 아이는 감정적 상처를 받으면 죄책감을 갖게 된다.

집 안에서는 아이의 주 양육자인 엄마와 아빠가 아이에게 최선을 다하기 위해 많은 부분을 허용하지만 집 밖에서는 남들과 있다 보니 아이가 거부당하는 경험을 겪는다. 그런 경험이 많을수록 아이는 좌절감을 느끼고 악순환이 시작되는 것이다.

수치심이 형성되는 시기라서 배변 훈련도 강압적이어서는 안 된다. 심리학자 프로이트에 의하면 이때의 리비도는 항문기에 속한다. 배변을 누는 것과 참는 것을 통해 아이는 쾌감을 느낀다. 엄마가 강압적으로 배변이나 배뇨에 대해 지시를 내리면 아이는 수치심을 느끼게 된다. 배변 훈련은 느긋하게 진행하는 것이 좋다.

이 시기에는 아이의 소유욕이 채워질 수 있도록 아이만의 책을 사주어야 한다. 욕구는 눈에 보이지 않지만 정말 중요하다. 욕구가 채워지면 만족감을 느끼게 된다. 나는 첫째를 키울 때 이 부분에 대한 이해가 부족했다. 살던 아파트에서 가까운 도서관에 자주 갔다. 도서관에서 빌린 책을 읽고 반납했는데, 아이는 자신이 보던 책이 자기의 것이라고 생각했는지 다시 찾고는 했다. 도서관에 반납했다고 말해주어도 다시 그 책을 달라고 요구했다. 그럴 때는 아이에게 똑같은 책을 사주는 것이 바람직하다.

책의 바다 시기가 오는 때이므로 아이의 책 읽어달라는 요구에 응해주어야 한다. 책의 바다 시기에는 아이가 밤이고 낮이고 책을 읽어달라고 요구한다. 아이들 개인마다 차이가 있지만 첫째의 경우는 생후 9개월부터 책을 읽어달라고 많이 요구했다. 엉금엉금 기어 다닐 때부터 책이 있는 환경에서 자라다 보니 서정적인 그림책을 무척이나 좋아했다. 9~20개월에는 쉬운 그림책을 무한 반복해서 읽어주었다. 첫째는 책의 바다 시기가 일찍 시작되었는데, 더 극심하게 책을 읽어달라고 한 시기가 100일가량 이어졌다. 21~24개월이었고, 100일간 19시간 동안 책을 읽어달라고 요구해서 응해주었다.

정점을 찍고 난 뒤 그 후로는 매일 17~18시간 동안 책을 읽어달라고 했다. 영어책의 바다가 왔던 35개월 전까지 한글책의 바다가 이어졌다. 35~38개월에는 영어책의 바다가 와서 밤을 꼴딱 세워가며 영어책을 읽어주었다. 첫째가 38개월 16일이 되던 날 둘째를 출산하러 갔었는데, 출산 일주일 전까지 책을 읽어주었다. 9개월부터 둘째 출산 직전까지 모두 합하면 30개월의 시간 동안 책의 바다 시기를 거쳤다. 고되고 힘들었지만 시간을 되돌려 다시 돌아간다 해도 아마 나는 아이가 요구하는 만큼 책을 읽어줄 것이다.

둘째 아이는 대략 22개월부터 한글책의 바다가 찾아왔다. 밤이고 낮이고 시간을 가리지 않고 책을 읽어달라고 요구했다. 책장의 책을 모두 꺼내서 흩뿌리며 놀았고, 자신이 꽂히는 책은 반복해서 읽어달라고 했다. 남자아이들은 보통 웃기고 재미있는 책에 환장한다. 그래서 내용이 코믹하고 정감 가는 작가의 그림책을 유달리 좋아했다. 첫째는 전 영역의 책을 다 반복해서 읽은 반면, 둘째는 자신이 좋아하는 분야를 파고드는 경향이 있다. 책의 바다 시기에 둘째는 공룡에 빠져들었다. 남자아이들은 일반적으로 탈것이나 공룡을 좋아한다.

하루 종일 책을 읽다가 놀다가 하던 남매 중 누나가 먼저 잠들고 나면 둘째는 에너지를 다 쏟아내고 나서야 12시에 잠이 들었다. 12시에 기절하듯 잠들었던 아이가 새벽 2시에 눈을 번쩍 뜨면서 다시 일어나곤 했다. 엄마 입장에서는 등골이 오싹했다. 이제 좀 잠들려던 찰나에 아이가 벌떡 일어나서 화장실에 물을 틀고 쏟아지는 물에 손을 갖다 대면서 그 느낌을 느끼고 있을 때는 좀 무서운 생각마저 들었다. 새벽 2시 화장실에 물을 틀어놓은 채, 갑자기 주방으로 가서는 싱크대를 열어서 쌀통 뚜껑을 열고 주방 바닥에 쌀을 흩뿌리고 놀았다. 바닥에 흩뿌려지는 쌀알들이 우주의 수많은 별들 같았다. 정신이 몽롱하고 아찔했다.

그 당시 우리 가정은 여전히 외벌이인데 아이가 두 명으로 늘어난 상태였다. 미니멀 라이프와 책육아를 동시에 지향하면서 식비와 책값에는 돈을 써도 다른 모든 물자는 절약해서 저축과 투자를 위한 종잣돈 마련에 심혈을 기울이던 때였다. 물론 그보다 더 중요하게 생각한 것은 아이들의 호기심과 지적 욕구를 채워주는 것이었다. 멋들어진 비싼 교구나 장난감이 아니어도 충분히 아이들의 호기심을 채워주고 잘 키워낸 분들의 노하우를 따라 하며 내 아이들에게 적용할 수 있는 범위에서 나의 한계를 넓혀가던 중이었다.

아무리 그래도 그렇지 아닌 밤중에 그것도 잠들었다가 단 두 시간 만에 좀비처럼 벌떡 일어나 첫새벽에 쌀놀이라니… 몇 시에 일어났는지 기억조차 나지 않는 긴 육아의 노동 시간을 달리고 각성 상태의 몸으로 이부자리에 갓 누웠던 나는 아이가 일어날 때마다 무척이나 두려웠다.

그 이유는 첫 번째로 바닥에 내버려지는 쌀이 아까웠다. 한 톨의 쌀을 재배하기 위해 얼마나 정성과 노력을 기울이는지 농부의 노고를 누구보다 잘 알고 있었기 때문이다. 어린 시절 농사를 지으시는 부모님의 힘들었던 모습이 떠올라 나의 내면 아이는 힘들었다. 두 번째로는 먹을 것을 버리지 말라고 혼나면서 배웠던 나의 상처가 자극되면서 신나게 쌀을 던지며 노는 아이의 모습을 보는 것이 힘들었다. 세 번째로는 남편과 첫째 아이가 깊은 수면에 빠져서 쿨쿨 자고 있는데, 혹시나 깰까 봐 걱정되었다. 또 그만큼 나 역시 무척 졸리고 피곤하고 힘든데 단 한 번도 교대해서 아이들을 새벽에 봐주지 않은 남편에 대한 서운함과 원망감 때문이었다. 매주 월요일 새벽에 장거리 출장을 떠나서 금요일 밤 12시가 다 되어서야 집에 돌아오던 남편이었다. 일하느라 고단한 것이 안타까워 밤새 깨지 않고 숙면을 취하게 해주고 싶어서 쥐 죽은 듯 있었다. 아이들이 평일에 아빠가 보고 싶고 함께 놀고 싶을 수도 있을 텐데, 그런 아빠의 부재에 대한 책임까지 오로지 엄마인 나의 몫이었다.

심지어 나는 둘째를 낳고 간에서 악성종양이 발견된 지 얼마 되지 않은 시기였다. 수면 패턴이 계속 바뀌니 소화력도 떨어졌고, 마음이 힘든 만큼 몸도 계속 아팠다. 하지만 거의 대부분을 아픈 줄도 모르고 육아에 전념했다. 그만큼 육아는 정신없이 바빴다. 그러다가 둘째가 책의 바다 시기에 책 읽기와 더불어 두 시간을 물놀이와 쌀놀이를 할 때면 나는 더욱 지쳐갔다. 그래서 온 에너지를 다 발산하고 기절하듯 잠든 아이가 단 두 시간 만에 깨어서는 쌀을 흩뿌릴 때 나의 정신도 쌀알처럼 바닥에 흩어지는 기분이었다.

처음에는 화가 올라오다가 분노가 터져서 눈이 이글이글 타는 느낌이었다. 새벽 2~4시에 발소리도 조심히 내던 그 시절 소리 지르기는커녕 아무 말도 못하고 속으로만 분을 삭여야 했던 시간들이 지금도 눈에 선하다. 다시 돌아가라면 죽어도 못할 고행의 시간이다. 거의 쌀 20킬로그램짜리 두 포대 정도를 바닥에 뿌리며 놀았던 것 같다.

잘 자던 아이가 성큼성큼 걸어서 싱크대 문을 열던 몇 달의 기간 동안 나는 자포자기하는 심정이었다. 늘 잠에 스르륵 빠질 때쯤 아이가 벌떡 일어날 때는 '좀비인가?' 싶기도 했다.

'아, 또 일어났네. 잠은 다 잤구나. 죽은 척할까? 기절한 척하면 안 깨우겠지?'

혼자 이렇게 생각하며 쥐 죽은 듯 누워있으면 쌀통을 향해 직진하던 아들이 다시 나에게 와서 기어코 나를 흔들어 깨웠다. 그리고 말없

책의 바다에 빠진 시기에
책을 읽다가 쌀놀이를 하는 모습

이 내 손을 잡고 일으켜 세웠다. 아, 무서웠다. 진짜 신기한 건 힘들긴 해도 잠 못 자서 내가 죽지는 않았다는 거다.

아들은 나를 참 많이 성장시켰다. 흩뿌려지며 바닥에 통통 튀겨지는 쌀알을 유심히 관찰하던 아이의 눈빛을 잊을 수가 없다. 바닥의 먼지와 뒹굴던 쌀알을 씻어서 먹기에도 찜찜하고 어떻게 할까 고민하다가 공원에 사는 비둘기들에게 뿌려주었다. 새벽 시간 쌀을 뿌리고 물을 마구 틀어놓는 것이 돈이 아까웠지만, 비싼 사교육비 대신이라고 생각하니 조금은 홀가분해지는 기분이었다. 또한 지금이 아이의 인생에서 가장 중요한 시기라는 것을 복기하려고 애썼다. 아이는 지금 중력과 탄성에 대한 과학 실험을 끝없이 하고 있는 중이라고 되뇌었다. 그래서 지루하고 피곤하게만 느껴지던 그 시간을 인내심으로 버틸 수 있었다. 만약 아이의 호기심에 대한 이해가 없었다면 받아줄 수 없었을 것이다. 엄마가 아이에 대한 이해를 조금만 넓히면 아이는 엄마와 하나가 되어 잘 성장한다. 아이들은 늘 엄마인 나의 고정관념을 깨부수고 넓혀주었다.

두 아이의 수면 시간이 맞지 않아서 첫째가 6살, 둘째가 3살이던 둘째의 책의 바다 시기가 제일 힘들었다. 수면이 부족하면 얼마나 인내심의 한계에 이르는지 그때 처음 알았다. 첫째의 책의 바다 시기를 겪을 때는 그래도 한 아이에게만 집중해서 책을 읽어주면 되었다. 그때는 아쉬움 없이 첫째의 요구에 반응해줄 수 있었는데, 둘째에게는 온전히 반응해줄 수 없었던 점이 내내 미안함으로 남아있었다. 그런데 아이들을 키우면서 알게 된 것은 책의 바다 시기는 또 온다는 점이었다.

두 아이는 찬바람이 부는 겨울이 되면 여지없이 책으로 돌아오곤 했다. 추운 날씨에 에너지를 최소화하고 따뜻한 집에서 재미난 이야기책을 읽으며 지성의 성장에 가속도가 붙는 것이다. 봄, 여름, 가을에 바깥에서 실컷 자연을 만끽하고 몸으로 놀았던 아이들은 겨울이면 여지없이 책의 바다에 빠졌다. 그러니 엄마표 책육아를 시작하는 초보 엄마이거나, 어느 정도 아이를 키운 책육아맘이라도 엄마가 책의 끈을 놓지 않는다면 아이는 언제든 책의 바다에 빠지니 걱정하지 않아도 된다. 그저 엄마가 아이에게 편안한 마음으로 책 한 권 읽어주도록 하자. 엄마의 편안한 정서를 느낀 아이는 책을 좋아하는 사랑스러운 아이로 자라날 것이다.

to think!

자녀가 책의 바다에 빠진 경험이 있나요? 아이가 책을 읽어달라고 하는데 즉각적으로 읽어주지 못할 때 마음속에서 어떤 불편함이 느껴지나요?

05

36~48개월
균형 잡힌 황금기

36~48개월의 아이는 자아가 형성된 후 부모와 의견을 조율할 줄 아는 황금기로 접어든다. 보통 이 시기에 책의 바다를 지나서 읽기 독립을 한다. 다양한 분야의 한글책과 영어책을 많이 읽어주기 적기인 때이므로 아이의 지성을 확장시켜주기 좋다.

보통 읽기와 쓰기를 동시에 가르치는 것이 좋다고 하는 학자도 있는데, 읽기를 많이 한 아이일수록 쓰기를 싫어하는 경향이 있다고 한다. 실제로 첫째 아이를 키워보니 정말 그랬다. 읽으며 지식을 습득하는 것이 편하다 보니 쓰는 것을 기피했다. 첫째는 7세 후반이 되어갈 때 서서히 쓰기에 관심을 보이길래 쓰는 방법을 알려주었다.

일단 한글을 듣고 읽으며 익히고, 들은 소리를 오래 기억하던 첫째는 7살 때 시조 한 편을 3주 만에 암송했다. 병설 유치원에 한 달을 다니면서 또래 아이들과 같이 시조를 배웠는데, 1년을 외워서 연말에 재롱잔치 때 발표했다. 평소에 엄마가 책 읽어주는 소리를 귀로 많이 들었던 첫째 아이는 3주 만에 시조를 통으로 암송했고 엄마인 나에게 들려주었다.

어버이 살아실제 섬기기를 다하여라
지나간 후면 애달프다 어이하리
평생에 고쳐 못할 일이 이뿐인가 하노라

그때는 매월 그렇게 하나씩 암송하고 배우는 줄 알았다. 지나고 보니 함께 배웠던 아이들이 연말이 되어도 떠듬떠듬하며 제대로 기억해내는 것을 힘들어했다. 그 아이들의 집에 가보니, 집에 책도 별로 없었고 있는 책도 엄마가 읽어주지 않고 있었다. 나는 엄마가 평소에 집에서 책을 읽어주는 것과 읽어주지 않는 것의 작은 차이가 결국 큰 차이를 만든다는 결론에 이를 수 있었다. 아이는 듣는 능력을 키우면서 성장해야 한다. 집에서 엄마가 책 읽어주기를 소홀히 할 수 없는 이유다.

아이의 성향마다 다르겠지만, 읽고 듣는 것은 좋아하되 쓰기는 싫어할 수 있다. 보통 여자아이들은 쓰기에 대한 거부감이 적고 쓰기와 한글 떼기를 동시에 하는 아이들이 있다. 나도 어린 시절 5살에 한글을 쓰면서 혼자 터득해서 뗐다고 한다. 어린아이일수록 문자를 익히는 능력이 뛰어나다. 부모 자신의 한글에 대한 감정이 어떤지 되돌아본다면 그 감정이 아이의 문자 흡수력과 연결되는 것을 이해할 수 있다. 어린 시절에 한글을 엄마에게 배우다가 많이 맞고 혼난 사람이 있다. 제대로 익히지 못한다고 한 번 혼난 것에 놀라고 당황했던 그 사람은 두 번, 세 번 혼나는 횟수가 늘어나고 급기야 한글을 가르쳐줘도 모른다고 맞기까지 해서 한글 떼기에 대한 두려움이 생겼다. 그런 본인이 엄마가 되어 막상 자신의 아이에게 한글을 가르쳐주려고 하니 그때의 감정이 되살아나서 몹시 힘들어했다. 엄마의 내면 아이가 건드려진 것이다.

어떤 경우에도 아이를 비난하지 말아야 한다. 아이에게 학습이라는 환경을 제공할 때 혼내고 다그칠 거란 느낌이 들면 당장 멈추어야 한다. 오히려 책만 꾸준히 읽어주고 다양한 분야의 책을 접하게 하는 것이 몇 배의 교육 효과가 있다. 많이 읽었지만 쓰기는 싫어했던 첫째는 초등학교에 입학한 후 스스로 쓰기를 터득하고 심지어 반듯하게 써보려고 노력했다. 얼굴이 새빨개지도록 손에 힘을 줘가면서 스스로 노력하는 모습이 지금도 감동으로 남아있다. 아이에게는 언제든 배우려고 하는 의지가 있다. 엄마의 조바심과 판단으로 아이를 내몰지 않도록 해야 한다.

48개월까지는 아이들이 지식을 쏙쏙 흡수해서 천재의 시기로도 불린다. 읽는 책의 질에 신경을 써서 백과사전 종류를 주로 읽히는 것이 좋다. 지식을 달달 외우게 하려고 읽을거리로 주는 것이 아니라 아이의 관심사를 깊고 넓게 해준다는 마음가짐으로 책을 제공해야 한다. 아이는 책에 대한 수요자고 부모는 책을 공급하는 사람이라고 생각하면 좋겠다. 수요자와 공급자의 호흡이 제대로 맞았을 때 독서교육은 원활히 이루어진다. 수요자는 원하지 않는 것을 공급자가 강제로 읽히려 든다면 강매나 다름없다. 아이 입장에서는 당연히 자기가 좋아하는 분야의 책을 읽는 것이 즐겁다. 언제나 흥미가 느껴지며 재미를 느끼는 책으로 읽는 것이 좋은 독서 환경이다. 그런데 48개월까지의 아이는 아직 판단이 생기지 않은 순수한 지성의 상태이기 때문에 되도록 양질의 책을 많이 제공하는 것이 좋다.

첫째에게 사준 백과사전은 <21세기 백과사전>, <한솔어린이 백과사전>, <브리태니커 비주얼 사이언스>, <미니 포켓북 동물, 공룡, 꽃 등 백과사전>, <호기심 백과 왜?>, <브리태니커 만화 백과>, <WHO 시리즈> 등이 있고 <WHY 시리즈> 같은 학습만화 백과도 도서관에서 많이 빌렸다. 둘째 아이는 집에 일단 다양한 책이 있는 환경에서 태어난 덕분에 아기 때부터 <브리태니커 비주얼 사이언스 백과>를 펼치며 보았다. 누나와 나란히 보다가 서로 더 보려고 싸우기까지 할 정도였다. 그때는 책값이 부담스러워 한 질 밖에 사주지 못했다. 만약 지금 누군가 그런 상황에 처해있다면 꼭 첫째와 둘째 각자가 소유할 수 있는 백과사전을 사주라고 조언하고 싶다.

책의 바다 시기를 거치고 난 첫째는 아침에 눈 떠서 일어나자마자 2시간가량 책을 읽었다. 아이가 책 보는 사이에 아침 식사를 준비하는 평화로운 나날이었다. 아침 독서 2시간이 흐르고 나면 아이는 낮에는 실컷 놀고 밤마다 "책책책 또또또" 하며 엄마가 책 읽어주는 시간을 기다렸다. 읽기 독립이 되었어도 아이는 동생을 본 이후라 퇴행이 왔었다. 둘째가 태어난 직후에도 신생아 동생이 귀엽다고 안아주고 뽀뽀하던 첫째는 둘째 아이가 7개월부터 걷기 시작하면서 자신의 물건을 함부로 만지고 망가트리는 모습 이후로 극심한 퇴행을 겪었다. 둘째가 걷다가 행여 다치지는 않을까 자꾸만 눈길이 가다 보니 첫째는 엄마의 관심을 받기 위해 스스로 읽던 책도 가져와서 읽어달라고 요구했다. 둘째를 낳은 엄마는 이 시기가 무엇보다 힘든 때이다. 주변 가족에게 요청해서 육아에 도움을 받는다면 좋을 것이다.

아이가 낮에 실컷 놀고 밤에 책을 읽다가 천재 끼를 뿜으며 영특한 모습을 비출 때면 육아에 지친 엄마의 마음은 눈 녹듯 녹아내리곤 한다. 35~38개월에 영어책의 바다를 지날 때부터 꾸준히 읽어준 영어책은 아이의 영어 말을 틔워주었다. 53개월이 되자 한글책을 영어로 영작해서 읽는 모습도 보여주었다. 48개월에 영어책 전집을 새로 사주었는데, 처음 본 책의 제목을 첫째가 읽었다. 배 속에서 영어책을 읽어준 효과라는 느낌이 들었다. 무엇보다 꾸준히 읽어주는 독서량은 아이에게 차곡차곡 저축처럼 누적되었다. 한번 꾸준히 읽어주는 독서량이 어디 도망가지 않으니 오늘부터라도 아이에게 한글책, 영어책 가릴 것 없이 읽어주는 것이 좋다. 아이의 유년기는 키우기 힘들어도 다시 오지 않는 황금 시기이니 놓치지 말아야 한다.

이 시기 아이들의 특징 중 물활론을 빼놓을 수 없다. 아이들은 모든 사물이 살아있다고 생각한다. 마치 인형이나 레고를 살아있는 친구처럼 생각한다. 물활론은 아이가 자라면서 점차 현실적인 사고로 성숙되어간다.

둘째가 5살 때 있었던 일이다. 뒤에 나올 49~60개월에 해당되는 이야기지만, 물활론은 발달이 빠를 경우 45~48개월에도 시작되는 아이들이 있어서 미리 이야기해본다. 둘째는 자신이 원하는 대로 레고가 움직여주길 바랐다. 단지 생명력 있는 친구라는 생각을 넘어서 플라스틱 팔이 자기가 원하는 대로 구부려지지 않는다고 엄청나게 짜증 부리고 뒤집어진 일들이 있었다. 둘째 아이의 상상력이 현실에 부딪히는 순간이었다. 이럴 때 엄마는 아이의 감정을 공감하고 받아줄 마음의 여유를 가져야 한다. 그렇지 않으면 아이가 뒤집어질 때 엄마도 같이 뒤집어진다.

"이순신 장군님의 팔(레고 팔)이 안쪽으로 구부러져서 칼을 휘두르기를 바라는구나. 근데 이건 플라스틱 팔이라서 건이 마음대로 되지 않는데 어쩌지?"

공감의 말을 해주고 위로하려 해도 아이는 막무가내였다. 공감하려고 아무리 시도해도 공허한 공감의 메아리만 남았다. 성장의 과정 중 내가 겪은 시행착오였다. 그래도 괜찮다. 아이도 나도 어른 아이 할 것 없이 뒤집어졌어도 다 겪을 일이었다. 과도한 죄책감만 가지지 않는다면 그 또한 육아의 추억 중 하나로 남는다.

그럴 땐 '그저 시간이 약이다'라고 여기며 버티는 수밖에. 때론 열심히 노력하고서 마음을 내려놓는 것도 엄마의 정신 건강에 좋다. 시간이 흐르는 만큼 아이는 자란다. 예전의 나는 일명 '이래도 걱정 저래도 걱정' 유형에 속하는 사람이었다면 육아를 통해 '이래도 좋고 저래도 좋다'의 유형이 되었다. 엄마 자신이 최선을 다했는데도 아이의 행동이 엄마 마음을 힘들게 할 때는 할머니가 손주를 기른다는 마음으로 아이를 바라보았다. 엄마의 상상력이 조금 필요하다.

'내가 내일 당장 수명이 다 되어 죽는 할머니라면, 이 아이의 떼씀과 터지는 에너지 앞에서 화를 낼 것인가? 그저 귀엽고 사랑스럽게 볼 것인가?'

답은 자명하다. 엄마는 아이의 누울 자리가 되어주어야 한다.

to think!

아이의 상상력으로 일어난 우발적인 사건이 있었다면 어떤 일이었나요?

06

48~60개월
불균형의 카오스

카오스이론은 무질서하게 보이는 혼돈 상태에도 논리적 법칙이 존재한다는 이론이다. 첫째가 물건을 마구 나열하면서 동물 이름 대기와 공룡 크기 분류하기를 하면서 놀다 보니 온 거실이 어지럽혀진 날 공대생 출신인 남편이 한 말이 있었다.

"음… 우리 딸 카오스이론에 충실하구만."

나는 속으로 '뭔 소리야' 싶었다. 나는 공대생이 아니었기에 처음에 무슨 말을 하나 싶었던 거다. 그래서 찾아봤더니 무질서하고 예측이 불가능한 현상 속에 숨어있는 정연한 질서를 밝혀내어 새로운 사고 방식이나 이해 방법을 제시하는 이론이었다. 경제, 기상, 물리, 전기, 천문 등 여러 분야에서 다양하게 응용되고 있다고 한다. 아이가 어지럽히면서 노는 데는 다 그만한 이유가 있다는 생각이 번쩍 들었다. 그 후로 어지럽혀놓은 공간을 청소하는 것이 즐겁게 느껴졌다.

둘째 아이는 첫째의 영향으로 노는 것이나 습득하는 능력이 빠른 것이 특징이다. 또래 효과 덕분에 둘째 이상의 아이는 보통 쉽게 키울 수 있다. 첫째 아이를 키운 능력치가 쌓여있기도 하고 또 두 아이가 티격태격하면서도 서로 잘 노는 시간이 있기 때문이다. 첫아이가 여자인 경우 동생을 잘 보살피기도 한다. 엄마의 모습을 보며 모방 학습이 된 딸아이는 둘째를 마치 자신의 아기인 것처럼 돌보며 둘이 놀기도 했다. 그런 모습을 볼 때면 힘든 육아의 무게가 날아갈 듯 가벼워졌다. 두 아이가 싸우면 부모의 얼굴에 그늘이 지지만 아이들의 사이 좋은 모습은 곧 부모의 희망이 되기도 한다.

49~60개월 아이는 주도성이 나오는 시기라서 무엇이든 자기가 먼저 하려고 한다. 사실 더 어린 월령의 아이도 자기가 스스로 하게끔 기회를 주고 엄마가 아이의 경계를 침범하지 않으면 양치질 놀이, 잠옷 갈아입기 놀이, 신발 신기 놀이 등으로 아이의 주도성을 이끌어낼 수 있다. 그런데 바쁜 현대인에게는 시간이 곧 돈이기 때문에 아이가 스스로 하도록 시간을 모두 허락하기가 어렵다. 그 시기를 놓쳤다고 하더라도 60개월까지 자라면서 아이는 무조건 자기가 하려고 하는 능력이 튀어나오니 걱정할 필요는 없다. 오히려 너무 하려고 해서 난감할 때가 있다. 둘째는 현관 비밀번호를 자기가 누르려고 하다가 자꾸만 손이 꼬일 때 좌절하지 않고 어떻게든 맞게 눌러서 성공하려는 의욕을 보였다. 장을 보고 집으로 돌아왔는데, 아이가 현관 비밀번호를 누르다가 세 번째 실수를 하고 있으니 무거운 짐을 들고 있던 나도 짜증이 나고 기다려주기가 힘들었다. 이런 일은 일상에서 자주 생긴

다. 이때 엄마가 잊지 말아야 할 사실은 아이가 엄마를 골탕 먹이려고 일부러 그러는 것이 아니라는 점이다. 어떻게 해서든 엄마를 위해서 자신이 문을 열어줄 왕자라는 것을 보이고 싶은 마음인 것이다. 힘들더라도 아이를 믿고 기다려주어야 한다.

이 시기 아이는 무조건 "내가 할 거야", "내가 이길 거야"라는 마음이 잠재되어있다. 전지전능한 자아의 시기라서 그렇다. 시간이 지나면 꽃이 스스로 피는 것처럼 아이의 자아는 아이들의 기다려주고 무르익을 때까지 함께 있어주다 보면 저절로 성숙된다. 자신은 신이 아니며 인간으로서 할 수 있는 능력이 정해져 있음을 깨닫게 되는 것이다. 그 시기를 일찍 앞당기려 하면 할수록 육아의 배는 산으로 올라가게 된다.

전능한 자아의 시기는 무조건 이기려 드는 것이 특징이다. 이 시

블록으로 멋진 왕국을 만든 것을 자랑스럽게 여기는 전능한 자아 시기 첫째 아이의 모습

기의 아이와는 놀다가 아이가 눈치채지 못하게 살짝 져주어야 한다. 너무 대놓고 지면 아이가 눈치채고 또 뒤집어질 가능성이 있다. 육아에 대한 규칙은 가능한 한 그 수가 적을수록 좋다. 육아의 규칙이 많고 제한적일수록 어린아이는 해로운 수치심을 더 많이 갖게 된다. 어린아이에게 자유롭게 선택권을 주면 성인이 되어서 수치심에 휩싸인 행동을 하지 않는다. 어린아이를 속박해서 수치심 가득한 아이로 만들어버리면 그 아이가 자라서 겪어야 할 미래는 암담하다. 해로운 수치심을 아이에게 던지지 않으면 아이는 성인이 되어 수치심을 치유할 일이 없지 않겠는가. 소 잃고 외양간 고치지 말자.

이 시기의 아이들에게는 목숨이 위험하거나 남에게 피해 주는 일이 아니면 다 허용하는 게 좋다. 호기심이 정점을 향해 불타오르기 때

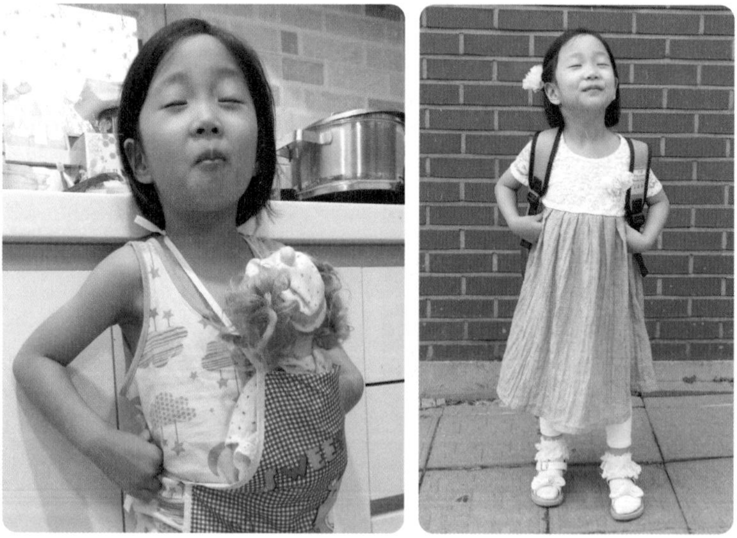

동생을 잘 돌보는 누나이자 유치원 생활을 잘하는 자신을 자랑스럽게 여기는 듯한 첫째 아이

문이다. 부모가 아이에게 허용이 아니라 부정의 말을 하는 횟수가 많을수록 아이는 제멋대로 구는 행동이 강화된다. 엄마의 짧고 단호한 말로 행동의 범위를 그어주어야 한다. 엄마의 단호한 말의 횟수가 반복되어야 아이는 건강한 경계 속에서 자신이 해도 되는 행동과 해서는 안 되는 행동을 구분하며 분별력을 키워나간다. 교육의 핵심은 분별력이다. 분별력은 자신이 해도 될 행동과 하지 말아야 할 행동의 규범을 아이 스스로 터득하는 능력이다. 사물의 미묘한 차이를 관찰하는 것에서 비롯되는 이 능력은 아이가 집중해서 무언가를 관찰하고 몰입할 때 길러지는데, 분별력이 좋은 아이일수록 지능이 뛰어난 특징이 있다. 그만큼 오랜 시간 하나에 집중하는 주의 집중력이 강해서 책 읽기 역시 집중해서 오랜 시간 읽을 수 있기 때문이다.

책 읽기를 많이 한 사람은 후천적으로 두뇌가 계발되는 것은 자명한 사실이다. 아이가 스스로 옳고 그름의 행동 규범을 익힐 수 있도록 부모가 옆에서 함께해주어야 한다. 그래서 이때는 전래 동화 책을 읽어주는 것이 좋다. 옛 선조들의 지혜가 풍부하게 담긴 동화 속에는 다양한 삶의 진리가 담겨있다. 근면성실, 인과응보, 권선징악 등 아이가 기본적으로 배우고 익혀야 할 삶의 태도를 스토리텔링 형식의 동화책을 통해 자연스레 익히게 된다. 첫째는 딸이기도 하고 워낙 차분한 스타일이라 타인의 경계를 침범하는 일이 없었다. 육아를 하던 어느 날, 친구의 결혼식이 있어서 만났던 대학 친구들은 일제히 딸아이를 보면서 칭찬을 아끼지 않았다.

"사랑이는 선비 같아요"라고 하던 후배의 말이 생각난다. 첫째라서 온전한 사랑을 받았고, 아이가 집중할 때에 방해받지 않았던 시간이 누적되어 타인의 경계를 지켜주는 매너가 몸에 배어있었다.

아기가 자고 일어난 직후에 아이의 두 눈이 멍한 상태일 때가 있다. 이 타이밍이 아이의 명상 상태다. 아이가 명상 상태일 때 부모가 귀엽다며 안고 뽀뽀하고 흔들면 아이의 주의 집중력을 키워줄 수 없다. 아이의 고요한 명상 시간에 세상의 모든 소리를 죽이고 가만히 아이를 들여다보았다. 그렇게 눈빛이 깊을 수가 없었다. 아이는 그 시간에 잠들기 전 읽었던 책의 내용과 기존에 자신이 보고 들었던 내용을 머릿속에서 정리하는 시간인 듯했다. 그 시간은 매우 중요하다. 그 시간이 책을 좋아하고 스스로 꺼내보는 아이로 성장하는 데 큰 디딤돌이 되어주었다고 생각한다.

둘째는 자신이 원하는 분야의 책을 깊이 파고드는 경향이 있었다. 이런 아이들은 자신이 원하는 책만 주구장창 읽는 유형이다. 공룡책에서 역사책으로 넘어가는 3년여의 시간 동안 자신이 좋아하는 것에만 열광하는 모습을 보면서 좋아하는 것을 더 좋아할 시간을 주자며 나 스스로를 다독였다. 이미 둘째로 태어난 아이의 운명도 있거니와 자신의 것을 사수하려는 아이의 행동은 거침이 없었다. 이런 경우라면 둘째 아이만의 물건을 소유할 기회를 많이 주어야 한다. 이 시기에 나는 절약의 끈을 풀고 아이가 원하는 것을 채울 수 있도록 노력했다. 그리고 베갯머리 독서 시간에는 엄마가 읽어주고 싶은 책을 골라와서 아이에게 읽어주었다. 굳이 엄마가 일상에서 아이의 행동에 대해 콕 집어 이야기한다면 아이는 잔소리로 받아들일 수밖에 없다. 대신 아이에게 알려주고 싶은 내용의 책을 아이가 잠들기 전에 읽어주었다. 이런 엄마의 작은 정성과 노력이 쌓이고 쌓이면 아이는 어느새 매너가 몸에 밴 사람으로 자라게 된다.

때론 부모의 인격이 바닥까지 보일 수 있는 시기이니 마음 조절이 필수다. 부모의 마음 밑바닥에는 상처받은 내면 아이가 웅크린 채 잠들어있다. 빙하 속에 얼어붙은 화석처럼 엄마 자신의 어린 시절에 상처받았던 그 아이가 마음을 아프게 자극한다. 내 아이가 세 살이 되면 엄마의 내면 아이가 세 살의 기억에 맞닿아 콕콕 쑤시게 되고, 아이의 나이가 다섯 살이 되면 엄마의 내면 아이가 다섯 살에 받은 상처로 아파 온다. 그것은 감정적인 대응으로 이어져서 아이와 엄마의 대화가 아닌 아이와 아이의 대화가 되어버린다. 그럴 때는 감정적 대응이 아니라 아이의 마음으로 입장을 바꿔 생각해야 한다. 역지사지는 모든 관계에서 기본적으로 헤아려야 할 미덕이다.

자기 주도성이 불쑥 나오는 시기의 아이가 직접 시도해 이루어낸 일 앞에서 부모는 감탄사를 연발해야 한다. 비록 아이가 사소한 일을 성취했더라도 때로 엄마는 바보 역할을 해야 한다. 아무리 똑똑하고 지적인 부모라도 자신의 에고를 내려놓을 줄 모르는 사람은 어리석다. 소중한 자신의 아이 앞에서는 살짝 나사가 풀린 듯 행동하는 부모가 지혜로운 부모다. 바보 부모의 순박한 얼굴로 아이를 바라보며 진심을 담아 칭찬하는 것을 연습을 해보자.

"우와! (진심을 담아 박수를 친다) 엄마도 이렇게 좋은데 넌 얼마나 좋니?"

아이가 자기 자신의 성장을 위해 노력한 것에 대한 칭찬이어야 한다. 칭찬은 양날의 칼과 같아서 잘 사용하면 성장의 원동력이 되지만, 제대로 알지 못하고 사용하다가는 엄마를 위해 춤을 추는 꼭두각시를 만들어버릴 위험도 있다. 아이는 자기 자신의 삶을 일구어나가기 위해 잠시 부모의 도움을 받고 있는 인생의 귀한 손님이다. 아이가 부모의 체면을 살려주기 위해 노력하는 것은 아닌지 부모 자신의 속마음을 솔직하게 들여다보아야 한다.

남편과 나는 아이들에게 늘 결과보다 노력에 대한 칭찬을 하자고 서로를 다독였다. 어제보다 조금 더 나은 오늘의 모습을 위해 아이가 스스로 노력한 부분을 칭찬해주었다. 노력의 과정에 대한 칭찬을 들은 아이는 자신의 성장을 위해 조금 더 노력하고 꾸준히 이어갈 힘을 얻는다. 꾸준함은 바위도 뚫는다.

to think!

아이와 놀이를 할 때, 아슬아슬하게 져주면 좋다는 것을 머리로는 알지만 마음으로는 져주기 싫을 때는 어떤 경우인가요?

07

60~72개월
균형 잡힌 천사

60~72개월 취학 전 시기의 아이들은 학습에 대한 기본적인 태도를 몸에 익히는 것이 좋다. 이미 어린 시절부터 책 읽어주기가 습관이 되었다면 큰 걱정은 하지 않아도 된다. 독서를 통한 배움의 능력을 습득한 아이들은 교과서를 읽는 것이 곧 독서라는 사실을 몸으로 익혔기 때문이다. 교과서는 초등 2학년까지는 아주 쉽다. 교과서가 컬러풀해졌고, 내용도 아이들이 좋아할 만하게 개정되었기 때문에 아이가 읽기 능력만 제대로 갖춘다면 학교생활을 하는 데는 문제없다. 취학을 앞두고 아이가 좋아하는 것에 대한 몰입이 학업 성취로 이어질 수 있도록 자연스럽게 연결해주면 된다.

좋아하는 것을 더 좋아하는 것이 즐거운 일이라는 생각을 갖도록 그에 걸맞은 환경을 제공하면 교육은 더 쉬워진다. 아이는 자기가 좋아하는 것을 찾아가면서 배움이 즐겁다는 느낌을 이미 익혔기 때문이다. 따라서 초등 입학 전의 아이에게는 아이가 좋아하는 것을 더욱 좋아하도록 허용하면 된다.

쓰기를 거부하는 아이에게도 조금씩 쓰기에 적응할 수 있도록 이야기를 해주는 것이 좋다. 앞서 말했듯이 많이 읽은 아이일수록 쓰기를 멀리할 가능성이 높다. 연필을 쥐고 쓰는 것이 낯설고, 자신이 생각하는 것을 손으로 다 받아내기 힘들기 때문이다. 그래서 많은 양의 쓰기를 강요하기보다는 아이가 좋아하는 것을 따라 조금씩 써보게만 해도 8세가 되면서 무리 없이 학습을 이어나갈 수 있다. 나는 첫째가 쓰기를 재미로 익힐 수 있도록 아이가 좋아하는 캐릭터나 동물 이름 쓰기를 유도했고, 칭찬을 해주었다. 엄마의 칭찬은 아이에게 동기부여가 된다.

초등학교 입학을 앞두고 성적에 연연하는 엄마가 되지 않겠다고 결심하기도 했다. 배움은 즐거운 것이라는 감정을 느끼는 게 무엇보다 중요하다. 아이의 배움은 성인기까지 이어지는 장기 레이스고, 성인기 이후에도 물론 노년까지 사람은 배우고 익혀야 한다. 대학을 가는 것이 최종 목표가 아니라는 이야기다. 배움에 대한 자세는 유년기에 배움을 즐기는 것으로부터 시작해야 한다. 그러기 위해서는 당연히 아이가 좋아하는 것에 몰두하도록 허용하는 부모의 담대함이 뒷받침되어야 한다.

부모가 아이를 존중하고 배려하는 노력을 기울였다면, 부모는 이 시기에 아이들로부터 존중을 받는다. 존중은 존경을 낳는다. 흔히 7살 정도 된 아이가 유치원에 가지 않으면 사람들은 우리 아이에게 무슨 문제 있는 건 아닌지 의심의 눈초리로 바라보고 꼭 한마디씩 물어보곤 했다. 엄마의 가치관이 궁금해서가 아니라 남들 다 가는 유치원에 왜 이 집 아이만 안 보내느냐는 식의 질문이었다. 말을 들어보면 그 사람의 질문에 어떤 의도가 담겨있는지 느낄 수 있다. 요즘이야 코로나의 영향으로 홈스쿨링이 늘어나는 추세이지만, 4~5년 전만 해도 남과 다른 모습을 보이면 의심의 눈총을 받아야 했다.

남들이 다 한다고 해서 나도 똑같이 해야 할 이유는 없다. 남과 다른 관점으로 바라볼 줄 아는 것이 창의성이고 독창성이다. 학교가 모두 비슷한 사고방식을 가지도록 교육시킨 것은 산업사회의 일꾼을 양성하기 위한 방편이었다. 그저 지시를 내리면 주어진 일을 일사천리로 해내는 일꾼을 만들기 위해서는 창의성이라는 능력 대신 순종적인 사고를 길들여야 했다. 이제는 세대가 바뀌었고, 시대도 바뀌었다. 남과 비슷한 사고방식으로는 앞으로 아이들이 살아갈 세계에서 살아남기가 힘들다. 변화하는 세상에서 리더가 될 아이로 양육하려면 부모는 아이의 창의력이 자라날 여지를 주어야 한다.

책육아로 가정 보육을 오랜 기간 해본 결과 아이를 억지로 기관에 맡기는 것은 바람직하지 않다는 생각이 들었다. 하지만 엄마인 나의 에너지가 너무 많이 들었기에, 아이가 그만두고 싶다는 의사를 분명히 밝힐 때에는 그만둘 권리를 존중하기로 했다. 5살 때 사립 유치원을 몇 달 다녔던 첫째는 처음에는 친구들과 노는 것을 좋아하다가 너무 시끄러운 소리에 기함을 한 적이 있었다. 아이들은 어른보다 10배나 잘 듣는다는데 이때 나는 그 사실을 몰라서 아이가 왜 힘들어하는

지 이해하기 어려웠다. 지나고 보니 청각이 예민했던 첫째는 친구들이 비명 지르듯 소리치며 노는 모습이 생경하고 적응하기 힘들었던 것이다. 나는 유치원 참관수업 때 그 모습을 보고서야 첫째가 왜 힘들어하는지 이해할 수 있었다. 집 안 환경과 너무나 다른 유치원 환경에서 아이가 얼마나 힘들었을지 마음이 먹먹해져 왔다.

유치원을 선택할 때는 아이의 성향과 선생님들의 교육관, 유치원 커리큘럼 등을 고려해야 한다. 차분하고 청각이 발달된 아이들에게는 몬테소리 유치원이 적합하다. 반면 활동성이 높고 소리보다는 시각적 자극으로 정보를 민감하게 받아들이는 아이들에게는 액티브한 활동이 많은 유치원이 좋다. 유치원의 선택 기준에서 내 아이의 자율성이 존중되는지도 중요하다.

시끄러운 소리에 놀라고 그만두고 싶어 하는 아이의 선택을 존중해서 첫째는 집에서 조용히 독서의 시간을 가지고 상상놀이를 하며 지냈다. 그러다가 7살 가을쯤에 또래 여아들과 직접 놀이를 하고 싶어 했다. 시끄러운 소리를 무서워하던 첫째가 7살이 되면서 진공청소기를 직접 돌렸다. 소리에 그토록 민감했던 아이가 스스로 청소기를 돌릴 만큼 큰 소리에 적응한 모습을 보고 놀라웠다. 최근 첫아이 육아 과정을 모두 알고 계신 지인분과 통화를 하며 잊고 있었던 일화가 떠올랐다.

유독 소리에 민감했던 사랑이는 잠이 들어도 내 숨소리가 사라지는 것을 알아채고는 잠에서 깼다. 깊이 잠든 것을 확인하고 일어설 때에도 아이는 잠에서 퍼뜩 깼다. 아이가 좋아하는 책을 매월 택배로 받으니 초인종 누르는 것에 나는 민감해졌다. 택배 기사님들이 초인종을 누르지 않도록 메모를 적어두었다. 그런데도 바쁜 기사님들은 아무렇게나 벨을 눌렀고 잠든 아이가 기함하듯 놀라 깨는 일이 자주 발생했다. 그래서 고민하다가 자주 오는 택배 기사님에게는 따로 문자 메시지를 보냈다.

"언제나 친절하게 배송해주시는 기사님 안녕하세요. 저희 아기가 벨 소리에 깜짝 놀라 잠이 깨곤 합니다. 택배는 현관문 앞에 놓아주시고 벨은 누르지 말아주세요. 정중히 부탁드립니다."

예민한 아이라도 욕구를 반영해주면 아이는 언젠가 독립한다. 아이는 자신이 원하는 시기에 독립할 권리가 있다. 워킹맘이 아니라면 엄마의 휴식을 위해 억지로 등 떠밀 듯 기관(어린이집이나 유치원)에 보내는 것은 삼가자. 차라리 그 시간에 아이들이 원하는 시간에 원하는 만큼 책을 읽으며 책 읽기의 맛에 흠뻑 빠지도록 여유를 주자.

고요한 아침 시간에 눈을 비비며 일어난 아이가 책 읽는 모습은 세상에서 가장 사랑스러운 한 폭의 그림이다. 자신이 좋아하는 책에 흠뻑 빠져 읽는 것은 배움의 즐거움을 느끼는 출발점이다. 배움을 즐기는 아이로 키우고 싶다면 첫 단추부터 제대로 채워야 한다.

to think!

자녀가 유치원에 다닌다면 하원 후의 시간은 엄마가 아이와 주로 어떻게 보내나요?

08

뇌 발달에 따라
아이의 행동은 달라진다

임신 과정에서 첫 2주가 인간의 사망률이 가장 높은 시기라고 한다. 엄마와 제대로 연결이 안 되어 수태에 실패하는 것이다. 수정란이 정상적으로 자궁내막에 착상되면 이때부터는 모체, 즉 엄마와 하나가 된다. 착상 이후 8주까지를 배아기라고 하는데, 중요한 신체 기관과

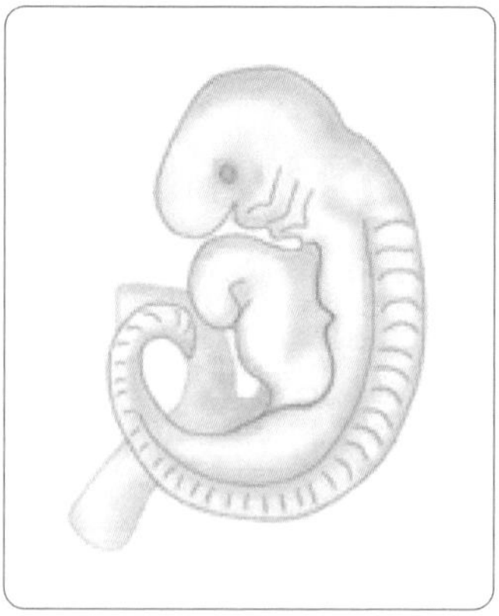

임신 4주 차 배아의 모습

신경계가 이때 형성된다.

4주가 지난 배아는 심장이 뛰기 시작하고, 뇌와 신경조직이 분화되며, 입이나 소화기관, 간 등이 형성된다. 임신 9주 차부터 출생할 때까지를 태아기라 한다. 이때부터 태아는 소리에 반응하고 반사작용이 이루어지며 감각과 기관이 정교해진다. 이때 태내에서 듣고 느낀 감정과 소리는 태아의 무의식에 차곡차곡 쌓이게 된다.

임신 중 모체의 정서 상태를 나타내는 '태교'는 우리나라 전통 육아의 일부였는데, 현대에 와서 어머니의 정서적 스트레스의 유무가 태아에게 영향을 준다는 것이 과학적으로 밝혀졌다. 엄마의 정서적 스트레스는 자율 신경계에 영향을 미쳐서 부신 호르몬의 분비를 촉진시키게 되고, 이는 태반을 통해 태아에게 영향을 미친다.

태아가 태어나서 생후 36개월까지의 기억은 감정기억이라는 무의식의 형태로 남는다. 이때 엄마가 아이를 원했는지, 거부했는지에 대한 감정까지 아이의 무의식에 고스란히 저장된다고 한다. 부모는 이 점에 각별히 유의해서 아이의 존재에 대한 거부나 부정의 말을 삼가야 한다.

태교 시 가장 중점을 둘 것은 아이의 존재에 대한 환영이다. 첫 단추가 잘 끼워지면 뒤이어 끼워 넣을 단추도 정상적으로 채워지듯이 아이의 무의식에 환영의 씨앗을 심어주면 아이는 세상에서 자신이 누릴 것을 마땅히 받아들일 마음 그릇을 키워간다. 역경이나 시련이 오더라도 이 아이는 자신에게 이겨낼 힘이 충분히 내재되었다고 믿는 사람으로 자랄 확률이 높다. 그만큼 존재 자체에 대한 환영과 부모가 자녀에게 주는 절대적인 사랑은 그 무엇보다 중요하다.

인간의 무의식은 전 생애에 걸쳐 큰 힘을 발휘한다. 태아기부터 존재에 대한 거부의 상처가 있는 사람은 스스로 인정하기 싫겠지만, 근원에 맞닿아 상처의 시작점부터 대면하고 풀어나가야 한다. 열쇠가 어둠 속에 있는데 빛에서만 찾는 우를 범하지 말자. 자신의 어두운 내면 속을 면밀히 들여다보는 시간을 보낸 사람은 자신의 아이에게 더없이 아늑하고 따스한 양육 환경을 선물할 수 있다.

인간의 생애 주기별 발달 사항을 살펴보면 30대 중후반이 되면 결혼을 하지 않았더라도 내면 아이의 자각이 이루어진다고 한다. 요즘처럼 결혼 적령기가 늦춰지고, 비혼주의자가 늘어나는 사회적 배경을 감안하면 자신의 내면 아이를 치유하고 온전한 자아를 찾았을 때 결혼해서 임신 계획을 갖는 것은 축복일 수 있다. 비록 첫 출산은 늦더라도 부모의 자아가 온전함을 되찾고 맞이하는 자녀이기에 그 아이는 태아 시기부터 존재 자체로 환영받는 행운을 거머쥘 수 있다.

36개월까지, 즉 생후 3년이 중요하다고 강조하는 것은 뇌 발달 과정상 중요한 시기이기 때문이다. 주요 신경세포들의 연결이 이 시기에 집중적으로 일어나고, 신경세포 회로의 연결이 어떻게 이루어지느냐에 따라 지능 수준이 결정된다. 따라서 이 시기에는 엄마가 오감을 자극하면서 편안히 책을 읽어주는 것이 뇌 발달상에서도 바람직한 교육이다.

아이가 4~6살이 되면 종합적 사고를 담당하는 전두엽이 발달하는 시기에 접어든다. 이 뇌 부위는 인간성과 도덕성을 담당한다. 21세기 사회는 창의 융합 인재를 요구한다. 기업들은 지능이 높은 것은 물론이고 인성까지 훌륭하게 갖춘 인재를 기다리고 있다. 그런 인재를 길러내려면 어린 자녀에게 좋은 교훈이 담겨있는 스토리텔링 형식의 인성 함양 동화와 도덕성을 길러줄 수 있는 전래동화를 읽어주어야 한다. 이 시기 아이들은 한글에 노출되고 읽기 독립이 되면서 스스로 책을 읽으려고 한다. 책 속의 지식을 있는 그대로 흡수하는 것이 이 시기 아이들의 특징이다. 그럴 때일수록 좋은 책을 많이 제공하는 것이 현명하다. 물 들어올 때 노 젓는다는 말처럼 아이가 잘 받아들이는 시기에는 좋은 책을 공급하고 아이가 머리를 식히는 시기에는 맘껏 에너지를 발산하며 놀 수 있는 환경을 마련해야 한다.

7~12살 정도가 되면 두정엽과 측두엽이 발달하게 된다. 측두엽은 언어와 청각과 관련한 기능을, 두정엽은 논리적이고 입체적인 사고를 담당하는 뇌의 부분이다. 학업 시기와 맞물려 아이의 추상적 사고의 발달과도 연관이 있다. 사회, 문화, 역사 등은 구체적인 형체를 볼 수 없는 추상적 지식이다. 아이에게 사회라는 걸 어떻게 설명할 수 있을까? 아이가 추상적인 개념을 이해하기까지는 시간이 걸린다. 따라서 이 시기에는 관련 지식 도서를 많이 접할 수 있게 도와주는 것이 좋다.

12살 이후의 아이는 뇌의 뒷부분인 후두엽이 발달하는 시기를 거친다. 이곳은 시각 중추가 모여있는 곳으로 이때 유난히 시각적인 것들, 즉 외모나 유행 등에 유달리 민감해질 가능성이 높다. 색과 디자인에 민감해지는 것인데, 보통의 아이들은 이 시기 사춘기가 시작된다. 이처럼 뇌 발달에 따라 아이의 관심과 행동은 달라진다.

뇌 발달의 가장 특징적인 패턴은 태내에서부터 과잉 생성 후 솎아내기를 한다는 것이다. 뉴런이라는 뇌세포는 신체의 다른 부분의 세포와 달리 쉽게 재생되지 않기 때문에 출생을 전후한 시기에 가장 많이 생성되고, 그 이후로는 대체로 감소하는 것으로 알려져있다. 즉 영아기 아이의 뇌의 원형은 발달이 완료된 성인의 뇌보다 훨씬 더 많은 수의 뉴런으로 구성된 것이다.

뇌는 자극을 받아들이고 통합하며 이를 해석하여 명령을 내리는 신경계의 최고 중추다. 뇌는 신경 정보들을 받아들이고 반응을 결정하여 명령을 내리는 중추 신경계와 우리 몸 곳곳에서 정보를 전달하

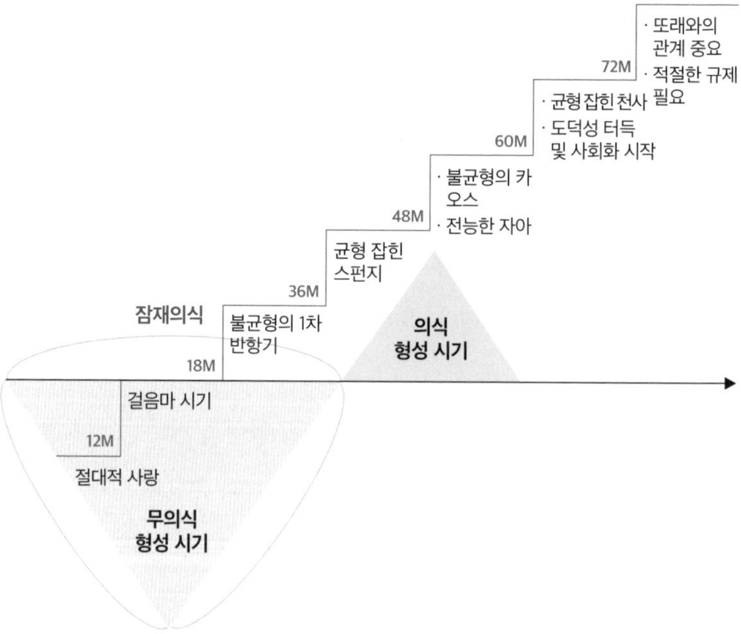

는 말초 신경계로 나눌 수 있다. 뇌와 척수는 중추 신경계에 해당한다. 뇌는 수백억 개의 신경세포로 구성되어있고, 뇌를 포함하는 신경계는 뉴런이라는 신경세포로 구성되어있다. 뉴런의 신호 전달은 시냅스가 담당한다.

출생 후 분화된 뇌세포는 점차 자라면서 뇌 신경 가소성에 따라 퇴화와 재조직화를 거친다. 뇌의 신경 경로가 외부의 자극, 경험, 학습에 의해 구조·기능적으로 변화하고 재조직화되는 현상을 뇌 신경 가소성이라고 하는데, 이것은 일생을 통해 끊임없이 변한다. 새로운 언어나 운동 기능의 습득이 왕성한 유년기에 신경의 활동성이 최대치를 보이지만, 성년기나 노년기에는 새로운 언어나 운동 기술을 어느 수준까지 습득할 수 있는 뇌 신경 가소성이 일생 동안 유지된다.

태아기부터 출생 후 36개월까지 뇌의 기본 구조가 형성되는 발달 과정을 감안한다면, 이 시기에 자녀 양육에 대한 투자(비용, 에너지, 시간 등)를 80% 이상 기울이는 것은 더없이 훌륭하다. 비록 교육의 중요한 시기를 놓쳤더라도 독서교육의 중요성을 깨달은 부모님이라면 아이의 성장 시기 동안 적절하게 책을 제공함으로써 평생 학습의 기틀을 마련해 배우는 기쁨을 자녀에게 선물하자.

to think!

자녀의 관심사에 맞는 책을 제공하는 것이 가장 좋은데, 여러분의 아이는 어떤 관심사를 가지고 있나요?

4장

책육아,
꼭 엄마가
읽어줘야 하는
이유

01

지성의 완성 =
간접 경험(책) + 직접 경험

아이는 이미 완전한 존재로 태어난다. 무언가를 아이에게 주입시켜서 배우게 하는 것은 잘못된 방식이다. 아이에게는 이미 세상에 대한 앎이 모두 들어있다. 아이가 호기심을 통해 세상을 자세히 관찰하고 어느 순간 통찰의 경험을 하도록 여유로운 시간을 확보해주는 것이 부모의 중요한 역할이다. 교육은 아이에게 무언가를 집어넣는 것이 아니라 아이가 지닌 잠재력을 끌어내는 것이어야 한다.

쉬운 예를 들어보겠다. 기관에서의 수업은 여러 명의 아이가 동시다발적으로 활동을 함께해야 하기 때문에 그날 주어진 커리큘럼대로 수업이 이루어진다. 월요일에 개미에 대해서 배운다고 가정해보자. 개미에 대한 영상을 보여주고 개미의 구조는 머리-가슴-배로 이루어져 있으며 다리는 3쌍씩 총 6개라는 지식을 선생님으로부터 배운다. 반에 앉아있는 아이들이 모두 개미에 열광하거나 흥미를 가지는 것은 아니다. 수업에 흥미를 느끼는 아이가 있을 것이고, 누군가는 화장실이 가고 싶고, 다른 누군가는 배가 고플 수도 있다. 아이의 흐름과는 무관하게 동일한 수업 환경 속에 있어야만 한다. 개미에 흥미가 있었던 아이라면 다행이지만 흥미가 없는 아이는 그 시간을 그저 흘려보낸다.

반대로 자유롭게 무언가에 몰입해본 경험이 있는 아이는 길가의 개미가 이동하는 모습을 보고 가던 길을 멈추고 한참을 바라본다. 개미가 입에 무언가를 물고서 줄지어 기어가는 모습, 비 오는 날 개미굴에 물이 차서 애벌레를 물고서 허겁지겁 도망가는 모습, 몸집이 다른 종류의 개미끼리 싸워서 이긴 개미가 진 개미를 물고 개미굴로 들어가는 모습 등 다양한 개미의 모습을 관찰한다. 그러다 보면 한 시간은 금방 흘러간다. 그렇게 자신의 시선이 머무는 대로 무언가를 관찰해본 경험이 있는 아이는 일상에서 주의 집중력을 기르고 있는 것이다.

산책 후 집에 와서 아이가 관찰했던 것을 백과사전이나 도감 책을 통해 살펴보고 부모와 대화를 나눈다면 가정에서 최고의 배움이 이루어지는 것이다. 이와 같은 방법이 칼 비테 영재교육법이다. 보통 부모들이 절대적 시기에 민감하게 반응해서 내 아이는 이미 시기를 지나쳤다고 좌절하는데, 아이의 시선을 따라간다면 일상에서 몰입은 언제든 가능해진다. 미디어를 통해 혹은 구글이나 네이버 검색을 통해 관심을 유도할 수도 있다. 그런데 인터넷상에는 검증되지 않은 내용이 많이 올라와있기 때문에 아이의 정보에 불순물이 섞일 수 있다. 특히 유튜브에는 검증되지 않은 거짓 정보가 제법 많다. 반면 책은 내용이 어느 정도 검증되었고 영상과 달리 읽는 사람이 이해의 속도를 스스로 조절할 수 있다. 내용이 검증된 잔잔한 자극을 아이에게 줄 수 있도록 부모가 노력을 기울여보자.

아이의 지성을 키워주는 가장 좋은 방법은 직접 경험이다. 아이는 책을 통해 간접 경험을 한다. 책의 내용을 기억하기 위해서는 여러 번 반복해서 읽어야 뇌에 각인되는데, 직접 경험은 단 한 번의 경험만으로도 오래 기억할 수 있다. 아이의 지성을 넓혀주기 위해서 직접 경험을 최대한 많이 하게 해주고 싶지만 세상에는 위험한 일도 많다. 아이가 뱀에 관심을 보인다고 해서 독사까지 만져볼 수는 없는 노릇이다. 세계 지도 속 모든 나라를 다 돌아다니는 것도 불가능하다. 그래서 책이 중요하다. 책으로는 간접 경험을 풍부하게 할 수 있고 아이가 간절히 바라는 것만 직접 경험으로 연결해줘도 큰 도움이 된다.

한글을 한글책으로 깨우쳤던 첫째는 영어도 영어책으로 깨우쳤다. 영어로 된 영상도 천천히 흘러가는 것은 교육적 효과가 있었지만, 영유아가 언어를 습득하기에는 책이 가장 좋은 도구라는 것을 두 아이가 증명했다. 부모가 아이에게 책을 읽어주고 책에서 본 내용을 다양한 관점으로 대화하다 보면 어느샌가 아이가 성장해있다. 부모와 함께 읽는 책의 양이 많아질수록 아이의 생각이 넓고 깊어지는 것이다. 아이는 자연스레 다양한 어휘를 습득하게 되고 이것은 높은 언어지능으로 연결된다.

배 속에서 엄마의 심장 소리를 많이 듣고 자란 아기는 리듬감 있는 언어가 반복되는 의성어나 의태어를 특히 좋아한다. '흔들흔들, 깡

충깡충, 야금야금, 소곤소곤, 냠냠쩝쩝' 같은 단어를 들은 아이는 신나 하는 반응을 보이며 따라 한다. 그렇게 차곡차곡 아이에게 쌓인 언어들이 임계점을 지나면 폭발적으로 아이의 입에서 튀어나온다. 이럴 때 엄마들은 아웃풋이 터진다고 표현한다. 결론은 많이 들은 아이일수록 말을 잘한다는 것이고, 책을 소재로 부모와 아이가 대화를 많이 나눌수록 아이의 아웃풋이 좋아진다는 것이다. 영유아에게 필요한 그림책은 인지하기 쉬워야 하고, 의성어와 의태어가 풍부해 리듬감이 있어야 하며, 아이와 단순하게 소통할 수 있는 도구여야 하는 이유다. 그 시작점이 되는 책을 잘 만나면 아이는 순풍에 돛을 단 배처럼 나아갈 수 있다.

두 아이는 <푸름이 까꿍 그림책>을 그렇게 좋아했다. 아이가 애착을 형성한 첫 책이라 버리지 못했고, 큰아이가 7살이 되어 파주로 이사 오면서도 늘 챙겼던 책이다. 이사한 낯선 곳에서 아이들이 잘 적응하길 바라는 마음에서 그렇게 했다.

앞서 모든 아이는 영재성을 가지고 태어난다고 이야기했다. 내가 초보 엄마 시절에는 이 말을 반신반의했지만 두 아이를 키워보니 정말 진실에 가까운 말이라고 생각한다. 아직 두 아이가 성인이 된 것은 아니지만, 육아에 대한 기틀을 마련하고 진정 아이를 잘 기르기 위해 부모의 마음 밭이 어떤 상태여야 하는지 자기 성찰의 시간을 오래 가져본 사람으로서 감히 말씀드릴 수 있다.

애초에 배 속에서부터 엄마의 태담과 책 읽어주는 소리를 들은 아이는 언어 감각을 갖추고 태어나는 행운을 얻는다. 이미 세상에 태어난 아이라도 늦지 않았다. 성장 중인 아이들에게 늦은 때란 없다. 사랑이 담긴 대화를 통해 좋아진 관계는 평생을 간다. 아이가 4살이 되어도 말을 하지 못해서 언어치료를 받는 부모의 아이라면 아이가 왜 말을 늦게 하려고 하는지 근원을 살펴봐야 한다.

높은 어휘 구사력은 언어영재의 근간이다. 지금의 영재교육은 언어영재, 과학영재, 수학영재에 이어 미술영재, 음악영재, 운동영재에도 이목이 집중되고 있다. K-POP의 영향과 BTS의 인기가 전 세계로 퍼지면서 한국어를 배우려는 외국인들도 늘어나고 있다. 한국 문화의 발전이 두드러지는 시기에 세계인들과 교류하며 K-ART의 시장을 넓혀간다면 경제적인 측면에서도 대한민국의 위상이 높아질 것이다. 미술이나 음악에 재능이 있는 아이들이 높은 어휘 구사력을 갖춘다면 더없이 좋을 것이다. 언어영재성은 다른 영역과 연결될 때 힘이 강력해진다.

to think!

아이의 관심 분야에 대해 얼마나 많은 대화를 나누나요?

02

소유욕이 채워질 때까지
책은 사서 읽어주자

눈에 보이는 것이 더 중요할까? 보이지 않는 것이 더 중요할까? 나는 눈에 보이지 않는 것이 훨씬 중요하다고 생각한다. 눈에 보이는 현상보다 눈에 보이지 않는 마음의 힘이 훨씬 더 크다는 것을 몸소 겪었기 때문이다. 명상을 통해 마음을 조절하는 법과 마음의 힘을 느껴본 사람들은 이 말의 의미를 이해할 것이다. 어린 시절부터 본능적인 욕구가 충족되어야 성인기에 좀 더 수월하게 마음 조절력을 기를 수 있고 자아실현이라는 자기만족감에 이르게 된다.

결혼 전 심리상담학을 공부하며 발달심리에 집중한 적이 있다. 발달 심리에 대한 이해가 육아에 많은 도움이 되었다. 엄마가 되어 육아서를 읽으면서도 뭔가 갈증이 날 때마다 발달심리학 전공 서적을 다시 꺼내 읽었다. 책을 통해 머리로 알던 지식이 아이와 일상을 보내면서 가슴으로 내려와 움트는 듯했다.

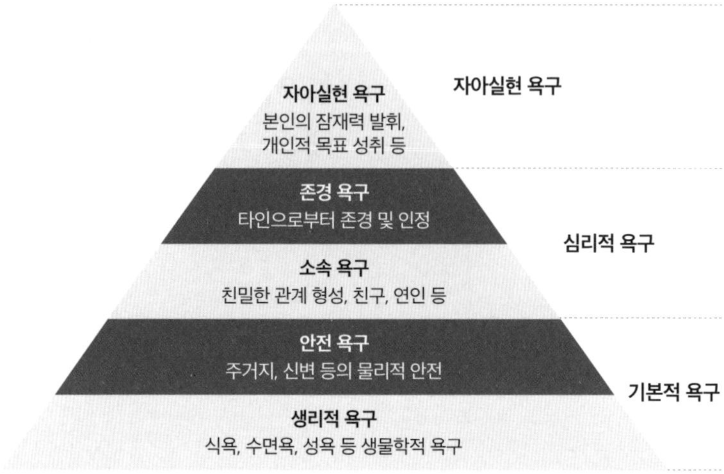

아이의 발달에 대한 이해가 깊어질 때쯤 매슬로우의 욕구 위계설에 주목했다. 매슬로우의 욕구 위계 이론을 보면 다음과 같다.

인간은 먹고, 자고, 배변하는 생리적 욕구와 안전 욕구인 기본적 욕구가 채워지면 상위 욕구인 소속 욕구와 존경 욕구를 채우려 한다. 또 심리적 안정을 위한 욕구(소속 욕구와 존경 욕구)를 채우고 나면 자신의 잠재력을 발휘하고 목표를 성취하고자 하는 자아실현 욕구가 나오면서 자아 충족의 단계까지 발전한다는 이론이다. 이 이론은 많은 분야에서 인용되고 있다. 현대에 와서는 인간의 심리를 이해하는 데 활용되고 있고, 경영학과 마케팅 분야에까지 확장되고 있다.

매슬로우는 죽기 전에 5단계 욕구 피라미드의 한계를 지적하면서 그 피라미드가 뒤집어져야 옳았다고 말했다. 자아실현 욕구가 인간을 성장시키는 가장 큰 욕구라는 것을 스스로 인정한 것이다. 경제가 풍족해지고 창의성이 요구되는 21세기 지금의 세상에는 뒤집힌 피라미드가 더욱 설득력이 있어 보인다.

인간의 욕구는 이처럼 다양한 이름으로 분화되지만 성장의 동력은 결국 하나로 통합된다. 바로 자아실현의 욕구다. 어린아이가 호기심을 보이며 책을 읽고 싶어서 잠을 자지 않는 것은 지적 욕구가 수면욕구를 뛰어넘어서 나타나는 현상이다. 아이가 무언가를 만드는 데 푹 빠져서 먹는 것을 멀리하는 것은 창조적 본능이 식욕을 뛰어넘어 나타나는 현상이다. 즉 지적 욕구인 고차원적 욕구가 생리적 욕구인 1차적 욕구를 뛰어넘는 것이다. 나는 이것을 밤샘 책육아를 통해서 느꼈다.

인류는 지금도 진화하고 있는 동물이다. 끊임없이 어려운 환경을 극복하며 진화를 거듭했기에 현생까지 살아남을 수 있었다. 아이의 뇌는 생애 초기부터 지적 발달에 대한 강력한 욕구를 드러낸다. 밤새 책을 읽어달라 하고 끊임없이 부모와 연결하려고 시도하는 것이 그런 활동의 증거이다. 앎에 대한 욕구는 실로 위대한 힘이다. 아이 안에 잠재된 본능대로 아이 스스로 성장해갈 때 아이는 충만감을 느낀다. 그 감정은 결국 욕구 충족이라는 결과에 이른다.

욕구가 충족된 아이는 모든 에너지를 쏟아내고 깊은 잠에 빠져들 정도로 까탈스럽지 않다. 아이가 무언가를 하고 싶어 하는데 부모가 막을 때 교육은 힘들어지고 부모와 자녀의 관계는 나빠진다. 그래서 어린아이의 욕구를 채워주는 것이 가정에서부터 시작되었다면 교육의 첫 단추가 잘 끼워진 것이다.

옛말에 호미로 막을 것을 가래로 막는다는 속담이 있다. 나는 대학생이 되어 기숙사에 들어갔을 때 6인실을 사용했는데, 다른 친구들의 책상은 여러 물건으로 빽빽하게 가득 차 있었다. 책과 액세서리, 향수, 화장품 등으로 책상과 2층 침대가 어질러져 있는 모습은 같은 방을 쓰는 나로서는 숨이 막혔다. 잡다한 물건들이 너무 많은 것 같았다.

나는 기본적으로 물건이 적은 것을 선호한다. 원래 성향이 그런 줄 알았는데 어린 시절로 되돌아가 기억을 떠올려보았더니, 어린 시절의 나는 아기자기한 반지나 액세서리, 장난감 등을 마음껏 가져본 경험이 있었다. 문방구에 들러서 플라스틱 반지를 사서 열 손가락에 다 끼고 흐뭇하게 집으로 돌아오던 내 모습이 떠오르던 날 문득 깨달은 것이 있다. 어린 시절 아이가 무언가를 갖고 싶어 할 때 그 소유욕이 채워지면 성인이 되어 무언가 물건을 수집하거나 쌓아두지 않는다. 이것은 물건에만 국한된 것이 아니라, 아이가 충분히 사랑받고 감정적으로 충만함을 많이 느꼈을 경우에도 자라서 마음의 헛헛함을 물질로 채우지 않는다.

육아를 하면서 참여하게 된 커뮤니티에서 참 많은 엄마들이 자녀를 잘 키우고 싶어 했다. 한마음으로 나 역시 아이를 잘 키우고 싶었다. 그래서 육아 기간 내내 육아 선배님들의 성공담과 실패담에 귀를 기울이고 공부했다. 하나같이 아이의 감정을 존중하고 욕구를 채워주며, 지성이 꽃필 수 있도록 환경을 마련하는 시간들이었다. 소유욕 역시 마찬가지였다. 아이가 갖고 싶어 하는 것을 제공하기 위한 부모의 노력이 있었다. 경제적 여건이 따라주지 않을 때는 월급이나 수입이 들어올 때까지 아이가 절제하고 기다릴 수 있도록 있는 그대로의 상황을 알려줌으로써 아이에게 해로운 수치심이나 불필요한 죄책감의 굴레를 씌우지 않으려고 노력했다. 그리고 건강한 마음에 대한 이해가 깊어질수록 나 역시 아이를 더 너른 가슴으로 사랑하려는 의지를 갖게 되었다. 사랑은 의지와 노력의 추상적인 표현일 뿐 실제로 보여지는 것은 행동이다. 사랑이 행동이면 그에 반대되는 개념은 게으름이다. 아이에게 좋은 것을 주고 삶의 다양한 경험을 누릴 수 있도록 하는 것이 부모의 사랑이다.

사실 나도 초보 엄마였을 때는 첫째의 소유욕을 채워주는 것이 그렇게 중요한지 미처 몰랐다. 첫째는 마트에서 장을 볼 때 식료품만 사던 나와 달리 화장품을 유심히 바라보았다. 알록달록 예쁜 용기에 담긴 화장품에서 눈을 떼지 못했다. 여성용 화장품 중에서도 크림을 유독 만지작거렸다. 피부가 예민해서 나는 쓰던 것만 바르던 중이라 아이가 원하는 것을 무턱대고 살 수도 없었다. 더군다나 화장품 중에서도 크림은 보통 5만 원대여서 마트에 갈 때마다 매번 아이가 원하는 것을 모두 채워줄 수는 없었다.

첫째는 책에 몰입한 기간이 길어서 아이가 원하는 책을 사는 것만 해도 돈이 많이 들었다. 선택과 집중을 하려고 중요한 것에 무게를 두었다. 그러다 둘째가 태어나고 둘째의 소유욕 시기와 첫째의 욕구 시기가 겹쳤다. 두 아이의 욕구 그릇을 동시에 채워주게 되었다.

두 아이의 터울은 38개월 16일이다. 둘째의 소유욕이 마구 나오던 시기에는 첫째가 6살, 둘째가 3살이었다. 이 무렵부터 절약보다 두 아이가 원하는 것에 마음껏 빠져드는 경험을 제공하고자 노력했다. 동물을 좋아하는 첫째에게 자연 관찰 전집을 12질이나 사주었고, 둘째에게도 개인 소유의 공룡책만 250권을 사주었다. 동물을 구경할 수 있는 작은 동물원에도 데려갔다. 각자 소유에 대한 욕구가 채워지자 질적인 변화가 일어났다.

양이 채워지면 질적인 변화가 일어난다는 것은 진리다. 양질 전환의 법칙은 육아에도 고스란히 적용된다. 첫째가 읽던 책의 지식이 깊어졌고, 둘째는 공룡에서 역사로 깊이 들어갔다. 첫째의 영어책이 리더스북으로 진행되던 찰나에 중국어에 대한 관심을 보이며 언어 영역에서도 확장하고 싶어 했다. 중국어는 사실 내가 전혀 모르는 분야라서 세이펜에 음원을 담아 중국어 사전 한 권을 준 것이 전부였다.

그러다 중국어 학습지 선생님을 우연히 마트에서 보게 되어 바로 신청했다. 학습지 선생님이 방문하던 날 중국어 외에 다양한 수업을 계약하려고 검사지를 가져왔다. 중국어에 대한 수업을 한 번도 진행한 적도 없었는데, 아이의 중국어 실력을 검사했다. 어처구니가 없는 상황이었지만 일단 손님으로 왔으니 지켜보았다. 그런데 신기하게도 몇 달 전에 세이펜 음원으로 들었던 사과(모우궈)를 선생님의 질문에 정확하게 대답하는 게 아닌가!

선생님은 놀라면서 학습지 하기 전에 무슨 수업을 들었는지 물었다. 어린아이일수록 언어 습득 능력이 뛰어나다는 것은 익히 알고 있었지만 7살이 되는 시기여서 학습지와 책 사이에서 고민하던 중이었다. 그 경험을 통해 부모가 섣불리 판단하지 말고 아이의 의사를 물어보아야 한다는 사실을 깨달았다. 아이에 대해서 미리 예상한다는 것

자체가 판단이라는 사고의 결과물이다. 비난과 판단은 거의 대부분이 거짓일 가능성이 높고 아이의 성장에 조금도 도움이 되지 않는다.

학습지 선생님이 가져온 테스트용 검사지에서 첫째 아이의 언어 점수는 최상위권이 나왔고 수리 점수는 최하위가 나와서 나는 또 한 번 충격을 받았다. 아이가 네댓 살까지는 전 영역의 책을 고루 사주다가 그 이후부터 너무 좋아하는 분야의 책만 사준 것은 아닌지 스스로를 되돌아보았다. 그렇다고 집에 수학 동화책이 없었던 것도 아니었다. 아이는 유독 과학과 스토리텔링의 책을 좋아했다. 수학 동화도 읽었지만 좋아하는 분야만큼 관심이 있지는 않았다.

아이가 좋아하는 한 분야에 대한 관심이 깊어지면 이렇게 불균형 상태가 된다. 영재성에 대한 이해를 넓혀야겠다고 생각해서 푸름 아빠 최희수 작가님을 찾아갔다. 당시에 최희수 작가님께서는 이렇게 말씀해주셨다.

"손수건을 바닥에 펼쳐놓고 한쪽 모서리를 잡고 위로 끌어올려보세요. 한쪽만 올렸는데 다른 세 모서리도 다 따라 올라가지요? 영재성도 마찬가지예요. 하나의 영역이 깊어지면 모든 영역이 함께 성장하고 발달합니다. 이것이 영재성의 특성인 '비동시성'이에요. 아이는 아주 훌륭하게 성장하고 있는데, 엄마의 내면 아이가 불안한 거예요. 엄마가 내면을 바라보고 성장하면 아이는 고유하게 잘 자랍니다."

대한민국 독서영재 1호인 최푸름 군을 길러내신 최희수 작가님께서 이렇게 말씀해주셨을 때, 내 머릿속에 있었던 물음표는 느낌표로 변해갔다. 그날 이후 내가 낳은 아이를 내 무의식의 상처로 아프게 할까 봐 다양한 책을 더 찾아보고 육아를 잘하려고 노력했다. 최희수 작가님은 어쩌면 그렇게 적절한 비유를 제시해서 한번에 이해를 시켜주셨는지 다시금 생각해봐도 감탄이 나온다.

영재성에 대한 이해를 공고히 하고자 읽었던 책 중에서 <말 안 듣는 우리 아이가 영재였다니>는 영재성에 대한 이해와 더불어 그런 아이를 기르는 양육자의 태도에 대해 배울 수 있는 책이다. 육아 중인 부모님들께 꼭 권유하는 책이다. 이 책을 쓴 저자 신성권 님은 본인 역시 IQ 156으로, 뛰어난 두뇌를 가진 사람들의 모임인 인터텔 소사이어티(Intertel Society)와 멘사 코리아에 소속된 분이다. 이 책의 내용을 숙지하면서 다시 한번 아이를 세심하게 배려하고 잘 키워야겠다는 다짐을 했다. 영재성을 가진 아이는 감정도 섬세하게 분화되어있기 때문에 지성과 감성이 잘 발달할 수 있도록 최대한 배려해야 한다.

영재성에 대한 이해가 없었다면 나는 아마 죄책감의 나락으로 떨어졌을 것이다. 집에 다양한 책이 있고 아이가 이 책 저 책 손 닿는 것을 읽다 보면 학년이 올라가면서 언젠가는 깊이 몰입한 분야만큼 전 영역이 발달할 거라는 진리를 믿으며 그저 묵묵히 책을 읽어주었다. 그 믿음은 지금도 흔들림이 없다.

7살 첫째의 테스트 결과는 두드러지는 불균형을 보였지만 초등학교에 입학해서는 수학에 대한 필요성을 아이 스스로 느끼기 시작했다. 승부욕을 보인 것이다. 주변 친구들은 너 나 할 것 없이 선행을 하고 왔는데 본인만 교과서 속도에 맞춰서 배우니 느리다고 느낀 것이었다. 그때부터 아이의 동기부여가 시작되었다. 방학이 되어도 스스로 문제집을 풀려고 노력했다. 방학 아침에 누가 깨우지도 않았는데, 평일 주말 가릴 것 없이 아이는 스스로 눈 비비고 일어나 책을 읽고 수학 문제집을 풀어댔다. 놀라웠다. 초등학교 입학 시기까지 글자를 쓰기 싫어하고 오로지 독서만 하고 놀던 아이였다. 아이는 이렇게 부모의 외압이 없어도 스스로 동기를 가지는 시기가 온다. 그러니 아이를 믿으면 된다.

아이가 자라는 집에는 이래서 책이 있어야 한다. 어항의 크기만큼 몸집이 자라는 금붕어처럼 아이의 지성은 아이가 접하는 책의 다양성만큼 자라난다. 그리고 첫째 아이와 둘째 아이에게 각각 자신만의 소유 책이 있어야 한다. 우리 집은 외벌이 가정이다. 경력 단절을 감안하면서까지 육아에 올인할 수 있었던 것은 책에 대한 믿음이 있었기 때문이다. 또 조금씩 늘어나는 책이 아이와 부모를 성장시킬 거라는 확신을 가졌다.

아이가 어릴 때 육아에 시간과 돈과 정성을 들이는 것은 중요하다. 삐뚤게 자란 소나무를 다시 곧게 자라게 하려면 시간과 정성이 몇 배로 든다. 하지만 이제 막 씨앗에서 자라나는 줄기에 버팀목을 붙여주고 바로 서게 도와준다면 그 소나무는 하늘을 향해 뻗어나가며 기품을 유지할 것이다. 사시사철 푸르른 소나무의 기상을 뿜어낼 소중하고 존귀한 우리 아이들을 위한 버팀목 부모가 되어주자.

03

한글을 노출할 때 주의 사항

초보 엄마 시절 한글을 뗀다는 표현과 깨우친다는 표현 사이에서 나는 많이 아리송했다. 선배맘과 학자들 사이에서 여러 의견이 분분한데, 나는 아이마다 성향이 다르기 때문에 자로 잰 듯 정의하는 것은 어불성설이라고 생각한다. 한글을 노출하는 방법들이 다양했는데, 빛이 있으면 어둠이 있듯 한글에는 양날의 칼과 같은 위험이 있다고 주의 사항을 밝혀놓곤 했다.

직접 두 아이의 책육아를 하면서 한글을 노출시키고 아이가 한글을 받아들이는 과정을 겪어보니 한글을 노출하는 엄마의 감정과 에고가 문제라는 결론에 이르렀다. 에고가 없는 사람은 없다. 경중의 차이가 있을 뿐이다. 엄마가 아이에게 한글을 노출하면서 가지게 되는 에고는 대부분 '아이가 한글을 빨리 익혀서 읽기 독립이 되고 스스로 책을 읽었으면 좋겠어', '내 아이가 다른 아이보다 빨리 한글을 익혀서 똑똑하면 좋겠어' 등이다. 나 역시 아이들이 한글을 일찍 익혔기 때문에 이런 함정에 빠진 적이 있었다. 그런데 지나고 보니 그것은 엄청난 욕심이 만든 소용돌이라는 것을 느꼈다. 아이가 일찍 한글을 깨우친 것이 엄마의 자랑거리가 되어서는 안 되고, 아이에게 왕관을 씌우는 일이 되어서도 안 된다.

그저 배움의 도구인 한글을 익힌다는 것이 즐거운 일이라는 감정을 느끼게 하는 것이 바람직하다. 엄마가 꾸준히 책을 읽어주고 아이와 독서 시간을 함께하는 것이 가장 좋은 독서교육이라고 생각한다. 부모의 욕심 비우기와 옆집 아이와 비교하지 않기를 마음에 새기고 아이와 즐거운 책 읽기로 한글을 익힐 수 있도록 노출하면 된다.

아이가 한글을 일찍 깨우쳤던 방법을 소개해본다.

❶ 가장 기본은 아이에게 꾸준히 책을 읽어주는 것이다. 나는 책을 읽어줄 때 책의 제목부터 읽었다. 한 글자씩 짚으면서 읽어주었다. 한 글자 한 글자씩 짚으며 또박또박 분명한 목소리로 책 제목을 읽어줄 때 아이의 두 눈이 따라온다면 일단 성공이다. 아이가 어리면 어릴수록 좋다. 배 속에서부터 고의든 아니든 간에 다양한 어휘를 들은 아이들은 조금 더 쉽게 한글을 깨우치는 경향이 있다. 예를 들어 정성을 들여 태담을 많이 하거나 업무상 말을 많이 하는 직업을 가진 산모의 아이들이 한글을 쉽게 깨우쳤고 80%만 알아도 이른바 '통밥으로 때려 맞춰 읽기'가 가능했다. 이는 언어에 대한 감각이 있는 아이의 특징

인데, 많이 들었기 때문에 언어 감각이 뛰어난 것이라고 추측한다. 그러니 이미 태어난 아이에게 책을 다양하게 많이 읽어준다면 어휘의 확장은 불을 보듯 뻔한 일이다.

❷ 통문자를 최대한 많이 보여주는 것이 좋다. A4용지를 절반으로 자른 크기에 빨간색 글씨로 써서 통문자 100개→200개→300개→500개로 점차 늘려나가면 된다. 원칙은 첫날에 4개를 보여주고 둘째 날에 새로운 4개를 보여주고 셋째 날에 또 새로운 보여준 뒤, 넷째 날에는 첫날 보여준 4개를 복습시키고 새로운 단어를 추가하는 방식이 있는데, 복잡하면 따라 하기 어렵다. 무기력하고 귀차니즘이 있는 엄마들은 애초에 시도조차 하지 못한다. 그저 일상에서 쉬운 단어와 아이에게 친근하게 많이 들려준 말을 떠올려본 뒤 카드부터 일단 만들어두면 좋다. 나는 먹고 버리는 우유갑을 잘라서 카드를 만들었다. 아이

★ 입으로 바람을 불어서 포스트잇이 날아가게 하는 동안 아이들은 엄마 얼굴에 붙은 글자를 보면서 깔깔깔 웃음을 터뜨렸다.

가 목욕 놀이 할 때 물에 띄울 수 있어서 바다 생물의 이름을 적었다. 오징어, 새우, 불가사리, 멸치, 갈치, 방어, 고등어, 고래, 대게, 킹크랩, 문어, 랍스터, 날치, 상어 등등 바다생물만 해도 많은 양의 통문자를 노출할 수 있다.

통문자 카드를 만드느라 밤새우고 다음 날 아이에게 짜증 부리는 것보다는 친숙한 엄마 손글씨로 휘리릭 써서 더 많이 자주 노출해주는 것이 좋다. 나의 경우 포스트잇도 많이 활용했고, 삐뚤빼뚤한 종이에 많이 쓰기도 했다. 엄마가 즐거운 마음으로 아이와 노는 것이 관건이다. 아이를 웃게 해주면 아이는 한글을 즐겁게 받아들인다. 포스트잇에 얼굴과 관련된 글자를 붙여놓고 입김으로 불어서 떨어트리는 게임 등을 응용하면 아이들은 너무나 행복해했다.

❸ 어린아이일수록 빨간색 글씨에 반응한다. 빨간색 글씨와 검은색 글씨가 동시에 주어지면 아이는 빨간색 글씨를 먼저 받아들인다. 빨간색 글씨부터 먼저 읽어낸다는 뜻이다. 그러니 빨간색 매직으로 써서 노출해주자.

❹ 중요 포인트! 하루 10분 이상을 넘기지 않을 것! 집중력이 아직 발달되지 않은 아이에게 한글을 노출할 때 꼭 지켜야 한다. 그러지 않으면 엄마의 욕심과 에고를 아이에게 들키기 때문에 조심해야 한다. 아이들은 엄마의 감정을 섬세하게 읽어내고 귀신같이 눈치채기 때문에 긴 시간 동안 노출하지 말고 아이가 최고로 기분 좋은 시간대에 10분

만 노출하고 다음 날 또 노출하는 식으로 반복하자.

❺ 단어와 직접 경험을 자주 연결해주자. 단어를 실제 상황에서 많이 사용할수록 아이는 어휘를 다면적으로 받아들인다. 한글에 대한 의견이 분분한 것은 이런 면을 간과하고 어린아이에게 텍스트만 주구장창 보여주기 때문이다.

하나의 어휘는 다양한 뜻을 포함하고 있다. 텍스트를 읽긴 읽었는데 무슨 뜻인지 아이가 모른다면 한글을 노출할 때의 방식이 잘못되었을 가능성이 높다. 내가 태교하면서 만나게 된 지인은 자신이 알고 지내던 분의 아이가 책에 있는 글자를 너무 잘 읽어서 놀란 경험담을 들려준 적이 있었다. 그 아이의 부모는 아이에게 간단한 인지 책을 주고 사과 그림 [사과], 배 그림 [배]를 수없이 보다 보니 그 책에 나오는 그림과 글을 통으로 외운 결과에 대한 칭찬만 했다고 한다. 그런데 막상 지나고 보니 아이는 [사과] [배]를 다른 폰트의 텍스트로 봤을 때 읽어내지 못했다. 심지어 그 책에 나오는 그림과 달리 실물로 찍혀있는 실사와 텍스트가 주어졌을 때 아이는 읽어내지 못했다고 한다. 그 사례를 듣고 아이에게 실물 경험과 텍스트를 동시에 주는 경험을 되도록 많이 해야겠다고 다짐했다.

플래시 카드법을 통해 한글을 익히게 한 사례의 병패 또한 듣게 되었다. 플래시 카드법은 영아기의 아이를 앉혀놓고 빨간색 글씨로 쓰인 카드를 1초간 보여주고 엄마가 입으로 "똑딱" 소리를 내고 다음 장 카드를 넘겨 보여주는 것이다. 이렇게 100개의 카드를 보여주는 것을 한 바퀴 돌리고 다음 날 다시 아이에게 카드를 보여주는 식으로 텍스트를 익히게 하는 것이다. 플래시 카드법을 쓴 아이는 카드의 순서에 따라 텍스트를 익히고 읽어내기도 했지만, 순서를 뒤섞었을 때 아이는 틀리기도 하고 혼란스러워하기도 했다. 이런 경험담들을 통해 이 방법 또한 조심해야겠다는 경각심을 가질 수 있었다.

어휘가 다면적인 것처럼 책에 쓰인 방법 저변에 있는 주의 사항들을 하나씩 살피고 아이에게 한글 환경을 제공해야 한다. 나는 그 모든 것이 엄마의 욕심 탓이 아닌가 하는 생각을 하게 되었다. 그래서 최대한 노력은 하되 마음을 비우려 애썼다.

나는 마트에서 사 온 과일과 야채를 낱말카드와 동시에 바닥에 놓고 아이가 볼 수 있도록 했다. 두부 한 모를 아이에게 주고 벽에 '두부' 글자만 써놓고 논 날도 있었다. 그런 날은 두부를 손과 발로 으깨면서 아이의 오감을 충족시켰다. 잠재력이 뛰어난 아이는 부모의 에고를 꿰뚫는다. 가르친다는 마음을 비우고 낱말카드를 그저 아이에게 노출해준다는 생각으로 그 과정을 즐길 수 있어야 한다.

❻ 집 안 모든 물건에 단어를 써서 붙여놓고 노출했다. [냉장고, 선풍기, 텔레비전, 가습기, 책장, 책상, 화장대, 거울, 세면대, 수건장, 장롱, 붙박이장, 에어컨, 텔레비전 선반, 싱크대, 오븐, 스탠드, 침대, 안방, 드레스룸, 거실, 주방, 식탁, 세탁기, 화장실, 신발장, 유모차, 베란다, 정수기] 등등 아이의 눈길이 닿는 모든 곳에 한글을 써서 붙여놓았다. 첫째는 17개월에 싱크대에 붙여놨던 [싱크대] 글자를 손가락으로 짚

으며 읽는 모습을 보여줘서 물개박수를 쳐주기도 했다. 아이가 주의 깊게 보든 안 보든 상관없이 붙여놓는 것 자체가 노출이다.

❼ 아이는 놀면서 배운다. 소꿉놀이를 할 때도 장난감에 한글을 매직으로 써서 노출했다. 플라스틱 장난감 중에 당근, 무가 있었다. 통글자는 이미 많이 붙어있고 노출해주었는데, 자음 모음과 받침에 대한 감각을 놀면서 익히면 좋겠다 싶은 생각이 들어서 장난감에 글자를 썼다. 당근을 반으로 자르는 소꿉놀이에 꽁지가 달린 윗부분에 [다그] 라고 쓰고, 뿌리 아랫부분에는 [ㅇ ㄴ] 을 써서 [당근] 을 합체시키며 보여주었다. 또 무는 자음 모음이 분리되다가 붙는 모습을 보여주기 좋았다. 무 잎이 달린 윗부분에는 자음 [ㅁ] 을, 무의 뿌리가 되는 아랫부분에는 모음 [ㅜ] 를 써서 자음 모음이 합체되면 [무] 가 되는 것을 아이는 소꿉놀이를 하는 내내 눈으로 보고 장난감 칼로 잘랐다가 붙이면서 익혔다.

그러다 놀잇거리가 부족할 때는 현관문 앞에 붙여놓은 전단지를 들고 들어와 참치, 비트, 배추 등을 가위로 오리고 그림과 텍스트, 그리고 값이 적힌 숫자까지 오려서 함께 가지고 놀았다. 참치 2,000원과 참외 5,000원을 함께 장바구니에 담아서 얼마냐고 물으며 수놀이도 하고 더하고 빼는 놀이를 하다 보면 어느새 놀이와 한글, 수학을 모두 맛보는 셈이었다. 이렇게 아이에게 가장 익숙한 장소인 집에서 아이가 가장 사랑하는 엄마가 놀아주면서 아이는 배움의 기쁨을 맛보게 된다.

❽ 낱글자 자르기 놀이를 통해 단어가 분리되는 것을 보여주었다. A4 용지 반 장 하나만으로 아이는 이날 낱글자 자르기를 수도 없이 반복하며 내내 깔깔거렸다. [코뿔소] 라고 적은 종이를 가지고 가위로 코 (싹뚝 자르고) 뿔 (싹뚝 자르고) 소를 보여주며 바닥에 놓아주었다. 그 순간 아이의 눈이 휘둥그레졌다. 또 목소리를 변조한 엄마가 "엄마야 내 [코] (코 글자를 짚으며) 위에 붙어있던 [뿔] (뿔 글자를 짚으며) 이 잘렸잖아! 엉엉 나는 이제 코뿔소가 아니라 그냥 소가 됐네! 엉엉 어떡해 사랑아! 내 코가 뿔에서 잘려나가버렸어 엉엉!" 하니 아이가 웃으며 흥미를 보였다. "사랑이가 코랑 뿔이랑 소를 모아서 합체시켜주면 나는 다시 코뿔소가 돼. 글자 좀 붙여줄래?" 하면 아이는 웃으면서 낱글자를 붙이며 놀았다.

❾ 아이에게 보여주었던 한글 카드를 가지고 문장 작문 놀이를 했다. <푸름이 까꿍 그림책>에 들어있던 정전기 스티커는 피부에도 붙고

★

통문자를 잘라서 낱문자가 되는 것을 확인한 뒤, 사파리의 동물 버스 운전기사가 되어 동물원을 구경하는 역할 놀이 중인 첫째 아이

냉장고나 문에도 잘 붙는다. 그래서 붙이고 떼면서 재활용이 가능했고 아이가 심심해할 때 카드놀이를 시작하면 단어를 모두 다 사용하면서 작문하느라 4시간씩 놀기도 했다. 엉덩이뼈가 아플 정도로 앉아서 놀았다. 그래도 바깥에 나가 뛰어노는 것은 체력적으로 소진되기 때문에 가만히 앉아서 아이와 말놀이 하는 것이 나에게는 가장 쉬웠다. 앉아서 4시간씩 놀던 첫째는 바깥에 나가 뛰어놀 때도 꼭 4시간을 넘겨야 직성이 풀리는 아이였기 때문이다. 그렇게 뛰어놀다 온 다음날의 기억은 떠오르지 않는다. 어떻게 하루를 보냈는지 기억나지 않을 만큼 체력적으로 힘이 들었다.

단어 카드를 가지고 아이와 작문 놀이를 할 때 아이의 표정은 해맑고 행복했다.

[고양이가 기차를 타고 버섯 동산에서 놀았어요. 지나가던 코끼리와 기린이 함께 놀려고 다가왔어요.] 등등 문장은 무한대로 작문이 가능하니까 아이와 끝없이 말놀이를 할 수 있었다.

⑩ 아이에게 익숙한 동요의 가사를 벽에 붙여놓고 한 글자씩 짚으며 노래를 불러주었다. 개나리, 송아지, 작은 별 등 아이에게 많이 불러주었던 동요의 가사를 스케치북에 적어서 벽에 붙여놓고 놀다가 심심할 때마다 가사를 짚으며 같이 노래 불렀다. 자연스럽게 노출되었다.

⑪ 아이가 좋아하는 관심사가 있을 때 좋아하는 것을 더 좋아하도록 놀아주었다. 우리 집의 경우 딸은 정적이고 차분한 편이고, 아들은 활

동적인 편인데, 자라면서 아이의 행동 특성은 바뀔 수 있다. 둘째의 경우 아들이라서 활동적인 놀이를 제공하려고 노력했다. 아이가 활동적인 패턴을 보일 때 두더지 잡기 놀이가 제격이다. 벽에 아이가 좋아하는 캐릭터나 이름을 붙여두고, 뿅망치로 두드려서 잡는 놀이다. 둘째가 5살일 때 한참 어벤져스에 빠져서 [타노스], [캡틴 아메리카], [헐크] 등 캐릭터를 많이 두드리면서 잡기 놀이를 했었다.

⑫ 한글로 된 영상을 활용하자. <꼬꼬마 한글이> 전집과 <한글이 야호>를 이용해 엄마의 쉬는 시간을 확보하기도 했고 집안일할 시간을 벌기도 했다. 아이가 가장 좋아하는 캐릭터를 활용해 뽀로로 한글도 많이 보여주었다. 자신의 아이가 좋아하는 것을 최대한 활용하는 방법이 텍스트를 친근하게 받아들이는 열쇠다.

활동적인 아들이 뿅망치로 헐크를 때려잡는 한글놀이

⑬ 얼마나 아는지 확인하지 않아야 한다. 아이의 눈빛을 읽는 것이 가능한 엄마라면 다행이고 그게 아니라면 그저 정기적금 든다고 생각하고 꾸준히 인풋만 해주는 것이 좋다. 확인은 절대 하지 않는 게 원칙이다. 그래도 정 궁금하면 퇴근해서 온 아빠를 이용해보자. 아빠는 엄마와 달리 아이와 함께 있는 시간이 비교적 적다. 아이의 책을 아빠가 읽어주다가 눈이 아파서 잘 안 보인다고 말하면서 "이 글자가 뭐더라" 하는 식으로 머뭇거리는 타이밍에 아이가 읽어준다면 한글 노출이 잘 진행되는 것이라고 보면 된다. 어설프게 확인해서 아이와의 관계가 틀어지겠다 예상된다면 그저 묵묵히 노출하고 책을 읽어주도록 하자.

앞서 내가 실천한 일화에서 밝혔지만, 교육이 제대로 이루어지는 환경은 이것이다. 아이가 가장 기분 좋은 시간대에 아이에게 가장 익숙한 공간에서 아이가 가장 좋아하는 사람과 교류하는 것이 교육의 이상적인 상태다. 이것을 현실적으로 풀면 이렇다.

내 아이가 가장 기분 좋은 시간대인 잠에서 막 깨어났을 때에 아이에게 가장 익숙한 공간인 집 안에서 아이가 가장 사랑하는 사람인 엄마와 교류하며 익히는 것이 최적의 한글교육이라고 생각한다. 배움의 도구인 한글 익히기의 첫 단추가 잘 끼워진 아이들은 평생에 걸쳐 배우는 평생교육의 기틀이 마련되는 셈이다.

교육은 백년지대계라는 말이 있다. 요즘 아이들은 종이책이 아닌 전자책을 많이 보고 있다고 한다. 어린아이들일수록 종이책의 질감과 냄새와 따뜻한 정서를 익혀야 한다. 엄마의 편리를 위해 아이에게 전자 기기를 쥐어주는 것을 멈추고, 종이책 한 권으로 따스한 소통을 시작하자.

to think!

자녀의 관심사를 따라가면 한글 노출에 폭발적인 아이의 반응이 나옵니다. 한번 아이의 관심사를 나열해보세요.

04

읽기독립에 대한 올바른 이해

첫아이의 한글과 영어 교육을 이렇게 진행했다. 태교 시에는 <톡톡톡 영어태교> 책과 <탈무드 태교동화> 책 두 권을 반복해서 하루 두 시간씩 읽어주었다. 좋은 독서란 100권의 책을 한 번씩 읽는 것보다 좋은 책 한 권을 100번 반복해서 읽는 것이다. 아이는 반복을 좋아한다. 반복해서 읽어달라고 하는 아이의 요구를 들어주면 독서가로 성장하는 기초를 닦아주는 것이다.

많은 양의 책을 읽어주느라 목이 아파도 힘을 낼 수 있었던 것은 아이가 스스로 책 읽어달라고 요구하는 기특한 모습이 예뻐서이기도 했고, 18개월에 책 제목을 손가락으로 짚으며 읽는 모습을 보여주었기 때문이다. <윌리엄 아저씨>라는 동화책을 제목에서 영어는 빼고 '아저씨'만 손가락으로 짚으며 읽는 모습에 나는 에너지가 솟았다. 이렇듯 가정에서 시작되는 독서교육은 엄마와 아이가 주고받는 서브게

임이다.

그러다 21개월에 모유와 이별한 아이는 본격적으로 낮잠 없이 18~19시간을 깨어 활동했다. 매 순간 책을 읽어달라고 말했다. 두 돌이 채 되기도 전에 낮잠을 안 자는 모습을 보고 유치원 선생님이던 사촌동생은 "유치원 교사 8년 만에 이런 아기는 처음 봤어"라고 말했다. 나는 유치원 선생님만큼 다양하게 영유아들을 겪은 것은 아니었기에 '그런가 보다' 했었다. 그러면서 사촌동생이 덧붙이는 말이 "사랑이는 머리가 진짜 좋은가 봐"였다. 경솔한 팔불출이 되면 안 된다는 생각에 "애들 원래 안 자려고 하는거 아냐?" 라고 물었다. 그랬더니 "보통 애들은 다 낮잠을 자"라는 대답이 돌아왔다.

낮잠을 자지 않고 뇌 활동을 장시간 마라톤처럼 이어가는 것은 아이 스스로 뇌를 발달시키고 있다는 증거이다. 이때의 나는 상세하게는 잘 몰랐지만 그저 본능대로 아이의 요구를 들어주는 데 집중하고 있었던 것이다.

21개월부터 17~18시간가량 낮잠 없이 계속 책을 읽어달라고 하던 아이는 21~24개월에 더 깊이 책의 바다에 빠지게 되었다. 약 100일 동안 19시간 정도 매일 기록을 경신하면서 책을 읽던 아이는 코피를 쏟기도 했다.

책의 바다에 빠졌던 아이는 21개월 어느 날 내가 읽던 책의 부제목을 읽었다. 돈을 저축하고 종잣돈을 마련하기 위해 <당신이 속고 있는 28가지 재테크의 비밀>이라는 재테크 책을 읽고 있었다. 흑백 컬러로 된 표지 중간에 빨간색 글씨로 <누군가는 덫을 놓고 누군가는

★ 엄마가 읽던 책의 부제를 혼자 힘으로 읽는 첫째 아이

걸려든다>라는 부제목이 적혀있었다. 책의 바다에 빠져서 밤새 책을 읽고 잠이 든 지 겨우 2시간밖에 안 지났는데 아이가 벌떡 일어나서 내 옆으로 오더니 책의 부제를 보고 "누가 덫을 놓는 거지?"라는 질문을 내게 던졌다.

이렇게 첫째는 다양하게 읽어주는 책의 내용과 드문드문 엄마와 심심할 때 놀던 한글놀이를 통해서 한글을 깨우쳤다. 24개월 무렵, 책값이 많이 들어서 날림으로 만든 어린이집 교재를 중고로 사준 적이 있었다. 묵독으로 책을 읽던 아이가 책을 들고 와서 그림이 잘못되었다고 말을 했다.

동물 친구들이 낙하산을 타고 하늘에 떠있는 그림인데 텍스트는 "낙하산에 구멍이 뚫렸어요"였다. 책을 들고 온 아이는 "엄마, 여기 그림에는 구멍이 안 뚫려있는데 구멍이 뚫렸다고 나와있어"라고 말했다. 실제로 그 장면 속 낙하산은 구멍이 어디에도 없었다. 그림과 텍스트를 모두 조용히 읽고 있던 3세 아이가 그림책 교정을 보게 될 줄은 꿈에도 몰랐다. 그리고 감사했다.

"어! 정말 그렇네. 그림이 잘못 그려졌구나. 사랑이가 그걸 알아본 거야. 와! 우리 사랑이 기특하네. 눈썰미가 정말 좋다"라는 칭찬을 곁들였다.

읽기독립의 꽃은 묵독이다. 아이가 소리 없이 읽고 있으면 읽기독립이 시작되었다고 인정해야 한다. 아이가 만만하게 읽을 수 있는 쉬운 그림책 500권 정도를 사주고 스스로 읽도록 기다리면 아이는 좋아하는 책부터 골라서 읽기 시작한다. 아이가 읽기독립이 제대로 이루어지길 바란다면 아이에게 소리 내어 읽는 음독을 강요하듯 시켜서는 안 된다. 그러면 아이는 그림과 글을 동시에 보면서 정독을 한다. 말없이 아이 곁에서 유심히 관찰하면 아이의 눈빛이 텍스트를 따라 움직이는 것을 볼 수 있다. 나는 사랑이가 좋아하는 자연관찰 책과 생활동화 책 위주로 쉬운 그림책을 520권 사주었다. 아이는 그 책들을 읽으면서 자연스럽게 읽기독립이 되었다.

사실 책육아를 진행하는 분들의 책은 다양하고 많다. 그분들의 실행기는 하나같이 부모가 아이에게 책을 읽어준 것이었다. 돈이 많거나, 부모가 영어 전공자이거나, 스펙이 빵빵하거나, 직업이 좋아서 자녀를 잘 키운 것이 아니었다. 그와는 정반대로 아주 평범한 소시민인 부모가 자녀에게 해줄 수 있는 것이 많지 않아서 도서관의 책을 빌려 아이에게 읽어준 실행기들의 모음이었다. 하나하나 열거하자면 끝도 없을 그분들의 눈물나는 실행기는 나에게 와서 희망의 꽃으로 피어났다. 나 역시 이제 막 평범한 수준에 닿은 상태에서 아이를 잘 키우고 싶은 마음이 간절한 엄마였을 뿐이다. 영어 전공자도 아니었고, 스펙이 빵빵한 것도 아닌 데다 심지어 몸까지 아픈 엄마였다. 그런 내가 할 수 있는 것은 책 읽어주는 아주 단순하고 쉬운 행위뿐이었다. 그래서 무작정 묵묵히 실행했다. 정말 감사하게도 그렇게 실행했던 나의 단순한 책 읽어주기는 아이의 한글떼기와 영어 입말 틔우기의 원동력이 되었다. 읽기독립은 그 과정에서 딸려 온 선물이었다.

책육아를 진행한 분들의 경험담에는 읽기독립이 된 아이는 묵독으로 책 읽기를 한다고 적혀있었다. 나의 육아 경험을 되돌아봐도 마찬가지다. 아이가 놀다가도 좋아하는 분야의 책이 있으면 스스로 책을 꺼내 읽는 것이 읽기독립이다. 책에 깊이 몰입한 순간에는 입으로 소리 내어 읽지 않고, 조용히 머릿속으로 그림을 그리듯 생각하면서 읽는다.

나는 책에서 읽은 것을 그대로 현실 육아에 적용했다. 나의 아이 역시 스스로 책을 읽을 때는 소리 없이 책에 몰입했다. 어른 역시 마찬가지 아닌가. 텍스트를 소리 내서 읽는 것보다 눈으로 읽으며 머릿속으로 그 장면을 그림으로 그리는 독서를 해야 읽은 내용이 오랫동안 기억에 남는다. 그래서 나는 처음부터 소리 내어 읽는 것을 아이에게 강요하지 않았다. 소리의 음가를 알려줄 때를 제외하고는 나는 첫째에게 지금까지도 소리 내어 책을 읽어보라는 말을 한 적이 없다. 둘째에게도 마찬가지다.

사실 독서교육을 시작한 것만으로도 칭찬받을 만하다. 그런데 주변에 엄마가 될 준비를 하는 사람이 있다면 나는 태교부터 꼭 책을 읽어주라고 강력 추천한다. 굳이 독서교육에 대한 여정을 책으로 정리하며 쓰는 이유가 여기에 있다. 누구나 아이 한 명을 소중히 길러내야 한다. 그 시작은 태교부터다.

내 기억에는 분명 읽어주지 않은 단어 같은데도 신기하게 감각으로 읽는 아이를 바라보며 신비로움을 느꼈다. 영어 파닉스를 제대로 익히는 데 도움을 주려고 <플레이타임 잉글리쉬>를 샀던 날 처음 보는 책 제목을 아이가 읽었다.

영어책은 태교 때 처음 읽어주었고, 한글에 완전히 익숙해지게 한

★ 영어 그림책을 읽을 때 그림 영어 사전책을 반복해서 읽은 덕분에 어휘 확장에 도움이 되었다.

뒤 20개월이 시작되면서 <씽씽 영어> 전집을 읽어주었다. 23개월이 끝나갈 무렵에 한글책에 대한 읽기독립이 이루어졌음을 확신하고서는 영어책을 본격적으로 많이 사주었다. 아이의 호흡에 맞는 한 줄짜리 쉬운 영어책을 사주었다. 그림으로 된 300 영단어, 500 영단어, 1000 영단어 책을 사주었더니 아이는 한참을 묵독했다. 그림 아래에 단어가 적혀 있던 그 책들을 한 달간 반복해서 보면서 아이의 영어 어휘가 확장되었다. 아이가 잘 받아들일 때에는 다양한 책을 구비해주는 것이 좋다.

아이가 문자를 깨우치는 것을 지켜보면서 아이의 두뇌가 만들어지는 배 속 환경과 태교가 결정적이라는 확신이 들었다. 태어난 아이에게 사랑을 담아 책을 읽어주는 것이 제일 좋은 교육 방식이라는 사실을 아이를 키우는 햇수가 길어질수록 더 절실히 느끼고 있다. 아이가 영어를 일찍 깨우치게 되면서 난독증을 잠시 겪은 적도 있었다. 아이에게 책을 읽어주는 것은 축복의 행위이긴 하나 속도가 빠르다고 해서 무조건 좋은 것은 아니다. (뒤에 난독증에 대한 이야기도 나온다.) 아이에게 책을 읽어주는 것이 늦었다고 자책하는 부모가 있다면 속도에 연연하지 말고, 시작한 시점이 늦었다고 자책도 하지 말고, 그저 오늘 한 권의 책으로 시작해서 아이와 사랑의 대화를 나누면 된다.

사실 초보 엄마일 때 책 읽어주는 양이 많아서 힘들었다. 아이가 10~16개월 무렵 하루에 150~200권의 책을 읽어주고 나면 목에서 피가 나기도 했다. 짧은 내용의 그림책이었기에 200권이 조금 넘을 때도 있었다. 그래서 빨리 아이가 한글을 다 알아서 나에게서 독립하길 바랐다. 아이가 혼자서 읽는 시간도 있었지만, 스스로 읽을 줄 알아도 요청할 때는 긴가민가했다. 엄마이기에 도무지 읽기독립에 대한 감을 못 잡아서 다양한 경험담을 찾아보았다. 책육아를 하신 고수 분들의 책과 노하우가 담긴 강연을 다 들어보아도 뚜렷하게 정리가 되지 않았다. 하지만 두 아이를 직접 키워보면서 내가 경험한 것과 많은 분들의 노하우를 분석해보니 결론은 하나였다.

읽기독립에 대한 의견이 팽배하게 둘로 나뉜 토론을 본 적이 있었다. 한쪽은 읽기독립이 된 아이에게 독립심을 길러주기 위해 책을 읽어주지 말아야 한다는 의견이었고, 다른 한쪽은 아이가 읽을 줄 알아도 부모가 읽어주는 것이 좋다는 의견을 가진 부모들의 의견이었다. 아이가 스스로 읽을 능력이 생겼으면 다양한 책만 구비해주어도 된다는 의견을 가진 분들의 자녀들은 아이가 고학년으로 성장하면서 의미 해석이 되지 않아 읽기에 흥미를 잃어버리는 경우가 많았다. 반면 아이가 읽을 줄 알아도 부모가 읽어주는 것을 이어갔던 가정의 아이들은 고학년이 될수록 공부에 자신감이 붙고 읽기 능력 하나만으로 전 과목에서 높은 성적을 얻었다. 물론 부모와 자녀의 관계가 사랑으로 단단하게 연결되어있는 것은 덤이었다. 그런 과정을 보면서 나는 아이가 읽기독립, 즉 스스로 읽는 시간이 길더라도 언제든 읽어달라는 요청을 하면 읽어주자는 결론을 내리게 되었다.

책은 반드시 엄마가 읽어줄 것! 혼자서 읽던 아이가 엄마에게 읽어달라고 하면 무조건 읽어줄 것! 후자의 경우는 아이가 엄마의 사랑이 필요하다는 신호이다. 그러니 묻지도 따지지도 말고 그저 묵묵히 읽어주는 것이 좋다.

읽기독립은 다음과 같이 세 가지 단계로 나눌 수 있다.

읽기독립의 세 가지 단계

❶ 읽기독립 완료

읽기독립의 꽃은 묵독이라고 했다. 나는 아이에게 책을 읽어주고 아이가 소리 내어 읽기를 유도하지 않았다. 묵독이 읽기독립의 꽃을 피운 것이라고 하는 문구를 써서 벽에 붙여놓고 아이를 관찰했다. 걸음마를 익히기 전인 8개월에도 엎드려서 책을 갖고 놀면서 보기는 했다. 이 모습은 그냥 본다는 느낌이 들었다. 아이가 18개월이 지나면서 서서히 혼자서 책을 보는 시간이 늘어갔다. 그림만 보는 건지 그림과 글을 함께 보는 건지 구분되지 않았다. 그러다가 아이의 속눈썹 아

★ DVD가 나오는 상황에서도 아이가 좋아하는 책을 몰입해서 읽고 있다면, 그 책의 읽기독립은 이루어졌다고 인정해야 한다.

래로 눈동자가 책 속의 글자를 따라가는 것을 보게 되었다. 아이는 그림과 글자를 동시에 보고 있었다. 묵독을 하면서 정독을 했다. 3세 아이가 읽는 3세 수준의 쉬운 그림책을 혼자 읽으면 그 연령에 맞는 읽기독립은 완료된 것이다.

❷ 읽기독립 진행

3세 아이라고 해서 7세 연령의 책, 10세 연령의 책을 좋아하지 않는 것은 아니다. 요즘은 책의 연령이 구분되어 쉽게 찾아볼 수 있다. 책 구매에 앞서 미리보기를 먼저 보고 책을 고르도록 하자. 어린아이일수록 수준 높은 책을 맛보게 해주는 것도 좋다. 그래야 아이가 책에 대한 거부감이나 낯가림을 수월하게 넘길 수 있고 다양하고 깊은 분야로 확장할 수 있기 때문이다. 또 영유아기부터 집에 책이 있는 환경을 만들어주는 것이 좋다. 그러다 보면 아이가 글밥이 많은 책을 잡아서 읽어달라고 하거나 책의 수준과 상관없이 읽어달라고 한다.

★
아이는 자신이 좋아하는 분야는 글밥이 많아도 읽으려고 한다(둘째 아이가 공룡에서 한국사로 넘어가던 32개월 무렵).

첫째는 과학 분야를 유독 좋아했다. 여아의 특성상 공주나 아기자기한 것에 관심을 보이는 아이들이 많은데, 첫째는 자연과 동물에 푹 빠졌다. 파충류에 푹 빠지기 시작하면서 공룡도 좋아해서 공룡을 초식과 육식으로 분류하고 크기별로 피규어를 줄지어놓으며 놀기도 했다. 그러다 보니 3세 아이가 백과사전을 비롯해서 7세들이 읽는 동화책, 10세들이 읽는 글밥 많은 책 등을 다양하게 접했다. 하루에 그림책만 200권 읽던 시기를 지나서 글밥이 많아지니 20~30권 읽는 날도 있었다. 책의 수준이 높아지면 읽는 책의 권수도 줄어들기 때문에 신경 쓰지 않아도 된다. 두껍고 수준 높은 책을 읽기 위해 아이가 도약하는 과정은 읽기독립 진행으로 구분했다. 3세 아이들이 읽는 창작동화, 생활동화를 무리 없이 스스로 읽으면서도, 아이가 자신이 좋아하는 분야의 수준 높은 책을 읽어달라고 요청하는 것은 읽기독립 진행 과정으로 생각하면 된다.

두세 살 아이가 놀다가도 좋아하는 책을 읽기 위해 풀썩 주저앉아 책을 읽는 것이 읽기독립이다. 아이가 자라면서 좋아하는 관심사를 따라가다 보면 아이의 책 수준이 깊어질 때가 온다. 서너 살에 역사책을 좋아해서 읽던 둘째는 혼자서 읽다가 이해가 안 될 때는 읽어달라고 요청했다. 그럴 때는 무조건 읽어주는 것이 바람직하다. 이렇게 아이의 관심사가 확장하는 과정을 읽기독립 진행으로 분류했다.

❸ 읽기독립 도움

두 아이가 책의 바다 시기에 공통적으로 했던 행동은 부모가 읽는

★ 성경 책에서 자신이 아는 글자를 손으로 짚으며 읽는 둘째 아이

성인 책을 꼭 들춰 보았다는 점이다. 아빠가 읽던 <코스모스>, <사피엔스>, <총 균 쇠>, 엄마가 읽던 <호모 스피리투스>, <요가난다 영혼의 자서전>, <진실 대 거짓> 등 일명 벽돌 책이라고 부르는 두꺼운 성인 책도 아이들은 편견 없이 들춰서 탐독하고는 했다. 아이는 어른이 읽는 줄글 책이 무엇인지 탐색했다. 두 아이는 두꺼운 벽돌 같은 성경 책을 지퍼를 열어서 보거나 가슴에 꼭 끌어안고는 했다. 그런 모습이 너무나 사랑스러웠다.

이 모습들을 쭉 지켜보면서 깨달은 것이 있다. 아이는 수준 높은 지식 글이 궁금하고 읽어보고 싶지만 아직 어렵기 때문에 어른의 도움을 받아 어휘를 이해하는 단계가 계속 필요하다는 것이다. 두 아이도 4~5살 시절에 내가 성경 책도 조금씩 읽어주었더니 첫째는 다섯 살에 스스로 성경 책을 열어서 읽었고, 둘째는 4살에 자신이 아는 글자를 손가락으로 짚으며 읽다가, 6살에는 청소기가 돌아가는 시끄러운 상황에서도 엎드려 성경 책을 읽었다. 아이의 호기심이 닿는 책은 무엇이든지 좋다. 그러면서 자연스럽게 읽기독립의 꽃도 피워지는 것이다. 둘째의 읽기독립에 날개를 달아주려고 <아장아장 성경> 책을 사서 주었다. 예쁜 그림과 3~4줄의 글줄로 된 책이라 부담없이 책 읽기를 즐겼다. 아이에게 책을 제공할 때는 부모의 편견이 작용하지 않는지도 고려해야 한다. 부모의 종교, 철학, 신념에 국한하지 말고 그저 아이가 관심을 갖는 분야는 어떤 것이든지 지평을 넓혀준다는 마음으로 책을 마련해주는 것이 좋다.

미취학 연령의 아이가 초등 고학년이 읽는 책의 내용이 궁금할 때는 부모의 도움을 받아 책의 내용을 들으면서 이해의 폭을 넓혀가야 한다. 7~10세 정도의 아이가 당장 <코스모스>, <사피엔스> 같은 성인 도서를 모두 이해하면서 읽기는 어렵다. 부모가 곁에서 아이와 대화를 통해 이해의 폭을 넓혀주는 것이 좋다. 아이가 현재 가지고 있는 읽기 수준보다 한 단계 성장하기 위해서는 부모의 도움을 받는 것이 좋다. 그래야 아이의 지성이 도약할 힘을 비축할 수 있다. 엄마 아빠가 사랑을 담아 읽어주는 책은 아이가 한 단계 높이 점프할 때 스프링

★
스토리 전개가 흥미롭고 재미있는
<엉덩이 탐정> 책을 읽으며
읽기독립 완료 단계에 있는 둘째 아이

역할을 한다.

읽기독립에서 가장 중요한 요소는 아이가 좋아하는 책을 읽을 수 있는 환경이다. 좋아하는 것에 깊이 몰입해본 경험이 있는 아이는 그 힘으로 즐거운 배움을 이어나간다. 사랑이는 개구리, 공룡 등의 파충류를 비롯해 자연관찰 책, 파충류가 나오는 생활동화 책들로 읽기독립이 되었고, 다솜이는 백희나 작가의 <장수탕 선녀님> 및 그림책, 어벤져스 시리즈, 이순신 장군을 비롯한 역사책, 엉덩이 탐정 시리즈 등 뚜렷한 자기 취향이 있었다. 사랑이는 다양한 영역을 좋아하면서도 과학 분야로 깊이 빠져들었고, 다솜이는 재밌는 책에서 시작해서 공룡을 거쳐 역사로 빠져들어갔다. 우리 아이들뿐만 아니라 책육아로 자란 아이들의 공통점은 자신이 좋아하는 분야의 책에 푹 빠져본 경험을 통해 자동으로 읽기독립이 된 경우가 많다는 것이다. 자동으로 읽기독립이 된 아이는 친구 집에 놀러 가서 신나게 놀다가도 책읽기에 빠져든다.

속도보다 중요한 것은 방향이라는 격언이 있다. 아이가 자신에게서 빨리 독립하길 바라는 부모의 마음에는 욕심이라는 함정이 숨겨져있다. 아이는 이를 누구보다 잘 알아차리는 꼬마 스승이다. 아이와의 책 읽기는 부모가 욕심을 내려놓는 내면 성장의 과정이자, 부모와 자녀가 함께 지성을 꽃피우는 지적 성장의 과정이다. 지난해 보이는 과정일지라도 매일을 기쁨으로 맞이하는 부모의 모습을 보고 자라는 아이는 자연스레 '책을 좋아하는 아이'가 된다. 나의 책육아의 최종 목표는 가족 모두가 '책을 좋아하는 사람'으로 성장하는 것이다. 책을 좋

비 오는 날 우비를 입고도 책을 펼쳐 보는 아이들

아하는 사람의 손에는 늘 책이 쥐어져 있다. 책으로 삶의 방향성을 찾아가는 사람은 생의 목적을 아는 사람이 된다고 생각한다.

책 읽기가 너무 좋아서 비 오는 날 우비를 입고 산책을 하다가도 책을 펼쳐서 읽는데 책에 빗방울이 묻은 모습을 함께 관찰한 경험이 있었다. 보드북이라 코팅되어있어서 아름다운 그림 위에 빗방울이 떨어져 있는 그림을 보고 있자니 미술관이 부럽지 않았다. 그리고 두 아이와 발걸음의 속도를 맞춰서 걷고 있는 이 순간이 너무나 감사하고 소중하게 느껴졌다. 무지한 엄마를 책 읽기의 행복하고 성스러운 과정에 올라타게 해준 두 아이가 나에게는 귀한 스승님이다. 아이를 잘 키우고 싶어서 책육아와 읽기독립, 한글 떼기에 대한 자료를 찾아보고 실천해왔지만, 결국 그 과정에서 가장 큰 수혜자는 엄마였다. 책 읽기의 효용성, 책이 주는 겸허한 가르침, 책을 좋아하는 사람이 되어가는 아름다운 과정은 나의 자존감을 키워주기에 충분했다.

05

책 읽어주기→읽기 능력 신장→ 공부머리 탑재의 선순환

바구니를 만드는 모습을 본 적이 있는가? 바구니는 대나무를 얇게 손질해서 씨줄과 날줄을 엮으면서 둥글고 속을 깊숙하게 만든 그릇이다. 엄마가 아이에게 책을 읽어주는 과정은 아이의 두뇌를 바구니 엮듯이 튼튼하고 큰 그릇으로 만드는 소중하고 위대한 과정이다. 천을 만들때도 실을 씨줄과 날줄로 튼튼하게 엮는다. 씨줄은 전집이고 날줄은 단행본이라고 생각하면 된다. 전집에는 기본 60권 정도의 책이 다양한 수준으로 구성된 것도 있고, 60권 모두가 동일한 수준으로 다양한 내용으로 된 것도 있다. 그런데 한 가지 아쉬운 점은 60권 모두가 아이 취향일 리 없고, 60권 모두 완성도 높게 만들어진 것은 아니라는 점이다. 아이는 자기가 좋아하는 것만 골라 보기도 하고 전집이 다 좋아하는 경우에는 그 전집은 대박책이 되는 것이다. 또 책을 비우는 시기에는 책장에 꽂혀 있던 책을 모조리 먹듯이 후루룩 읽어내기도 한다. 첫아이가 그렇게 했었다.

잘 만들어진 전집이 많지만 아닌 책도 있다. 전집에서 엉성하게 만들어진 책에 집착하지 않아야 한다. 잘 만들어진 단행본으로 아이의 지성이 뜀틀을 넘듯이 껑충 뛸 수 있게 해주어야 한다. 마치 스웨터를 짜다가 단추를 하나 달아주는 것과 같다. 아이가 다양한 책을 읽는 것은 중요하다. 폭넓은 배경지식을 갖춘 아이는 학교 수업에서 시험공부에 연연하지 않아도 좋은 성적을 받아 오게 된다. 일단 독서 외에 선행 학습을 하는 것이 없으니 수업시간에 집중해서 듣게 되고, 다독을 통해 알고 있는 배경지식이 다양하고 많기 때문에 그렇다. 다독은 또 기존에 알고 있는 부분이나 새로운 영역으로 확장할 때 아이를 도와준다.

다독과 간단한 놀이들로 아이 두뇌의 시냅스가 새로이 연결되고, 반복해서 읽은 책은 장기기억으로 넘어가게 된다. 엄마가 책을 많이 읽어준 아이는 5세 정도가 되면 아웃풋이 절로 열린다. 아이의 말이 쉴 새 없이 터져나오는 것이다. 작은 새가 짹짹 지저귀듯 첫째는 5살 때 하루종일 말을 했다. 책을 읽거나 말을 하거나 둘 중 하나였다. 놀면서도 내내 종알종알 어찌나 말을 많이 쏟아내던지 아기 새 같았다. 그렇게 엄마가 책 읽어주는 시간이 쌓일수록 아이의 읽기 능력은 향상된다. 또한 자연스럽게 공부머리 역시 좋아진다.

학습의 기본 능력은 읽기 능력이고, 읽기 능력은 듣는 것에서 비롯된다. 아이가 처음 배움을 접할 때는 듣는 것으로 시작해야 한다. 어떤 아이든지 모든 배움은 엄마의 입말로 읽어주는 책이어야 한다.

06 다양하고 깊이 있게 읽는 책을 통해 문해력과 독해력 모두 기를 수 있다

수능 국어 영역의 지문이 갈수록 길고 어려워지면서 사교육 시장에 문해력 광풍이 불었다. 대부분 영어 수학 학원이 들어선 학원가에 문해력 학원이 새롭게 생겼고 그 앞에 학생들이 줄지어 대기하는 뉴스를 보았다. 문해력과 독해력이 도대체 뭐길래 그러는 것일까?

문해력 文解力

: 글을 읽고 이해하는 능력

❶ 글월 문(문장, 글, 글자), 풀 해(풀이하다, 깨닫다, 풀다, 설명하다), 힘 력

❷ 문장을 읽고 글의 맥락을 이해하는 능력 (=리터러시)

독해력 讀解力

: 글을 읽어서 뜻을 이해하는 능력

❶ 읽을 독(읽다, 이해하다, 세다), 풀 해(풀다, 벗다, 깨닫다, 설명하다, 풀이하다), 힘 력

❷ 문자 그대로 읽고 해석하는 능력 (=리딩)

문해력은 한자 풀이 그대로 글을 읽고 사회적 맥락과 연결해서 문장의 의미를 이해하는 능력이고, 독해력은 글을 읽어서 뜻을 이해하고 글을 쓴 작가의 의도까지 파악하는 능력을 말한다. 글을 쓰는 작가는 글을 통해 전하려는 메시지를 가지고 있다. 글에 사용되는 어휘는 앞서 말했듯이 다면적이다. 다양한 어휘를 종합해 작가의 생각을 글에 담아낸 것을 독자가 읽고 작가의 의도까지 이해하는 것이 독해력이다.

사회현상을 비롯해 맥락을 파악하고 글에 담긴 뜻 그대로를 이해하는 것이 문해력이다. 책 읽기를 통해 다양한 어휘를 습득하면 문해력을 기르는 데 도움이 된다. 단련된 독서가는 가정에서 엄마가 책을 읽어주는 경험과 더불어 아이 스스로도 책에 대한 호기심이 다년간 축적되었을 때 가능하다. 따라서 책은 어려운 단계로 도약할 때 엄마가 읽어주는 것이 필요하다.

앞서 읽기독립은 완료, 진행, 도움의 세 단계로 나눌 수 있다고 했다. 세 살 아이가 읽는 그림책에는 순수 우리말로 된 한글이 주를 이루어 책이 구성되어있다. 제 연령에 맞는 그림책을 읽은 것만도 충분히 기뻐하고 칭찬할 일이다. 그런데 그다음 단계, 더 높은 다음 단계로 도약할 때는 반드시 부모와 함께해야 한다. 아이는 한글로 표기된 한자의 음을 읽고 제대로 의미를 해석하기 어렵기 때문이다.

문해력의 핵심은 풍부한 어휘력에 있다. 어휘는 곧 다양한 책을 통해 익힐 수 있다. 우리말은 한자 문화권의 영향으로 70%가 한자어다. 다양한 한자어를 익히는 것은 풍부한 어휘를 갖는 원동력이 된다. 한

문은 정통 중국어이고, 한자는 동아시아(한국, 일본을 포함한 아시아권) 언어에 영향을 준 공용 문자다. 한자보다 한문이 확실히 어렵다. 아이의 문해력을 길러주기 위해서는 한자의 뜻과 음만 익혀도 어휘를 확장하는 데 도움이 된다.

내가 초등학교 2학년이 되던 해 아빠는 한자를 꼭 공부하라고 당부하셨다. 우리말의 대부분이 한자어이므로 한자를 공부해두면 나중에 큰 도움이 될 거라 말씀하셨다. 아빠의 권유로 한자 학습지를 신청해서 공부하게 되었다. 그런데 한자를 쓰는 것은 읽는 것에 비해 여간 힘든 일이 아니었다. 그때의 경험으로 아이에게 쓰기를 강요하지 않고 있다. 여러 번 봐서 익숙해지면 그때 쓰기를 해도 늦지 않을 거라 생각했다.

아무래도 일상어만 사용하다 보면 소통에 필요한 말만 쓰게 되니 풍부한 어휘력을 길러주기 위해 주말 중 하루는 무조건 도서관에 갔다. 처음에는 첫째가 많은 사람이 있는 곳을 낯설어 하고 기피하는 모습을 보이다가 서서히 도서관에 가는 것이 자연스러워졌다. 둘째는 덩달아 도서관에서 자랐다. 도서관에서 아이들은 신기하게도 그 많은 책 중에서도 딱 자신의 취향에 맞는 책을 잘도 골라 왔다. 그러면 엄마인 나는 그저 읽어주기만 하면 되었다. 도서관과 서점 나들이에서 아이가 고른 책은 인터넷으로 구매해주고 그렇게 점점 읽어나가는 책의 양과 질이 쌓였다. 첫째가 초등학교 입학하기 전까지 1만 권의 책을 사주었다. 우리 집 책장을 거쳐 간 것 중에 아이가 좋아했던 책의 수가 대략 1만 권이다. 사실 도서관과 서점에서 읽은 책까지 합하면 셀 수 없이 많고 어느덧 읽은 책의 권수에 초연해지게 되었다.

책을 좋아하는 아이는 책을 읽으면서 고급 어휘를 구사하게 되고 자연스럽게 문해력의 발달로 이어진다. 두 아이를 키우면서 유아어를 사용하지 않고 가능하면 바른 말을 쓰려고 노력했는데, 어느 순간 아이는 책에서 나온 고급 어휘를 일상에서 놀이를 하다가 말하기도 했다.

동네에 미술영재를 키우는 어머님이 계신다. 책과 논문을 읽어가며 아이를 열심히 키우신 분이다. 그분이 우리 둘째의 모습을 지켜보다가 아이가 하는 말에 깜짝 놀랐다고 한다. 아이들이 어울려서 역할놀이를 하다가 5살이 된 둘째가 "심지어 다스베이더가 더 큰 우주선을 타고 왔어" 라고 말했고 그분은 "다섯 살짜리가 [심지어] 라는 말을 알아?" 라며 두 눈이 동그래지며 놀라셨다. 둘째는 그 모습에 자신감을 얻었는지 지금까지도 [심지어] 라는 말을 자주 쓴다. 이렇게 책을 통해 다양한 고급 어휘를 듣고 읽다 보면 일상에서 자주 사용하게 되고, 문해력과 독해력이 발달하는 것은 불을 보듯 뻔한 결과다.

to think!

자녀와 대화를 나눌 때 책에서 읽은 내용이 얼마나 자주 나오나요?

07

책 읽어주기는
아이를 꼬마 작가로 이끈다

아이를 둔 엄마는 수다쟁이가 되어야 한다. 나는 말을 많이 하다가도 돌아가신 아빠가 생각나면 가슴이 먹먹해서 우울감에 빠져들곤 했다. 그럴 때 애써 긍정적인 생각을 하려고 노래를 불렀다. 태교도 노래 CD가 포함된 영어책으로 했는데, 반복해서 들으며 따라 부를 수 있었다. 그때 외운 노래를 지금도 아이들 자장가로 쓰고 있으니 책값의 몇 배를 활용하고도 남은 셈이다.

좋은 작가의 글은 시처럼 군더더기 없이 간결하다. 시는 창작의 시작이자 끝이라는 말도 있다. 어쨌거나 글쓰기라는 행위는 자신과의 만남이 이루어지는 시간이자 가장 밀도 높은 성장의 시간이다. 성인뿐 아니라 어린아이에게도 말할 나위 없이 좋은 활동이 글쓰기이다. 첫째는 글쓰기 능력이 약해서 7세 후반이 되어서야 쓰기를 했지만 그 전에는 다양한 말로 끊임없이 새로운 것을 창조했다. 노래를 바꿔 부르기도 하고, 단어로 서너 시간씩 작문 놀이도 하고, 무언가를 보면 꼭 따라 하면서 자기만의 것으로 소화시키기도 했다. 책을 보고 나서 아이가 상상놀이를 하며 노는 것은 아이가 머릿속에 남은 책의 내용을 그림 그리듯 연상시키고 재정리하는 시간이다. 이때 정말 다양한 이야기가 재창조되곤 했다.

초등학생이 된 첫째는 우연히 노래를 만드는 싱어송라이터 체험을 하게 되었다. 노래를 많이 불러주고 CD로도 많이 들어서인지 아이는 음악놀이를 무척 좋아했다. 가사를 만드는 과정도 즐기며 노래 녹음까지 해냈다. 가사를 짓는 것 또한 글쓰기의 일환이다. 글을 쓴다는 것은 자신의 생각을 표현하는 것이고, 생각은 곧 오랜 기간 들었던 메시지를 종합한 결과물이다. 글에는 리듬감이 들어있다. 글에서 생동감이 느껴지는 것은 그 사람이 글로 노래를 부르기 때문이다.

나 역시 아이들과 함께 성장하며 책을 읽고 글을 써봤지만 막상 노래 가사를 지으려니 쉽진 않았다. 이것저것 떠오르는 대로 글을 쓰다가 불현듯 어느 가사가 1분만에 떠오른 적이 있었다. 작사가들이 순식간에 영감을 얻어서 가사를 짓는다는 것이 어떤 느낌인지 알 것 같았다. 노트에 가사를 쓰고 다음 날 집안일을 하다가 문득 바깥에 서있는 감나무의 잎을 바라봤다. 감나무 잎에 햇살이 비치던 순간 반짝거림을 보았다. 그 빛이 내 눈에 순식간에 들어오면서 순간 음률이 떠올랐다. 영감이 떠오른 것이다. 어젯밤에 적어놓은 가사를 보면서 마음 가는 대로 노래를 불러보았다. 그리고 그 자리에서 바로 스마트폰으로 그 음률 그대로 녹음을 했다. 떠오른 음률대로 가사를 부르고, 녹음을 마치고 나자 내 마음속에서는 '이제 됐다' 라는 소리가 들리는 듯했다. 나는 그 녹음 파일을 그대로 싱어송라이터 체험 선생님에게 전송했다. 그리고 아주 흡족해하는 선생님의 피드백 말씀을 들을 수 있었다. 그 음률에 선생님의 멋진 기타 선율이 더해졌다.

오랜 기간 심리 성장이라는 과정을 지나오며 참 지난하다는 생각을 많이 했다. 자아를 확립하고 자아실현을 한다는 것이 막막하기만 했는데, 이제는 그 느낌을 조금은 알 것 같다. 어떤 것도 하루아침에 이루어지는 것은 없다. 나 역시 긴 방황의 끝에 확실히 자아가 확립된 느낌이 들었다. 그 과정에서 천천히 음미하며 읽었던 책들은 나의 스승이었다. 자기 자신의 발전을 위해 도약하기 전 힘을 비축하는 데 제일 좋은 도구는 책이다. 이것은 변함없는 진리다.

to do

시, 일기, 동화 쓰기를 하면 아이의 사고력이 자라납니다. 아이와 작문 놀이를 통해 하루 한 줄이라도 문장을 만들어보세요. 아이와 만든 문장이나 글 중에 떠오르는 것이 있다면 적어보세요.

08

꾸준함은 바위도 뚫는다고?

책은 생각의 도구다. 책 속에는 작가의 정제된 생각이 담겨있다. 독자는 책에 담긴 저자의 생각을 따라가며 자신의 생각을 대입한다. 그리고 자신의 상황에 맞게 작가의 주장을 적용하기도 하고 시행착오를 거치며 자기만의 것으로 소화한다. 이것이 책 읽기의 효용성을 극대화할 수 있는 좋은 독서 방법이라 생각한다.

누구나 독서가 좋은 일인 것은 알지만, 막상 독서를 하는 사람은 드물다. 사람들의 문해력이 떨어지는 사회적 현상이 이를 증명한다. 읽어도 의미를 제대로 해석해내지 못하는 성인들이 많아진 것이다. 가정에서도 부모가 아이에게 책 읽으라는 잔소리 대신 부모가 책 읽는 모습을 보여주는 것이 바람직하다는 것을 알지만, 막상 이를 실천하는 부모들은 드물다. 방법은 알아도 속마음에서 납득이 되지 않으면 실행으로 옮기는 것이 힘들다. 그래서 이 파트에서는 책을 왜 꾸준히 읽어야 하는지 알아보도록 하겠다.

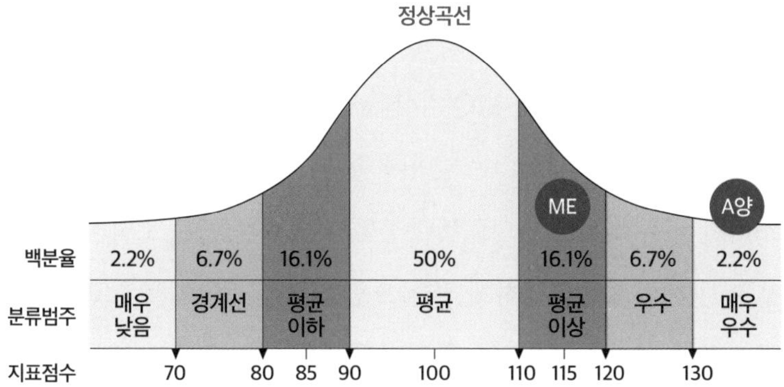

이 도표는 웩슬러 지능검사의 분포도이다. 10여 개의 검사를 통해 언어 이해, 지각 추론, 작업 기억, 처리 속도 영역의 점수를 합산해서 IQ를 측정한다. 검사 시간은 1시간 30분 정도 걸리며, 임상심리사의 지시에 따르는 수검자의 말과 행동이 검사 결과에 반영된다. 웩슬러 검사는 매우 낮음, 경계선, 평균 이하, 평균, 평균 이상, 우수, 매우 우수 영역으로 구분하는데, 결국 높은 어휘력을 가진 사람이 검사에서 높은 점수를 받을 수 있다. 나는 8세에 IQ 검사에서 114의 결과를 받았고, 친구 A양은 134로 높은 결과를 받았다. 이 친구는 부모님으로부터 늘 "똑똑하다"라는 칭찬을 받던 아이였다. 학교 공부에서도 성적이 우수하고 모든 면에서 자신감이 있는 친구였지만, 성인이 되어서는 어느 순간 성장이 멈춰있었다. 머리가 똑똑한 것은 분명 축복받은 일이지만, 아이를 [똑똑한 사람] 으로 규정하는 칭찬은 지양해야 한다는 점을 이 친구의 일화를 통해 배우게 되었다.

칭찬은 양날의 검과 같아서 잘 사용하면 덕이 되지만 잘못 사용하면 독이 된다. 칭찬에는 과정과 노력이 반영되어야 한다. 예를 들어 IQ 검사 점수가 높게 나와서, "우리 ○○가 평소에 책을 잘 읽고 학교 공부도 열심히 한 노력이 IQ 검사에서도 그대로 드러났구나. 엄마도 이렇게 기쁜데, 우리 ○○는 얼마나 좋을까? 엄마는 ○○가 정말 자랑스러워"라는 칭찬을 엄마로부터 들었다면, 이 아이는 노력의 중요성을 아는 사람으로 성장하게 된다. 또한 자신의 분야에서 최고의 성취를 이루기 위해 성실한 모습을 보이게 된다.

데이터를 찾아보니 노벨상 수상자의 평균 IQ는 127이었다. 천재 중의 천재로 꼽히는 리처드 파인만의 IQ는 126이고, DNA 이중나선 구조를 발견한 제임스 왓슨의 IQ는 124였다. 뇌의 신경 가소성을 고려했을 때 IQ 10~20 정도는 책을 읽고 연구하는 과정에서 향상되었다고 본다. 학문적으로 큰 성과를 이룬 사람 중 상당수는 IQ 100 정도의 평범한 지능을 타고난 사람들이었고, 이들의 성과는 좋은 머리보다 꾸준한 노력으로 얻어진 것이다.

더욱이 어린아이에게 책을 통해 배움의 습관을 만들어준다면 얼마나 보람된 삶을 살아갈 인재로 성장하겠는가. 어린 시절부터 책 읽기를 진행해온 아이들은 특히 몰입의 힘이 강한다. 어린 시절 책의 바다 시기를 거친 아이는 결국 몰입의 맛을 본 아이들이고, 그것은 내면에 거대한 잠재력으로 내재되어있다. 이런 아이들은 두문불출(杜門不出)이다. 집 안에서 자신이 좋아하는 것에 집중하느라 외출을 거부하고 책과 놀이에 몰입한다. 몰입이 한텀 끝나고 나서 한번 나가면 집에 안 들어가려고 한다. 바깥놀이에 몰입하느라 그런 것이다. 모든 에너지를 다 쏟아내야 집으로 순순히 들어간다.

이렇게 몰입력이 큰 아이가 되면 책 읽는 것에 흐름이 생긴다. 읽고 쉬고, 책을 읽은 내용을 머릿속에서 정리하고 나면 새로운 영역으로 확장하고, 또다시 읽고 쉬고 하면서 마치 파도를 타듯이 한다.

읽기	▶	쉬기	▶	책 정리	▶	새 책 들이기	▶	읽기	▶	쉬기
채우기	▶	비우기	▶	재정리	▶	관심사 확장	▶	채우기	▶	비우기

웨인 다이어의 <모든 아이는 무한계 인간이다>와 최희수 작가의 <푸름아빠의 아이 내면의 힘을 키우는 몰입독서>를 읽고, 또 최희수 작가가 중국 연변에서 강연하시던 영상을 보고 공부를 한 시기가 있었다. 그리고 책 읽어주는 과정을 통해 지속적으로 관찰한 결과 두 아이는 유형이 다르다는 것을 알 수 있었다. 먼저 첫째 사랑이는 무한계 아이의 유형대로 전 영역의 책에 관심을 보이고 늘 책을 손에 들고 다녔다. 한 살씩 성장함에 따라 더 큰 원을 그리듯이 지성이 확장되어가는 것이 눈에 보였다. 둘째 다솜이는 태어났을 때부터 집에 책이 많은 덕분에 전 영역의 책을 보았지만, 유독 자신이 좋아하는 분야에 T자형으로 깊이 몰입하는 모습을 보였다. 사랑이는 자연을 유독 좋아해서 자연관찰 전집만 12질을 사주었는데, 자연관찰, 과학동화, 과학백과, 수학동화, 창작동화, 전래동화, 명작동화, 디즈니 명작동화, 다양한 영어 그림책 등 영역을 가리지 않고 재미를 느끼며 읽었다. 다솜이는 그 책들을 후루룩 탐독하기도 하고 엄마가 읽어주는 영역을 받아

들이다가 어느 순간 공룡에만 푹 빠졌다. 그래서 공룡책만 250권을 사주었다. 사랑이도 공룡을 좋아해서 한글놀이 자석과 티라노사우루스 모형을 사주었지만 책에서는 모든 공룡의 종류를 다 보면서 육식과 초식을 분류하고, 골반뼈의 생김새를 관찰하며 역할놀이로 승화시켜서 놀기도 했다. 반면 다솜이는 공룡책을 읽을 때 크기, 분류에 이어 유독 그 공룡이 살았던 시대에 집중했다. 트라이아스기 - 쥐라기 - 백악기를 손가락으로 짚어가며 이 공룡이 어느 시대에 살았는지 꼭 책을 읽을 때마다 그 부분에 집중력을 보였다. 그러더니 관심사가 공룡에서 한국사로 넘어갔다. "다솜이에게 공룡책을 200권 사주면 역사로 넘어갈 것이다" 라고 말씀해주셨던 푸름아빠 최희수 작가의 말씀이 딱 들어맞았다. 실제로 공룡책만 250권 채워주자 역사로 넘어가는 모습을 보면서, [그렇게 하면 그렇게 된다] 라는 푸름이 교육철학이 생생하게 느껴졌다.

전 영역에 관심도를 지닌 무한계 아이의 유형도, T자형으로 한 분야에 끝까지 몰입하는 유형도 결국 아이가 좋아하는 것을 더욱 좋아하게 해주면 된다. 사랑이, 다솜이에게 미래에 쓸 사교육비를 미리 투

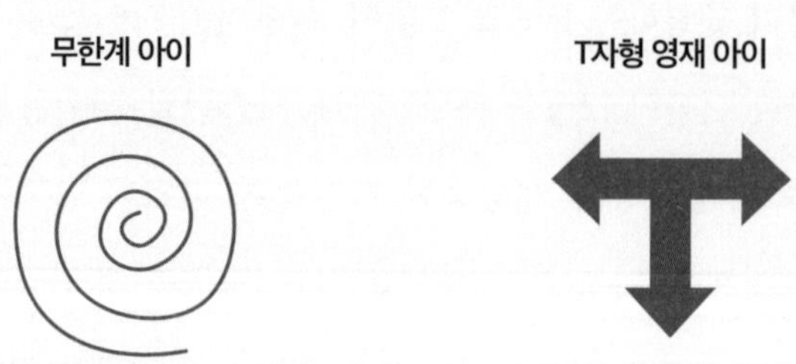

자한다는 생각으로 아이들이 좋아하는 영역의 책을 사주었더니 물 흐르듯 쉽게 흘러갔다.

두 아이의 책 읽는 흐름을 관찰하면서 최승필 작가님의 <공부머리 독서법>을 읽었을 때 두 아이의 양상이 활자중독형과 탐구형에 해당함을 알 수 있었다.

아이가 책을 읽는 것은 호기심을 충족하기 위한 지적 활동이다. 결국 부모가 호기심을 잘 지켜주어야 아이의 독서가 끊기지 않고 꾸준히 유지된다. 따라서 읽기독립과 한글을 깨우치는 것보다 호기심을

지식도서 다독가의 4가지 유형 중 활자중독형과 탐구형

1. **활자중독형** : 무한계 아이와 유사, 도서관 서가의 A열부터 Z열까지 모조리 읽는 천재형

- 발명왕 에디슨, 마이크로소프트 창업자 빌 게이츠
- 연쇄 창업마 테슬라 CEO 일론 머스크
- 천재성은 뛰어난 머리에 있는 것이 아니라 활자를 읽지 않으면 뇌가 근질거려 견디지 못하는 것에 있다.
- 항상 손에 책을 들고 다니고, 어쩌다 책이 없으면 광고판이라도 읽어댄다. 이것이 천재성의 핵심이다.
- 독서에 대한 강렬한 열망이 있다.
- 홀랜드 검사의 팔방미인형(잘하는 게 많아서 진로 상담이 어려운 유형)

2. **탐구형** : 호기심에 이끌려 책을 읽는 유형, 공격적인 독서

- 본인의 언어 능력을 몇 단계 뛰어넘어 책을 읽는 괴력을 발휘한다.

- 아이의 호기심이 꼬리에 꼬리를 물고 계속 이어지도록 지지해준다면 활자 중독형과 마찬가지로 전 분야의 지식을 깊고 폭넓게 쌓게 된다.
- 학생부종합전형에서 독서 이력을 통해 아이의 지적 호기심이 어떤 궤적을 그리고 있는가를 본다면 탐구형에게 유리하다.
- 지식 탐험가, T자형 몰입 영재와 유사

※ <공부머리 독서법>, <아이 내면의 힘을 키우는 몰입독서>, <모든 아이는 무한계 인간이다>, <48분 기적의 독서법>, <1만 시간의 재발견> 등 육아서 및 다양한 서적과 필자의 육아 경험을 통해 정리한 내용

죽이지 않는 것이 더 중요하다. 호기심이 살아있는 아이는 결국 책에 몰입한다. 때로 머리를 식히는 과정에서 빈둥빈둥 놀거나 명상을 하더라도 아이의 휴식 시간을 존중해주면 아이는 다시 책으로 돌아오게 된다.

독서의 수준 끌어올리는 읽기 방법

초보	▶ 중급	▶ 중급 이상	▶ 지식도서 다독가
양서 한 권 반복	▶ 강제 독서	▶ 양을 채우기	▶ 질적인 변화(문해력 발달)
텍스트 이해	▶ 내용 이해	▶ 맥락 이해	▶ 작가의 의도 이해(독해력 발달)

▶ 양이 채워지면 질적인 변화가 일어난다

그렇게 읽다 놀다 읽다 노는 아이들은 양질 전환의 법칙 즉, 양이 채워지면 질적인 변화가 일어남을 성장 과정을 통해 여실히 보여준다. 이는 호기심의 빛을 잃어버렸던 성인에게도 해당된다. 나 역시 학

창 시절에는 국어, 문학, 작문을 좋아하던 문학소녀였지만, 성인이 되어 책을 잘 읽지 않게 되었다. TV 속 재미있는 드라마와 예능에 빠져서 책을 1년에 한 권 읽을까 말까 했다. 하지만 엄마가 되어 책임감으로 읽던 책이 한 권, 두 권 쌓여가면서 양이 채워지자 결국 질적인 변화를 몸소 겪었다. 결국 차면 넘친다는 만고의 진리는 모든 것에 통용되었다.

차야 넘친다. 채워주지도 않고 넘치길 바라는 것은 욕심이다. 자녀가 생각하는 사람으로 잘 자라길 바란다면 부모가 먼저 책을 읽어주고, 시간 안배에 주의를 기울여 전략적인 독서를 하자. 꾸준히 실행하려면 쉬워야 한다. 또한 단순하게 쉬운 행동을 지속하기 위해서는 재미를 느껴야 한다. 자신만의 인생책을 찾고, 그 책을 꾸준히 읽으면 재미있어진다. 꽂히는 책으로 꽃이 필 때까지 읽어보자.

to think

아이가 좋아하는 것과 관련된 놀이에는 어떤 것들이 있나요? 그중에서 주로 어떤 놀이를 해주나요?

4장
SPECIAL PAGE

영어 DVD와 유튜브 활용기

책과 마찬가지로 영상 콘텐츠도 내 아이가 좋아하는 영상이 좋은 콘텐츠다. 엄마가 아이에게 의무로 보게 하는 영상은 한계가 있다. 깊어지지 않는다. 어린아이에게 처음으로 보여주는 영어 영상물은 되도록 느

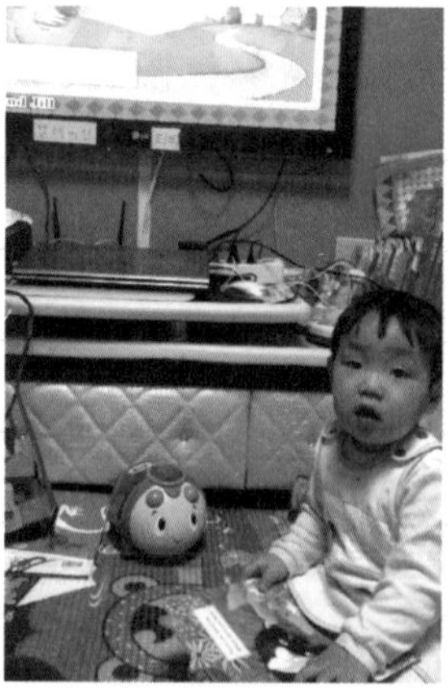

린 속도로 많이 들려주어야 한다. 책과 연계된 교육용 DVD면 금상첨화다. 동물 친구들의 이야기를 다룬 책 <스팟>, <메이지>, <까이유>, <푸름이 마더구스>, <리틀 프린세스>, <빨간 개 클리포드> 등은 책육아 1세대 맘들이 자녀가 어릴 때 구매해서 중고로 내놓은 저렴한 상품들이 많다. 쉬운 단계의 책과 DVD를 최대한 많이 접할 수

있게 해주자. 나는 IPC-7080을 두 대 사서 끊임없이 재생시켰다. 많은 책육아 선배맘들이 주로 사용하는 IPC-7080은 DVD도 재생되고, (IPC-7080과 TV를 연결한 상태로 영상을 보다가) TV 화면을 꺼도 소리는 흘러나오기 때문에 아이가 노는 와중에 흘려

듣기를 하기 딱 좋았다. 듣는 양을 채워주기에 이만한 도구가 없다. 거실에 한 대, 안방에 한 대를 놓고 쉬지 않고 돌아가던 중 기계 하나가 고장이 났다. AS를 두 번이나 맡기고 고쳐 쓰던 IPC-7080은 나중에는 수리비가 더 많이 나와서 폐기 처분을 할 만큼 많이 활용하며 듣는 시간을 가졌다.

첫째가 5세 겨울이 되던 해 처음 사준 책의 제목을 읽는 것을 시작으로 영어 파닉스를 깨우친 사실을 알게 되었다. 6세 가을에 책 휴식기를 가지면서 새로운 책 읽기를 멈추었다. 보통 6~7세 아이들은 영어책을 거부하는 시기가 오기도 한다. 엄마의 바람은 꾸준히 읽고 영어를 좋아하길 바라지만 아이가 거부할 때는 강압적이지 않도록 아이를 믿고 기다리는 미덕을 발휘하자. 좀 쉬고 나면 아이는 머리가 정리되면서 다시 책으로 돌아온다.

책 휴식기에 첫째는 둘째가 보던 유튜브 속 BLIPPI 아저씨를 함께 봤

다. 그 영상을 보면 미국을 여행하는 느낌이 들었다. 아이들과 함께 나 또한 유튜브를 통해 미국 여기저기를 다닌 기분이다. BLIPPI는 미국 유아들을 위해 제작된 교육용 컨텐츠다. 그것을 보면서 DVD만을 꼭 고집할 필요는 없다고 생각했다. 유튜브는 일단 무료라서 부담 없이 사용할 수 있고, 알고리즘이 기존에 반복해서 보던 채널과 비슷한 내용의 컨텐츠를 찾아주기 때문에 잘만 활용하면 얼마든지 교육적 성과로 이어진다.

두 아이가 밤낮없이 BLIPPI를 보던 때의 일이다. 하루는 정수기를 점검하러 오셨던 아주머니께서 유튜브를 보고 있는 두 아이를 보시더니 이런 말씀을 하셨다.

"우와! 요즘은 정말 세상이 좋아졌어요. 우리 딸은 지금 22살인데 영어 공부하러 호주에 워킹홀리데이로 가서는 고생만 진탕하고 왔어요. 엄청 많은 돈과 시간을 들여 외국에 다녀와 이제 겨우 영어를 잘하게 됐는데, 요즘 애들은 이렇게 유튜브로 영어를 익히니까 얼마나 좋아요."

가만히 생각해보면 유학 한 번 가지 않은 국내 순수파 영어고수들의 공통점도 이와 같았다. 최대한 많이 들으면서 귀를 뚫고 자연스럽게 발음을 교정하면서 영어도서 읽기를 통해 실력을 쌓아나가는 것이다. 다양한 단어를 접하고 자신이 좋아하는 미드나 영화에 푹 빠져서 영어를 잘하게 된 사례도 많다.

그런데 너무 어린 아이에게 영상만 주구장창 틀어주는 것은 바람직한 일일까? 위험할 수 있다. 책과 영상은 함께 갈수록 좋고, 부모든 또래든 상호작용의 과정이 있어야 영상에 중독되지 않는다.

영상물의 재미에 푹 빠져서 몰입의 경험을 하는 것이 중요한 부분도 있다. 그런데 과유불급을 잊어서는 안 된다. 상호작용 없이 영상물에 빠져들수록 현실 세계와 점점 더 멀어진다. 현실과 단절되면 영상물에 중독된다. 아이의 뇌에 쌓이는 영상물의 위해는 가히 치명적이다. 하루 2~3시간가량 정해진 양만 보는 것을 습관화하고 잔잔한 자극인 책으로 영어 습득을 진행해야 한다. 크라센 박사님의 말씀을 다시 한번 상기하자.

"영어 독서는 영어 습득의 유일한 방법입니다."

특히 책 휴식기에는 영상물에 아이를 방치하는 실수가 뒤따른다. 오히려 영어와 친숙해지고 일상에서 활용하며 즐기는 것이 더 중요하다. 아이가 청소년기로 자라면서 자신의 꿈을 향해 나아갈 때 영어가 꿈의 실현에 수단이 될 수 있도록 집 안에 영어책을 준비해두자.

첫째 아이는 <겨울왕국>을 너무 좋아했다. 모든 여아들이 겨울만 되면 노래 부르는 "LET IT GO"는 겨울철 우리 집의 주제가였다. 그런데 디즈니 영화처럼 빠른 영상물은 아이의 듣기 능력 향상에 큰 영향을 주지 못한다. 디즈니 영화는 영어교육용 DVD보다 소리가 빨라서 소리를 놓치기 때문이다. 그럼에도 불구하고 아이가 좋아하는 것에는 힘이 있다는 사실을 다양한 경험을 통해 깨달았기 때문에 두려움을 내려놓고 제공했다. 빠른 영상물에 아이를 방치하는 것이 문제이므로 엄마인 내가 곁에서 함께 즐기려고 노력했다. 부모가 아이와 함께 영상을 보는 것은 아이가 영어에 대한 관심을 불러일으키는 마중물이 된다. <겨울왕국> 같은 유명한 디즈니 영화는 책으로도 많이 나와있다. 영화를 보여주고 잠자리에 들기 전 영어와 다양한 버전으로 창작된 <겨울왕국> 책을 읽어주기도 했다. <겨울왕국>은 노래도 명곡으로 만들어졌기 때문에 가사와 사진을 엑셀로 만들어서, 인쇄한 후 책처럼 엮어주기도 했다. 우리만의 가사집을 가지고 노래 부르며 가사를 암송하며 놀았다.

대략 1년의 책 휴식기가 지나는 동안 엄마인 나의 조바심이 고개를 들고 있었다. 이러다 아이가 영영 영어책과 멀어지는 것은 아닐지 걱정도 했다. 그래도 책의 힘을 믿었기에 나는 잠자리 독서를 꾸준히 이어나갔다.

그러던 어느 날 7세가 된 첫째는 내가 둘째에게 책을 읽어주는 것을 보고는 옆에 와 누웠다. 그러더니 내가 읽는 문장보다 앞서 세 줄을 눈으로 읽고 뜻을 해석해서 혼잣말을 하고 있었다.

I Can Read 시리즈의 <LITTLE CRITTER> 중 JUST SAVING MY MONEY 편을 읽고 있었다. 22페이지에 있는 "Dad writes on some bank papers. I write my name."를 읽고 있는데, 아이는 함께 눈으로 따라오다가 23페이지에 있는 "They take my money jar. I am upset."까지 그림과 글을 눈으로 먼저 읽더니 "그래서 마음이 상했구나" 라고 말하는 것이었다.

책을 많이 읽은 아이들은 자연스럽게 속독을 하게 된다. 영어책 또한 읽는 속도가 빨라진 첫째는 엄마가 말로 읽어주는 소리보다 눈이 더 빠르게 읽고 머리로 해석해서 이해하고 있었다. 불안할 때도 있었지만, 아이에게 태교부터 6세까지 7년간 그림책을 읽어주며 쏟은 나의 노력을 믿었고 아이를 믿었다. 그 믿음은 아이에게 고스란히 전해졌다.

언제나 엄마보다 나은 아이들이라는 걸 또 한번 느낀 일이 있었다. 영어는 독서를 통해 다양한 어휘를 습득하는 것이 최고의 방법이다. 우직하게 책 읽어주기만 해주던 어느 날 7살 아이는 내가 책 읽어주는 말소리를 나긋나긋하게 따라 읽기 시작했다. 나는 아이에게 그렇게 하라고 시키지도 않았는데, 아이가 내 말소리를 바짝 따라붙으며 읽는 게 신기했다. 이제 영어책 거부가 끝났나 보다 짐작만 하고 있었다. 그러다 인터넷 검색을 해보니 아이가 한 것은 섀도우리딩이었다.

섀도우리딩은 영어책을 눈으로는 따라 가며, 집중듣기를 하면서 원어민의 발음을 소리대로 따라 읽는 연습 방법이다. 엄마인 내가 미리 알아보고 시키지 않았는데도 아이의 본능은 자신에게 필요한 배움의 기술을 발휘시켰다. 아이 내면에 잠재된 힘을 본 순간이었다. 엄마가 끌고 가는 것에는 한계가 있다. 이렇게 아이의 힘을 믿고 진득하게 책 읽어주기의 끈만 놓지 않는다면 어떤 아이도 위대한 힘을 발휘하는 날이 온다.

그날의 경험으로 유튜브 영상에 대한 편견과 두려움이 사라졌다. 그리고 엄마의 마음이 안정을 찾으니 적절히 영상 시간을 배분해보자고 아이의 마음을 존중하며 진심으로 말할 수 있게 되었다. 휴식기에 들면서 영상 60 : 책 40 정도의 비율로 흐르던 것을 다시 영상 40 : 책 60 의 비율로 전환하고자 노력했다. 서서히 영상물에 대한 과도한 관심이 줄어들면서 영상 30 : 책 70 의 비율로 노출하고 있다.

아이가 좋아하는 영상 콘텐츠만 반복해서 보더라도 아이의 선택을 존중했다. 책 읽기를 반복하는 것처럼 아이가 같은 것을 보면서 장기기억으로 저장하는 중이었다. 유튜브의 영어 소리 속도를 조금 늦춰서 들려주었다. 유튜브를 재생할 때 설정에 재생 속도를 조절할 수 있는 버튼이 있다. 보통 0.75 정도로 하면 아이가 듣기에 적절한 속도가 된다. 그렇게 들다 보면 어느 날 아이가 소리가 느리다고 말하는 날이 온다. 아이는 부모의 편견과 고정관념을 뛰어넘는 능력이 있다.

두 아이가 너무나 좋아했던 BLIPPI 아저씨는 남자인데도 솔 높이의 목소리로 말하고 진행 실력은 한국의 유재석처럼 탁월하다. 통통 튀는 댄스며 쉬운 단어의 반복이며 아이들이 보기에 정말 좋은 콘텐츠다. 영어 환경을 조성할 때 어휘를 습득할 수 있는 적절한 콘텐츠를 찾아주는 것이 엄마의 역할이다. 또한 엄마는 책 읽어주는 것과 영상의 시청 시간을 조율하는 선장이 되어야 한다.

BLIPPI 하나의 콘텐츠가 독일어, 스페인어 등 여러 언어를 다양하게 들려줘서 언어의 확장에도 용이했다. [트랙터]를 스페인어 발음 [뜨랙또르]로 들으면서 영어 알파벳을 사용하는 나라는 언어의 확장이 용이함을 알게 되었다. 유럽처럼 여러 나라가 붙어있지 않은 아시아에서 외국의 언어를 다개국어로 확장하는 것은 어려운 일이라는 것도 알게 되었다. 언어를 통해 문화를 배우는 것도 언어 확장의 묘미다. 영상을 통해 한국사에서 세계사로 배경지식을 확장하면서 좋아하는 것의 힘을 또 한 번 느꼈다. 책과 놀이와 마찬가지로 영상 또한 좋아하는 것에는 큰 힘이 있다.

5장

책의 바다에 빠진 30개월의 기록

01

몰입독서의 정점,
책의 바다

첫아이를 낳고 72개월까지 열과 성을 다해 키웠다. 가족과 친구로부터 극성이라는 핀잔을 받기도 했고, 나 스스로 지쳐서 나가떨어질 것 같은 날도 있었다. 하지만 뒤돌아보니 후회가 남지 않아 그때 정성을 다한 시간들에 감사함을 느끼고 있다. 지난 시간을 표로 만들어 보았다.

부모라면 누구나 내 아이가 똑똑하길 바라고, 학교 공부도 잘하길 바란다. 대학 입시를 잘 치러서 좋은 대학에 가길 진심으로 바란다. 그런데 다시 한번 마음에 손을 얹고 되돌아보자. 아이를 빛나게 잘 키워서 좋은 부모라는 말을 듣고 싶은 것은 아닌지, 아이를 통해 내가 성취하지 못한 삶을 아이가 대신 살도록 조장하는 것은 아닌지 말이다.

아이가 잘되길 바란다면 부모부터 성장하고 자신의 성과에 만족할 줄 아는 삶의 태도를 길러야 한다. 공부를 잘하고 똑똑한 아이로 키우고 싶다면 책을 잘 읽는 아이가 되게 해야 한다. 책을 좋아하는 아이로 키울 수 있는 골든타임은 영유아기다. 통상적으로 72개월까지의 아이는 책을 잘 읽는 시기에 속한다. 그래서 이 황금기를 놓치지 말고 엄마가 아이에게 책의 재미에 흠뻑 빠지도록 환경을 제공해야 한다.

책을 잘 읽으려면 아이가 좋아하는 것에 푹 빠지는 경험이 꼭 필요하다. 공룡, 동물, 식물, 자동차, 비행기, 놀이기구 등 아이가 좋아하는 것이 무엇이든지 간에 자신의 관심사에 대한 몰입 경험은 결국 역사나 과학 원리 같은 추상적인 개념까지 확장하기에 이른다. 아이가 갖는 관심사에서 흥미를 보이는 것을 놓치지 말고, 관심사와 연관된 재미있는 책을 끊임없이 읽어주어야 한다. 어린아이일수록 반복을 좋아하는데, 반복해서 읽고 듣고 눈으로 보면서 아이는 머릿속에서 장기기억으로 저장하는 작업을 수행하는 것이다. 따라서 자기만의 지식으로 소화 흡수를 시키고 나면, 그 후에 관심이 가는 분야는 반복의 횟수가 줄어들어도 머릿속에서 정보를 처리하는 속도와 시간이 빨라진다. 그러면서 자연스레 지식의 지평이 넓어지고, 아이는 다독가로 멋지게 성장하게 된다.

책육아는 나무로 치면 뿌리를 키우는 일이다. 뿌리가 토양 속의 양분을 잘 빨아들이려면 부모의 절대적 사랑이 반드시 필요하다. 자연에서 마음껏 뛰어논 아이는 정서가 안정되어서 다양한 지식을 받아들일 수 있다. 자연은 사시사철 시시때때로 온습도에 따른 변화를 보여준다. 아이는 오감으로 자연을 느끼고 배우며 분별력을 키워나간

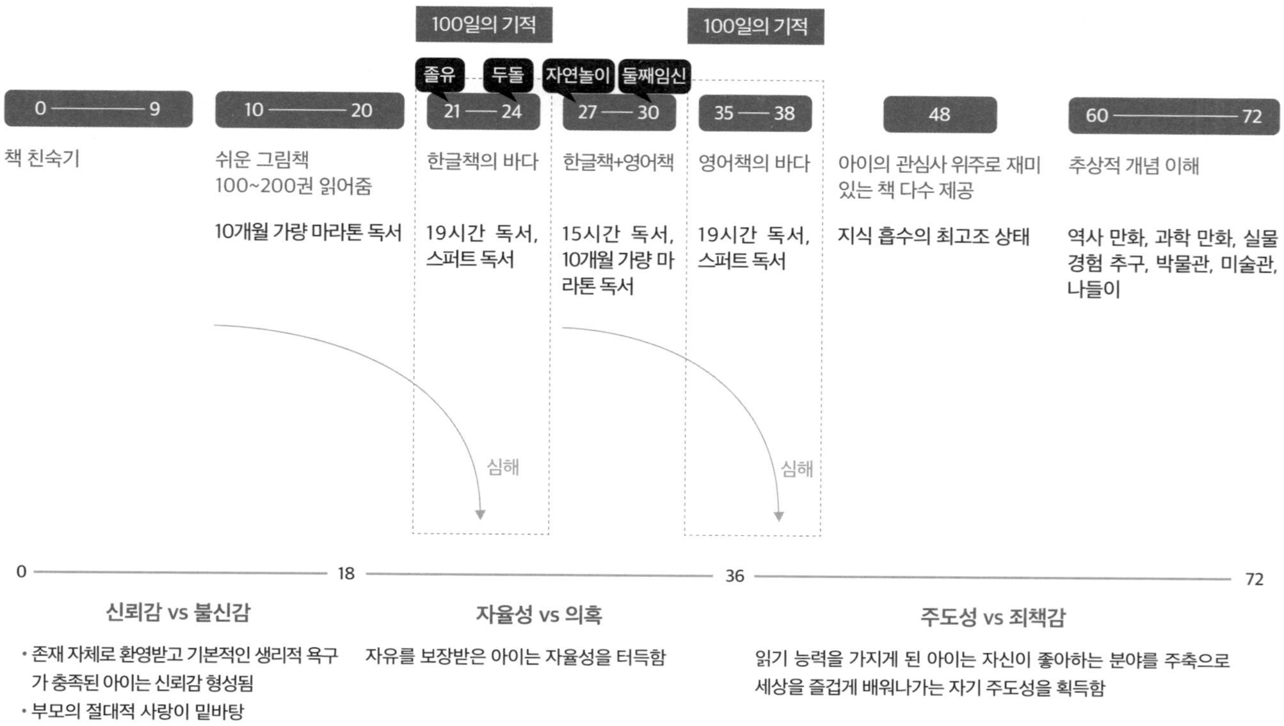
100일의 기적
100일의 기적
졸유
두돌
자연놀이
둘째임신
0 — 9
책 친숙기
10 — 20
쉬운 그림책
100~200권 읽어줌
10개월 가량 마라톤 독서
21 — 24
한글책의 바다
19시간 독서,
스퍼트 독서
심해
27 — 30
한글책+영어책
15시간 독서,
10개월 가량 마라톤 독서
35 — 38
영어책의 바다
19시간 독서,
스퍼트 독서
심해
48
아이의 관심사 위주로 재미있는 책 다수 제공
지식 흡수의 최고조 상태
60 — 72
추상적 개념 이해
역사 만화, 과학 만화, 실물 경험 추구, 박물관, 미술관, 나들이
0
18
36
72
신뢰감 vs 불신감
• 존재 자체로 환영받고 기본적인 생리적 욕구가 충족된 아이는 신뢰감 형성됨
• 부모의 절대적 사랑이 밑바탕
자율성 vs 의혹
자유를 보장받은 아이는 자율성을 터득함
주도성 vs 죄책감
읽기 능력을 가지게 된 아이는 자신이 좋아하는 분야를 주축으로 세상을 즐겁게 배워나가는 자기 주도성을 획득함

다. 작은 차이가 큰 차이를 만드는 것처럼, 섬세하게 사물과 타인의 감정을 분별할 줄 아는 아이는 영민하게 자란다. 내면의 힘이 강건해서 어떤 시련도 이겨낼 수 있다. 자연의 너른 품에서 놀아본 아이가 큰사람으로 자라나는 것이다.

아이가 세상에 태어나 스스로 걷기 전까지는 엄마의 심장 소리를 잘 들을 수 있도록 가슴에 안고 다니면서 가슴으로 대화를 주고받아야 한다. 아이는 배 속에서부터 엄마의 심장 소리를 들으며 자랐다. 태어나서도 엄마의 심장에 가까이 있으면 아이는 편안함을 느낀다. 엄마의 심장 소리와 세상의 소리를 함께 들으며 서서히 세상에 익숙해져간다. 세상을 바라볼 때 엄마가 사물을 인지시켜주고 입 모양으로 단어를 말해준다. 사물과 통문자 단어 카드를 함께 보여주면 아이는 곧바로 흡수한다. 말로 표현하지는 못하지만 아이는 모든 것을 받아들이고 있다.

스스로 의견을 표현할 때까지 아이는 졸릴 때 자고 배고플 때는 젖을 먹어야 한다. 수면 교육을 시키거나 먹는 시간의 텀을 맞춰야 한다는 강박관념은 버리는 것이 좋다. 부모의 절대적 사랑과 생리적 욕구가 충족된 아이는 세상에 대한 신뢰감이 형성된다. 교육은 신뢰감이라는 기반 위에 짓는 집이다.

배밀이를 통해 세상을 배우는 아이는 입으로 모든 것을 가져가서 탐색하는데, 이때 오감을 자극하는 팝업북이나 헝겊책을 노출시켜주면 좋다. 그러다가 두꺼운 보드북을 주고 아이와 대화를 나누듯이 짧게 책을 보여준다. 아이가 거부하는 의사를 보이기 전에 짧게 노출하고 아이가 더 읽어주기를 원하면 얼마든지 읽어주는 것이 좋다. 퍼붓는 홍수보다 촉촉하게 대지를 적시는 단비가 더 반갑듯이, 아이가 물을 벌컥벌컥 들이키려 하기 전까지는 (책의 바다에 빠지기 전까지는) 약간은 목마름이 느껴질 만큼만 책을 노출하거나 읽어주는 것이 아이의 지적 욕구 자극에 적절하다.

두 아이 모두 생후 16개월을 기점으로 반항기가 시작되었다. 평균적으로 18개월이 되면 아이는 발달 단계상 자아를 찾기 위한 반항을 시작한다. 이때부터 아이를 기르기가 힘들어지지만, 아이가 자신의 자아를 확립하기 위해 거부 의사를 표현한다는 점을 이해하고 나면 아이의 말과 행동을 따뜻한 눈으로 바라볼 수 있게 된다. 이 시기 아이가 좋아하는 분야의 책을 많이 제공하면 아이는 책을 읽는 것에 에너지를 쏟게 된다. 책의 바다가 시작되기 좋은 시기이다. 첫째 아이는 21개월에 졸유를 하면서 100일가량 한글책의 바다에 빠졌고, 아이의 요구 사항을 1:1로 들어줄 수 있었기에 특별히 반항적인 말이나 행동을 한 적은 없다.

책의 바다에 깊이 빠지기 전까지 마라톤을 하듯이 11개월가량을 하루 14~15시간 책을 읽어주었다. 이 시기가 있었기 때문에 100일 책의 바다에 더 깊이 몰입할 수 있었다고 생각한다. 바다에서 수영을 하다가 숨을 참고 심해 깊은 곳까지 잠수해서 다녀온 것은 절정의 느낌이었다. 소설의 구성도 발달-전개-위기-절정-결말을 거치듯, 책의 바다와 심해에 빠지는 것은 위기에서 절정의 경험으로 가는 것과 동일하다. 어떤 부모들은 아이가 책의 바다에 빠지려고 하면 두려움을 느끼고 책의 바다에서 건져내버린다. 아이의 몰입이 부모의 두려움을 건드리기 때문이다. 부모 자신이 몰입해본 경험이 없는데, 아이가 몰입하려 하니 부모의 내면 아이가 건드려지는 것이다. 그 위기를 슬기롭게 잘 견뎌내야 한다. 두려움을 뛰어넘는 것은 결국 자기 자신의 몫이다. 그 고비를 잘 넘겨서 아이가 몰입독서를 하게 도와주고, 절정에 이르는 경험을 함께하고 나면 아이는 자존감이 높은 아이로 잘 자랄 수 있게 된다.

나는 태교부터 영어책을 읽어주었고, 20개월부터 영어 DVD를 노출해주면서 함께 시청했다. 아이에게 쉬운 영어 그림책도 열심히 읽어주었다. 그러다 첫째 아이는 35~38개월에 다시 영어책의 바다에 푹 빠지게 되었다. 이때도 100일가량이었는데, 둘째를 출산하게 되면서 아쉽게도 더 길게 이어주지 못했다. 그 점은 내내 아쉬움으로 남아있지만 그렇다고 후회하지는 않는다. 그 시기에 경험한 깊은 몰입독서는 아이가 영어그림책을 좋아하게 만든 원동력이었기 때문이다. 또한 양보다 질의 중요성을 깨닫는 계기가 되었다.

한글책의 바다 시기에는 한글책 읽기 2시간과 놀이 2시간을 반복하는 패턴이었다. 영어책의 바다 시기에는 영어책 읽기 2시간과 영어 CD를 틀어놓고 노래하고 춤추는 2시간의 반복 패턴이었다. 임신 막달이 다가올수록 배가 남산만 해져서 나는 누워서 책을 읽어주고 아이는 춤을 출 수 있도록 CD를 틀어주는 것만 반복했다. 아이는 이미 책과 음악으로 즐거움을 맛보고 있으니 굳이 엄마도 같이 춤출 필요 없이 편하게 책읽기를 해줄 수 있었다. 배 속의 둘째가 7개월부터 영어책의 바다 시기였으니 둘째 아이의 태교에도 좋고 1석 2조였다. 태아는 7개월이 되면 외부 세계의 소리를 정확하게 들을 만큼 청력이 발달한다고 한다. 물론 그 전부터 엄마 아빠의 목소리를 알아듣지만, 적어도 7개월부터는 태교에 집중하는 것이 좋다.

이렇게 책의 바다에 흠뻑 빠져서 몰입독서를 통한 절정의 경험을 한 아이는 자신이 좋아하는 분야는 어떤 것이든 흡수하기 시작했다. 보통 평균적으로 48개월까지의 아이는 책을 잘 보는데, 책 읽기에 대한 좋은 감정을 많이 느껴서인지 첫째 아이는 지금까지도 책을 참 좋아한다. 둘째 아이 역시 자신이 좋아하는 분야에 푹 빠져본 경험을 해서인지 공룡 → 역사 → 장군 → 무기 분야를 거쳐 역사 분야를 좋아하는 아이로 자라고 있다.

책의 바다에 빠지기 전에 책 읽기의 즐거움을 느낀 아이는 스스로 읽어보고 싶어서 읽기독립을 시도한다. 엄마 아빠처럼 소리 내어 읽는 것을 흉내 내기도 하는데, 스스로 읽고 싶은 욕구가 일어나서 그런 행동을 보이는 것이다. 이럴 때 자연스럽게 아이가 스스로 책을 펼쳐볼 수 있도록 좀 어지르더라도 너른 마음으로 허용해야 한다. 이 책 저 책을 꺼내 읽다가 아이는 눈으로 다양한 텍스트와 그림을 보게 되고, 자주 본 글자가 모여있는 문장도 읽어내게 되는 것이다. 그렇게 자유를 보장받은 아이는 자율성을 터득한다.

그러다 보면 아이는 어느새 자라있다. 세 돌이 지나면 아이는 1차 반항기가 끝나고 자기가 무엇이든 스스로 해보려 하는 주도성이 발달한다. 일명 전능한 자아가 생기기 시작해서 부모를 이기고 싶은 마음이 발동하는 것이다. 아이는 자기 자신이 왕좌에 앉아있는 왕과 동일하다는 느낌을 갖는다. 그래서 호령하는 대로 세상이 흘러갈 것 같은 느낌과 부모에게 명령해서 어떤 상황에서도 이기고 싶은 자아가 드러난다. 이때 부모는 아이와 마찰을 일으키지 않으면서도 요청하는 방법을 알려줄 수 있다. 요청하는 방법을 배운 아이는 전능한 자아를 넘어서 매너 있는 사람으로 성장하게 된다.

"사랑아. 엄마가 지금 설거지를 해야 되서 그런데, 소꿉놀이 친구들 좀 바구니에 넣어줄래?"

"사랑아. 엄마가 동생 이유식을 만들어야 해서 빨래를 빨~리 널어야 하는데, 같이 좀 도와줄래?"

이렇듯 아이에게 정중하게 요청하면 아이는 기꺼이 응하며 엄마를 도와준다. 상대방을 배려하는 의사소통 기법은 가정에서부터 익혀서 사회에서도 따스한 말을 주고받을 수 있도록 해야 한다. 말이 곧 사고의 반영이고, 삶의 태도를 건전하고 바람직하게 갖도록 하는 도구이기 때문이다. 기품 있는 부모의 모습을 보고 자란 아이는 기품 있는 소나무처럼 뻗어나간다.

to do

아이와 일상을 보내면서 부딪히는 순간에 드는 마음의 소리를 적어보세요 (엄마의 내면 아이의 외침입니다).

02

한글책의 바다, 심해로 뛰어들다

알파벳 소문자 중에는 거울에 놓았을 때 서로 대칭되면서 모양이 같은 문자가 있다. 소문자 b와 d, p와 q가 그렇다. 이 때문에 알파벳을 사용하는 국가에서는 미취학 아이들에게 문자교육을 시키지 않는다. 핀란드는 문자교육을 법으로 금지해놓았다. 난독증에 대한 우려 때문이다.

한글은 난독증을 걱정하지 않아도 된다. 한글에는 헷갈리는 음소가 없고, 상황에 따라 음가가 달라지는 경우도 없다. 한글의 우수성을 두 아이의 독서교육을 진행하면서 뼈저리게 느꼈다. 외국인들도 발음의 규칙만 배우면 뜻은 몰라도 한글을 쉽게 읽을 수 있다. 해외 연구에서도 한글만큼 과학적인 문자는 없다고 발표할 만큼 읽기 쉬운 문자가 우리 한글이다. 아이에게 책을 읽어줌으로써 한글을 익히게 하는 것을 나는 적극 추천한다.

일찍이 아이가 한글을 잘 받아들이고 읽어내는 모습이 기특하기도 했고, 그 모습에 힘을 얻어 열정적으로 책을 읽어줄 수 있었다. 아이의 취침 시간이 뒤로 점점 미뤄지면서 2시간 책 읽고, 또 2시간 놀이하다 보니 아이는 책에서 읽은 내용을 역할 놀이를 하며 그대로 따라 했다. 마치 앵무새가 책의 내용을 그대로 따라 하는 모습 같았다. 그러면서 아이는 책의 내용을 자신의 것으로 소화시켰다. 그렇게 3살 아이가 낮잠도 거부하면서 19시간 동안 책 읽어주기를 요구했고 나는 아무리 힘들어도 응해주었다.

아직 좌뇌가 덜 발달된 영유아가 스트레스를 받아가며 문자를 배운다면 이는 지양해야 할 것이다. 그런데 영어와는 달리 과학적인 문자인 한글은 이처럼 대칭이 되는 문자가 없다. 한글 [이]와 숫자 [10]을 제외하고서는 대칭되는 것이 없으므로 안심하고 한글을 노출해줘도 된다. 부모의 강압적인 태도와 욕심만 뺀다면 더없이 좋은 적기 교육이다.

오른손과 왼손을 고루 발달시키는 오감놀이를 해주면서 한글 노출을 병행하자. 뇌와 직결되는 손을 많이 사용하게 하면 두뇌 계발에도 긍정적인 영향을 준다. 한글은 난독증을 걱정하지 않아도 된다. 아이가 한글을 익혀서 책을 읽으며 의미를 해석하면 사고가 깊어진다.

아이는 2시간 책을 읽다가 2시간 노는 패턴을 보였다. 그러다 졸리면 졸릴수록 책 읽는 시간이 점점 길어졌다. 놀이방으로 갈 힘이 다 떨어진듯 이부자리에 누워서 끝까지 책을 읽어달라고 울먹이기까지 했다. 3시간이 넘어가면서 스르르 눈이 감기길래 불을 끄려고 하면

울부짖듯 "책 읽어줘" 라고 하면서 벌떡 몸을 일으켰다. 신기했다. 그래서 형광등을 켠 채로 100일 동안 밤을 샜다.

나는 아이에게 2년간 모유를 수유하고 책을 읽어주면서 임신 전에 쪘던 16kg의 체중이 모두 빠졌다. 그리고 책의 바다에 빠진 아이에게 책을 읽어주다가 저절로 3kg이 더 빠졌다. 말을 많이 하면 살이 많이 빠진다는 것을 그때 처음으로 깨달았다. 그때 진이 다 빠져서 나는 거의 기절한 상태였는데, 아이는 여전히 에너지가 남아서 눈을 뜨고 영어 DVD를 보는 모습을 남편이 사진으로 남겨주었다. 사실 너무 힘들어서 내가 저런 모습을 하고 있었는지 시간이 지나서야 알았다.

책에 대한 믿음과 아이의 욕구에 대한 이해가 실천의 원동력이었다. 아이를 가만히 들여다보면 이 아이가 왜 그러는지 아이 마음이 들여다보였고, 아이의 욕구를 들어주다 보면 아이 내면에 잠들어있는 거대한 거인이 느껴지곤 했다. 영유아기 아이를 기르는 엄마라면 아

★
장렬히 전사한 장군처럼 책을 읽어주고
기절하듯 잠들었다. 그 엄마의 품에서
영어 DVD 시청중인 첫째 아이.

이의 위대한 내면의 힘이 나올 수 있도록 최선을 다하면 좋겠다.

또한 초등학생 아이의 부모도 스마트폰 시간을 조절할 수 있도록 아이와 몸을 비비며 많이 놀아주고 아이에게 책을 읽어주면서 책을 좋아하는 아이의 본성이 살아날 수 있도록 마중물을 부어주자. 아이가 다양한 어휘를 습득할 수 있도록 일상에서 대화 시간을 가지려고 노력하는 모습을 보인다면 스마트폰에 중독되었던 아이도 부모의 애씀에 감동받을 것이다. 감동받은 아이만이 변화되기 시작한다. 감동을 주는 부모가 아이의 성장을 이끌어낼 수 있음을 명심하자.

to do

남자는 요청의 말을 좋아합니다. 엄마는 아빠에게 육아를 도와달라고 요청하는 말을 연습해야 해요. 구체적으로 한 번에 한 가지 요청의 말을 해야 합니다. 요청하고 싶은 말을 적어 보세요(OO에게 몇 시부터 몇 시까지 책을 읽어주세요, 놀아주세요 등 구체적일수록 좋습니다).

03

영어책의 바다,
또다시 심해로!

임신 5주 차에 아이의 태아보험을 가입하러 보험사에 간 일이 있었다. 지점으로 바로 가서 가입하려 했더니 운 좋게도 지점장님이 직접 설계해주었다. 덕분에 나는 임신과 육아에 대한 짧지만 귀한 조언을 듣게 되었다.

"저희 딸이 지금 7살이에요. 아이가 배 속에 있을 때부터 영어책을 읽어줬거든요. 그랬더니 영어를 좋아하고 잘하는 아이가 됐어요. 꼭 태교로 영어책 읽어주세요"라고 말씀하셨다.

직접 육아를 하신 분의 생생한 조언이 내 마음에 꽃씨로 와서 심겼다. 그날 보험사를 나와서 길 맞은편에 있던 서점으로 바로 들어갔다. 그때 샀던 책이 <톡톡톡 영어태교>였다. 임신 축하 선물로 신랑에게 받은 클래식 CD와 함께 매일 들었다. 신랑이 자랄 때 시아버님께서는 클래식 CD가 30개 세트로 된 것을 선물해주셔서 많이 들었다고 했다. 그래서인지 남자인데도 불구하고 자상하고 섬세한 성격을 가진 사람이었다. 나는 그런 신랑을 보면서 배 속에서부터 클래식 CD를 많이 들으면 좋은 영향을 받겠구나 생각했다. 임신 초기에는 어찌나 잠이 쏟아지던지, 그것이 임신 호르몬 영향인지 클래식 CD 음악 소리 때문인지 분간되지 않았다. 영어 CD 소리를 들으며 책의 글자를 따라 읽고 노래를 부른 것이 성인이 되어 내가 했던 집중듣기의 시작이었다. 가랑비에 옷 젖듯 그렇게 처음으로 영어책 한 권을 외우게 되었다.

배 속에서부터 많은 어휘를 들은 아이는 태어나서 일찍 말이 트이고 책을 좋아하게 된다. 책으로 주고받은 어휘가 아이의 말에 고스란히 녹아있었다. 어휘는 곧 사고로 이어진다. 사고는 감정에도 영향을 주기 때문에 다양한 사고를 하는 아이는 섬세한 감정선을 발달시키게 된다. 섬세한 감정선은 곧 풍부한 감수성의 다른 말이고, 이는 높은 감성지수 즉, EQ의 발달로 이어진다.

그 무렵 아이에게 사준 <푸름이 마더구스>는 아이의 취향에 명중했다. <험티덤티> 노래를 부르며 침대에서 하루 100번도 넘게 뛰어내렸다. 아이가 "또또" 하면 나는 더더 신나게 노래 부르고 율동을 보여주었다. 그랬더니 아이가 공원 산책길에서 <잭 앤 질> 노래를 따라 부르는 게 아닌가. 감동적인 순간이었다. 아이는 엄마가 노력하고 성장하는 딱 그만큼 자란다.

결혼 전에 자아 성취를 못한 경우에는 육아를 하면서 엄마가 아이와 함께 자라야 한다고 생각한다. 반대로 자아실현을 위해 공부하고 일하다가 늦게 결혼한 여성은 이미 많이 배운 머릿속을 적당히 비우는 것이 좋다. 왜냐하면 높은 학력과 학위를 쌓은 만큼 높은 에고의 장벽을 허물고, 아이에게 친근하고 약간은 바보엄마 같은 인간미를 발휘하는 것이 좋기 때문이다. 그렇지 않으면 자꾸만 아이를 가르치려는 태도를 보이다가 아이와의 관계가 나빠질 수 있다. 아이를 온전히 바라보고 있는 그대로 사랑하기 위해서는 내가 옳다는 에고를 내려놓는 지혜가 필요하다.

사람은 감정의 동물이다. 지성보다 늘 감성이 우세하고, 감정이 이끌릴 때 사람은 행동이 변화한다. 영어를 대하는 엄마의 감정도 아이에게 고스란히 전달된다. 엄마가 영어책을 읽어줄 때 자신감 있으면 아이도 영어에 자신감을 갖고, 반대로 엄마가 영어 꽝의 실력이라서 두려움을 가지면 아이 또한 영어를 거부하고 두려움을 갖게 된다. 나 역시 영어에 손 놓은 지 오랜 시간이 흘렀기 때문에 영어에 대한 자신감이 없었다. 하지만 엄마의 모성은 위대하다. 못할 게 뭐 있겠나 싶은 마음으로 정말 쉬운 그림책부터 아이와 함께 보고 듣고 읽었다. 1만 시간의 법칙은 모든 것에 적용되었다. 하루 종일 틀어져 있는 영어 CD와 DVD는 내 귀에도 누적되고 있었다. 스펀지처럼 모든 것을 흡수하는 아이에게는 오죽할까? 모든 것은 환경이 좌우한다.

엄마가 아이와 함께 영어를 즐기는 것만큼 좋은 영어교육은 없다. 아이가 언어를 습득하는 것은 대개가 듣기-말하기-읽기-쓰기의 순서로 진행된다. 세상에 갓 태어난 아기는 일반적으로 세 살 무렵이 되면 말문이 조금씩 트이게 된다. 부모의 말을 일상에서 끊임없이 들었기 때문에 자연스럽게 습득하고 말로 나오는 것이다. 귀로 많이 들으면 자연스럽게 입이 트여서 말을 하게 되고, 책을 보며 문자에 익숙해지면 글을 읽게 되며, 어휘 확장에 가속도를 내다가 마침내 쓰기의 영역까지 발달하는 것이다. 읽기와 쓰기를 동시에 터득하는 아이들도 있다. 개인차는 있지만 많이 들은 아이가 말을 빨리 배우고 말문이 일찍 터지는 것은 자명한 일이다.

아이의 어휘가 풍부하면 문해력의 발달로 귀결되는데, 이것은 엄마가 다양한 상황에서 들려준 어휘로 아이가 언어 감각을 키운 결과물이다. 모국어에 대한 어휘력이 좋은 아이는 문해력도 발달하게 되지만, 영어 습득에도 많은 영향을 끼친다. 영어의 단어 또한 한자처럼 하나의 말이 다양한 뜻을 내포하고 있기 때문이다.

어휘가 다면적이라는 말은, 하나의 단어가 여러 가지 의미를 담고 있다는 뜻이다. 한글은 표음문자(소리 문자)다. 글자 하나하나에 의미가 있는 것이 아니라 발음의 규칙을 보여줄 뿐이다. 반면 한자어는 글자 하나하나마다 의미(뜻)가 담겨 있어 표의문자라고 부른다. 뜻이 담긴 단어들의 조합으로 단어의 의미가 달라진다. 알다시피 우리말 단어의 70% 이상이 한자어로 이루어졌다. 따라서 한자가 품은 의미를 아는 것이 높은 어휘력과 문해력으로 이어진다. 수학의 분수, 소수, 인수분해 등도 한자어이고, 영문법의 부정사, 동명사, 분사 등도 한자어로 이루어져 있다. 과학과 생물학의 분류 개념은 거의 대부분 한자어다. 따라서 단어(어휘)에 대한 이해도가 높은 아이들이 국어뿐 아니라 모든 과목의 용어나 개념도 쉽게 파악한다.

어휘에 대한 실력이 높아지면 자연스럽게 다른 과목으로 확장된다. 영어, 수학의 문장제 문제에 대한 이해가 빨라지기 때문에 지문을 읽다가 삼천포로 빠지는 일을 줄일 수 있다. 국어가 뼈대고 그 외 나머지 과목은 줄기라는 것을 잊지 말자.

예를 들어 감정을 나타내는 한자어와 영어를 간단히 살펴보자. 감정은 크게 긍정적인 감정과 부정적인 감정으로 나뉘는데, 긍정적인 감정의 최상위 단계는 사랑이고, 부정적인 감정의 최상위 단계는 슬픔이다. 공교롭게도 한자어는 같은 '애'로 표현한다. 슬픔도 애[哀]이고, 사랑도 애[愛]로 음이 같다. 슬픔을 나타내는 단어로 애환, 비애, 애통, 애도 등이 있고, 사랑을 나타내는 단어로 애정, 애모, 애제자, 애처가 등이 있다.

슬픔을 나타내는 단어를 한자어로 풀면 이렇다.

- **애환[哀歡] 슬플 애, 기쁠 환** : 슬픔과 기쁨, 애처러움과 즐거움
- **비애[悲哀] 슬플 비, 슬플 애** : 슬퍼하고 서러워함
- **애통[哀痛] 슬플 애, 아플 통** : 슬프고 가슴 아파함
- **애도[哀悼] 슬플 애, 슬퍼할 도** : 사람의 죽음을 슬퍼함

한글로 [슬프다]라는 말만 아는 아이와 슬픔을 [애처롭다], [슬프고도 서럽다], [슬프고 가슴이 아프다], [사람의 죽음으로 인해 슬프다] 등 슬픔을 다양하게 표현할 수 있다는 것을 아는 아이의 이해도는 확연하게 차이가 난다. 이는 곧 감정선의 발달로 이어지고, 높은 정서지능(EQ)으로 연결된다. 책을 많이 읽은 아이들이 지능지수 IQ

와 감성지수 EQ가 높은 이유가 여기에 있다.

사랑을 나타내는 한자어 사랑 애[愛] 도 다양하게 쓰인다.

· **애정[愛情] 사랑 애, 뜻 정** : 사랑하는 마음
· **애모[愛慕] 사랑 애, 그릴 모** : 사랑하고 사모함
· **애제자[愛弟子] 사랑 애, 아우 제, 아들 자** : 스승이 특별히 사랑하는 제자
· **애처가[愛妻家] 사랑 애, 아내 처, 집 가** : 아내를 각별히 아끼고 사랑하는 사람

공교롭게도 [사랑하는 마음] 을 나타내는 애정[愛情] (사랑 애, 뜻 정)과 [불쌍하게 여기는 마음] 을 나타내는 애정[哀情] (슬플 애, 뜻 정)의 한자어 음은 같다. 사랑을 나타내는 마음도 애정이고, 불쌍하게 여기는 마음도 애정이다.

애정[哀情] 에 쓰이는 哀(슬플 애)는 1. 슬프다, 가엾다, 2. 불쌍히 여기다, 가련하다, 3. 사랑하다, 애지중지하다의 뜻을 포함하고 있다. 情(뜻 정)은 마음의 작용, 사랑을 내포하고 있다.

상대방을 사랑하고 불쌍하게 여기는 마음은 동전의 양면처럼 곧 하나의 마음 작용을 나타낸다. 情(뜻 정) 자는 마음의 작용이 곧 사랑을 의미한다. 사람의 마음이 작용하는 것은 하나이고, 이는 빛과 어둠, 남과 여, 양과 음, 선과 악이라는 이분법이 곧 하나의 씨앗에서 나온 줄기라는 것으로 귀결된다. 하나의 씨앗에 해당하는 사람의 마음에는 선도 있고 악도 있다. 심리학에서 인간의 마음속에는 간디와 히틀러가 다 들어있다고 하는 것도 같은 맥락이다.

영어라 해서 다르지 않다. 영어 단어 act만 해도 동사로 쓰일 때와

명사로 쓰일 때 의미가 달라진다. act가 명사로 쓰이면 행동이 되고 (an act of kindness = 친절한 행동), 법률에 쓰이면 법령이 되고 (an Act of Congress = 의회법), 연극에 쓰이면 1막, 2막 할 때의 막이 되기도 한다 (Act 2 = 2막).

동사로 쓰이면 일반적으로 '행동하다'라는 뜻이 되지만, 주어나 상황에 따라 '활동하다'가 되기도 하고, '연기하다'가 되기도 하고, '직무를 맡다'가 되기도 하고, 주어가 기계일 경우 '작동하다'가 되기도 한다. 그래서 영어 단어는 예문과 함께 외워야 한다는 말이 나오는 것이다. 영어를 책으로 접하면 좋은 이유가 문장 속에서 뜻이 달라지는 단어가 많기 때문이고, 우리말을 잘하는 아이가 영어도 잘하는 이유는 이런 문맥상의 차이를 구분할 줄 알기 때문이다.

이렇듯 하나의 어휘는 여러 가지의 뜻을 포함하고 있다. 따라서 모국어에 대한 풍부한 어휘력을 가진 아이가 영어 또한 잘하게 되는 것이다. 엄마 아빠가 집에서 책을 읽어주는 것이 가장 쉽고 가성비 높은 교육이 될 수밖에 없다.

영어책은 어떻게 읽어주면 좋을까? 앞서 양이 채워지면 질적인 변화가 일어난다고 말했다. 쉬운 책을 많이 읽다 보면 자연스럽게 글밥이 많은 책도 읽을 수 있게 된다. 얼마나 영어에 익숙한가의 문제일 뿐이다. 쉬운 책을 되도록 많이 사주는 것이 가장 현명한 방법이다. 나는 아이들에게 제일 쉬운 단계인 픽쳐북을 700권가량 사주었다. 픽쳐북 700권 → 리더스북 700권 → 챕터북 순서로 진행 중이다. 일단 픽쳐북이 500권만 넘어가도 아이는 영어에 대한 감각을 익히기에 충분하다. 나는 아이가 두 명이라서 조금 더 권수를 많이 사주었다. 둘째는 누나의 책도 많이 보았고 자신의 소유책도 갖게 되면서 책 소유에 대한 욕구도 채워졌다.

한글책의 바다처럼 영어 또한 영어책의 바다 시기를 거쳤다. 한글책의 바다도 100일가량이었고, 영어책의 바다도 100일이었다. 100일만 딱 책에 미쳐보자. 엄마가 미친듯이 즐기면 아이 또한 책의 즐거움을 온몸의 세포에 새기게 된다.

나는 열등의식이 있었던 사람이라 과한 기대도 아이를 채근하는 일도 없었다. '못해도 돼, 괜찮아, 처음부터 잘하는 사람은 아무도 없어, 누구에게나 다 처음은 있는 거야, 이 정도면 정말 잘하고 있는 거야'와 같은 생각으로 아이를 대했다. 그렇게 욕심 없이 대했기에 자연스럽게 아웃풋이 나온 것으로 보였다.

8개월쯤 사주었던 손바닥만 한 한글책 다섯 권을 아이가 영어로 작문하던 모습은 순수하게 독서만으로 영어의 입말이 트인 사례였다. 가르친 적도 없었고 오로지 읽어주기만 했다. 나에게는 평생 기억될 감동스러운 장면이다. 평소 자신의 사진과 동영상을 찍는 것을 싫어하던 첫째는 그날만큼은 동영상 촬영을 흔쾌히 허락했다. 나는 놓칠세라 아이가 한글책을 영어로 읽는 모습을 영상으로 남겨놓았다. 정말 감사했다. 아이의 보석 같은 모습과 천사 같은 음성을 영상으로 남길 수 있는 것만으로도 그저 기뻤다.

아이가 혼자 힘으로 읽을 때는 한글과 마찬가지로 틀리게 읽은 것은 지적하지 않아야 한다. 아이는 다독을 하면서 자연스럽게 교정해

나간다. 선불리 엄마가 아이에게 지적질을 하거나 고쳐주는 것은 이제 갓 피어난 불꽃에 찬물을 끼얹는 행동이다. 언제나 지성보다 사랑이 우선해야 함을 잊지 말자.

to do

아이가 푹 빠질 만큼의 다양한 책이 구비되어야 책의 바다에 빠집니다. 양을 채워주기에 앞서 저항감이 올라온다면 어떤 내면의 소리가 들리는지 적어보세요.

04

그림책 속으로의 여행

독서교육을 늦게 시작했다고 해서 조바심 느낄 필요는 없다. 쉬운 책으로 기반을 다져주면 된다. 초등 저학년까지도 아이에게는 그림책의 효과가 여실히 나타나니까 걱정 붙들어 매자. 그저 엄마는 책 읽어주는 것만 꾸준히 하면 된다.

아이에게 그림책을 읽어주다 보면 엄마와 아이는 그림책 속으로 여행을 시작하게 된다. 아이는 그림책 읽기를 통해 책을 좋아하는 것 이상으로 사랑하게 된다. 그러려면 양을 채워주어야 하고 그림책의 그림이 서정적인 것이 좋다. 요즘 중고책 시장이 활성화되었고, 발행연도가 오래될수록 중고책의 가격이 떨어지고 있으니 중고 전집을 활용해서라도 양을 채워주자.

보통 일찍이 독서교육을 시작한 아이들은 취학 전에 글밥이 많은 책도 소화한다. 그럼에도 불구하고 6세까지는 글밥이 적고 그림이 대부분인 그림책을 추천한다. 글이 그림을 정확하게 설명하고 반영한 책이 좋은 책이기에 그렇다. 그렇게 잘 만들어진 책을 다독하는 것이 독서교육의 열쇠 중 하나다.

적어도 9세까지는 그림책을 충분히 읽어야 한다. 물론 어린 시절부터 아이에게 책 읽어주는 것을 시작한 가정의 경우 9세 정도가 되면 이미 책 수준이 높아져 있고 만화책을 좋아하기도 한다. 첫째의 경우 요리만화책과 과학만화책을 그렇게 좋아했다. 요리 또한 과학이기 때문이다. 첫째는 지식 글줄로 된 책과 만화책을 오가며 독서를 한다. 빨리 책육아를 시작하거나 아이의 책 수준이 높다고 해서 자만할 필요도 없고, 자신의 아이가 늦다고 조바심 가질 필요도 없다. 그저 아이가 자라면서 꿈이라는 동기부여가 생기면 아이는 지금까지 쌓은 독서 습관을 통해 자신의 꿈을 성취하기 위한 여정을 시작할 것이다. 그러니 결과보다 책을 읽는 습관을 들이는 데 부모가 함께해야 한다.

책장에 그림책의 표지가 앞으로 오도록 진열하면 우리만의 미술관이 완성된다. 속지 그림이 아름다운 그림책은 표지도 예쁜 그림이 많다. 아주 싼 중고책을 구입한 것 중에 <월드픽쳐북>은 뛰어난 솜씨를 자랑하는 그림들이 많다. 표지 그림이 예쁜 책은 그림이 정면으로 보이도록 꽂아주었다. 아이의 손에 쥐어줄 것은 스마트폰이 아니라 그림책이다. 아름다운 그림은 보는 사람의 힘든 마음을 다독여 심신이 안정되는 효과를 준다. 최근에는 성인들의 그림책 치유가 열풍인 이유도 그림이 주는 치유 효과 때문이다. 그만큼 그림책은 어린아이들의 정서 안정에 도움이 된다.

쉬운 책을 접하는 시간이 누적되면 어려운 책도 스스로 꺼내 보는 날이 온다. 성경 책마저 그저 호기심으로 보기도 한다. 부모가 원하는 결과에 도달하려면 그림책처럼 쉽고 만만한 책을 많이 읽어주며 토대를 단단히 만들어야 한다.

나 역시 아이들에게 책을 읽어주며 한계를 느낄 때가 많았다. 게으름을 부리고 싶고, 깊은 잠 속으로 빠져들고 싶기도 했다. 그럼에도 불구하고 읽어줄 수 있었던 것은 그림책이 나의 내면 아이 치유에 도움이 됐기 때문이다. 이렇게 책을 읽어주는 것이 나 자신의 한계를 스스로 넓히는 아주 작은 발걸음이었다.

그림책은 보는 이의 미적 안목도 높여준다. 미술관이 책 속에 있는 것이나 다름없다. 아이가 반복해서 읽었던 책들의 공통점은 모두 그림이 서정적이었다. 음악도 고전 음악을 들으면 정서가 안정되고 지친 심신이 힐링되는 효과가 있듯이, 그림책 또한 사람의 내면을 치유해주는 위력을 가지고 있다. 일상에서 자주 반복하는 것은 결국 재능으로 이어진다. 책을 많이 읽은 아이들은 글쓰기의 기초를 닦은 것이나 다름없다. 아이는 다양한 책을 읽으면서 글짓기에 재능을 보였고, 9세가 되어서 작사와 작곡을 했는데 가사의 내용이 참 뜻깊었다. 시처럼 쓰인 가사에는 자신만의 생각과 깊은 의미가 담겨있었다.

제목 : 잘했어

나는 무엇이든 잘해내는 사람

그럴 땐 하늘을 나는 것 같다

뭐든지 잘해낼 수 있다
들으면 기분 좋은 말
"잘했어" "잘했어"

가사를 쓸 때 자기 자신을 응원하는 메시지로 가사를 만들기로 했었다. 어떤 때 힘이 나고 기분이 좋은지 떠올리니 "잘했어"라는 칭찬을 들을 때라고 했다. "잘했어"라는 칭찬의 말을 들으면 어떤 기분이 드는지 물으니 마치 하늘을 나는 것 같은 기분이 들고 자신이 무엇이든지 다 해낼 수 있을 것 같은 힘을 얻는다고 했다.

아이가 가사에 담은 의미를 말해줄 때 가슴이 뭉클하고 코끝이 시큰했다. 엄마가 보낸 진심의 메시지를 받아들인 것 같아서 감동을 받았다. 웨인 다이어는 <모든 아이는 무한계 인간이다>라는 책에서 원래 인간은 '무한계'라고 정의했다. 웨인 다이어의 주장처럼 모든 가능성을 가지고 태어난 아이들은 자라나는 환경에 의해 빛이 퇴색하고 잠재력을 발현하지 못한 채 사장된다. 안타까운 현실이다. 아이는 자신이 펼쳐 나갈 자기만의 고유한 꿈과 그 꿈을 성취할 무한한 힘이 있다. 아이의 고유성을 인정하고 꿈을 지지해주는 부모 밑에서 아이는 자신만의 꽃을 피운다.

to do

아이가 좋아하는 그림책을 몇 번 정도 읽어주었는지 적어보세요.

05

아이 책 사는 요령

아이의 책을 살 때 가장 중요한 점은 아이의 관점을 지니는 것이다. 내 아이가 좋아하는 책이 가장 좋은 책이다. 아이가 반복해서 읽고 좋아하는 것에는 그만한 이유가 있다. 첫째가 3살부터 뽀로로를 좋아했는데, 처음에 나는 그게 마음에 들지 않았다. 아이를 똑똑하게 키우고 싶었던 초보 엄마의 욕심이 아이 책을 선택하는 데서 드러난 것이다. 아이를 유식하게 해주는 책만 읽히고 싶은 욕구가 드러났다. 나의 뼈아픈 시행착오였다. 아이가 그토록 좋아하는 뽀로로 캐릭터를 못 보게 하니까 아이는 다른 것에도 흥미를 잃는 모습을 보였다. 그런 아이의 모습을 보면서 엄마 주도로 끌고 가는 것에는 한계가 있다는 사실을 깨달았다.

도서관에서 뽀로로 책을 골라 품에 안고 뿌듯하게 웃던 아이에게 돈이 아깝다는 생각을 버리고 뽀로로 책을 사주기 시작했다. 보드북

★
도서관에서 좋아하는 뽀로로 책을
빌려와서 행복한 웃음을 짓는 첫째 아이.
이 미소를 본 후 뽀로로 책을
충분히 사주었다.

부터 영단어까지 뽀로로 책은 다양했다. 그 당시는 뽀로로의 시장이 워낙 방대해지는 시점이어서 쉽게 찾을 수 있었다. 엄마의 눈에는 하찮아 보이는 캐릭터가 아이에게는 몰입의 세계를 펼쳐주었다. 뽀로로 숫자놀이를 하면서 아이는 세 살에 두 자릿수 덧셈을 했고 노래도 따라 부르곤 했다. 어리면 어릴수록 흡수하는 능력이 크다는 것을 느꼈다. 그럴 때 아이가 좋아하는 것을 더욱 좋아할 수 있도록 부모가 자신의 편견을 깨고 성장해야 한다.

그 후로 아이가 반복해서 보는 책은 캐릭터든 뭐든 꼭 사주려고 노력했다. 아이는 편견이 없었기에 자신이 좋아하는 것과 백과사전, 동물, 전래동화, 생활동화, 수학동화 등 가리지 않고 편식 없이 고루 읽었다. 그리고 엄마의 편견이었던 캐릭터에 대한 고정관념이 깨지자 확장할 방편들이 보이기 시작했다. 아이가 좋아하는 책과 연관된 내용의 책을 더 찾아주기 시작했다.

온 가족이 일주일에 한 번씩 서점과 도서관 나들이를 했다. 두 아이의 소유욕을 채우면서 다양한 책을 접해주기 위해 노력했다. 전집과 단행본으로 아이의 소유욕이 어느덧 채워진 기미가 보이면서 책의 수준도 자연스럽게 높아졌다.

그러자 아이는 자신이 보던 책의 뒷날개에 소개된 책을 사달라고 요구했다. 아이가 콕 집어서 고르니 수월했다. 책날개를 활용하면 책 선정이 정말 쉽다. 그저 책날개에 나오는 것을 보고 아이가 원하는 것으로 새 책이든 중고책이든 골라 사주면 그만이다. 전집으로 어느 정도 양이 채워진 이후로 단행본을 사들이기 시작했다. 기존에 아이가 좋아했던 책을 모두 처분하지 않고 절반 정도는 집에 보유하고 있다. 아이가 이미 다 읽은 책도 책장에 꽂아두면 반복해서 읽는 효과가 있다. 책등의 제목을 보면서 책의 내용을 떠올리는 것이다.

또 하나의 꿀팁은 아이가 좋아하는 작가의 책을 줄지어 사주는 방법이다. 첫째는 일본 그림책 작가의 그림을 좋아했다. 나는 그 작가들의 책을 한 달에 한 질씩, 혹은 아이가 다 읽었을 즈음 타이밍 맞춰서 사주는 방법으로 책 선정을 이어나갔다. 아이가 좋아하는 작가는 나카가와 미치코, 스즈키 노리타케, 안비루 야스코, 이소을, 최숙희, 안녕달, 트롤, 백희나 등이 있다. 이 작가들의 그림책 시리즈를 사주면 아이는 행복한 표정으로 앉은 자리에서 책 읽기에 깊이 빠져들곤 했었다.

단행본의 매력은 고급 코스 요리의 에피타이저와 같았다. 엄마가 책을 고를 때 아이의 취향을 파악하지 못해서 책의 양으로 질리게 하는 실수를 할 때가 있다. 아이가 60권 전집의 방대한 양에 질린다는 느낌을 받았을 때, 책의 정수가 녹아있는 질 높은 그림책(단행본) 한 권으로 아이의 호기심을 저격하는 것이다.

아이의 취향에 꼭 들어맞는 단행본 한 권을 반복해서 읽으며 책 읽기의 재미를 흠뻑 맛보게 해주었다. 마치 비싼 고급 요리의 에피타이저를 맛보게 해주는 것과 같았다. 코스 요리가 나오기 전에 에피타이저를 조금 맛보면서 입맛을 끌어올리듯이 긴 코스 요리와 진배없는 전집을 들이기 전에 아이가 좋아할만 한 에피타이저를 두고두고 맛보면서 코스 요리에 대한 입맛을 돋우는 것이다. 반복해서 읽기를 통해 책 읽기의 재미를 맛본 아이들은 전집이 와도 거부감 없이 그 속에서 자신이 좋아하는 양질의 책을 잘도 찾아낸다. 우리 집 아이들 역시 자신의 취향에 꼭 들어맞는 단행본을 실컷 읽고 나면 새로이 들인 전집에서 자신이 원하는 책을 골라 반복해 읽으면서 아이는 행복한 책 읽기에 빠져들었다.

또 다른 꿀팁은 시리즈물을 사주는 것이다. <읽으면서 바로 해 보는 어린이 속담, 게임, 사자성어> 등의 시리즈물은 초등기 아이들이 좋아할 만한 읽을거리다. 아이의 어휘력 증진에도 도움이 되기 때문에 사주기도 하고 도서관에서 대여해 보기도 했었다. 또 학습만화에 대한 의견이 분분한데 나는 만화라도 내용이 좋은 책은 사주는 것을 추천한다. 대신 아이가 읽은 책을 부모님도 꼭 같이 읽어서 내용을 파악하고 아이와 대화를 통해 교류의 시간을 가지면 된다. 첫째는 만화책 중에서도 <오무라이스 잼잼> <쿠키런> <마법천자문> <수학도둑> <놓지마 과학> <놓지마 어휘> <job> 등을 좋아했는데, 유독 <오무라

이스 잼잼>은 끝없이 반복해서 읽었다. 나는 첫 직업이 일식 조리사였기 때문에 업무 강도가 높았던 옛 시절이 떠올라 그 책을 함께 읽는 것에 거부감이 많이 들었다. 그래서 아이가 그렇게 좋아하는 <오무라이스 잼잼>은 아이 아빠가 함께 읽으며 음식에 대한 이야기들을 이어나가고 있다.

그러다 조경규 작가의 신작이 출간되었다는 온라인 서점의 문자를 받으면 주저 없이 사주었다. 그리고 택배가 오던 날 내가 먼저 꺼내 보았다. 아이가 그렇게 좋아하는데, 나의 상처 때문에 아이의 관심사를 놓치면 안 되겠다는 생각이 강하게 들었기 때문이다. 쉽고 재미있는 그림으로 그려졌지만 음식의 역사와 이름의 유래에 대한 내역까지 꼼꼼히 제시되어 읽는 내내 즐거웠다.

음식에 대한 만화책을 읽은 후 집에서 홈파티를 즐길 수 있는 소소한 음식을 만들어 먹으며 아이와 추억을 쌓기도 했다. 이렇게 책을 다양한 놀이로 이어주면 아이는 책에 대한 호기심과 관심을 꾸준히 이어나갈 수 있다.

아이가 좋아하는 것 중에 <겨울왕국>이 있었다. 3세부터 9세가 될 때까지 겨울만 되면 우리 집은 겨울왕국이 되었는데, 그럴 때 영화와 책을 적절히 활용했다. <겨울왕국> 팝업북과 스토리북을 다양하게 단행본으로 사주었다. 명작동화에서도 <인어공주>를 유독 좋아해 다른 출판사에서 발행된 다양한 <인어공주> 단행본을 사주었다. 그림작가와 글작가가 <인어공주>를 조금씩 다르게 표현한 것을 읽으면서 아이는 다채로움을 배우는 것 같았다. 명작을 다양한 버전의 책으로 사주는 것도 좋은 방법이다.

첫째의 초등학교 입학을 앞두고 갔던 파주 지혜의 숲 서점에서 두 아이가 각자 자신의 취향 책을 고른 적이 있었다. 그런데 서점 직원은 전집에 포함된 책이라서 낱권으로는 판매를 하지 않는다고 했다. 최근에 나온 신간 전집이라 값이 제법 나갔다. 고양이가 나오는 수학동화책을 고른 첫째와 이순신 장군이 나오는 역사책을 고른 둘째를 번갈아 보다가 두 전집을 모두 사주게 되었다. 나는 아이들이 전집 중에서 단 한 권만 골라도 전집을 사주었다. 그랬더니 아이들은 자신이 고른 책이 포함된 전집을 천천히 모두 다 읽었다. 이 일은 아이가 스스로 고른 것에는 그만한 이유가 있음을 깨닫는 좋은 계기가 되었다.

아이들에게 책을 사주는 과정에서, 돈에 대한 내 마인드가 성장했다. 무조건 아끼는 것에서 벗어나 가치에 대한 투자에 눈을 뜨게 된 것이다. 사람을 인재로 길러내는 것은 돈으로 환산할 수 없는 무한대의 가치가 담겨있다. 가정에서 육아만 하는 육아맘일지라도 미래의 인재들을 사랑으로 길러내는 가치 투자를 하고 있는 셈이다. 주입식 교육의 병폐와 기형적인 사교육을 이겨내고 한 차원 높은 의식을 가진 인재로 키워내기 위한 귀한 작업을 하고 있는 사람들이 가정에서 책 읽어주는 엄마들이다.

나는 지난 10년간, 책을 읽어주는 단순하고 반복된 그 행위가 결국 진정한 독서교육이었음을 깨달았다. 비록 당장은 돈을 못 버는 전업맘이더라도 절망하지 않길 바란다. 나 역시 아이들에게 매일 책 읽어주는 시간이 힘들 때도 많았다. 게다가 몸이 많이 아파 힘들기도 했지만 포기하지는 않았다. 결과가 바로 나오지 않는 일을 지속적으로 수행한다는 건 엄청난 사랑의 의지다. 엄마만이 지닌 모성과 사랑의 의지임을 잊지 말자. 엄마가 부정보다 긍정에 무게를 둘 때 우리의 아이들은 끝없이 빛나는 존재로 자라날 수 있다.

엄마가 읽어주는 한 권의 책이 아이의 일생에 커다란 변화를 일으킬 나비의 날갯짓이 될 수 있다. 엄마의 목소리로 읽어주는 책이 가랑비에 옷 젖듯 아이를 책 속으로 빠져들게 한다.

to do

책을 대여하는 것이 아닌 새 책을 구입할 때 저항감이 올라오는 마음의 근원을 살펴보고, 그 이유를 적어보세요. 그러고 나면 아이에게 기꺼이 책을 사주고 싶은 마음이 생깁니다.

06

성장 시기에 따라 아이들이 좋아했던 책들

❶ 출생 후 신생아 첫 한 달: 신생아의 감각 중 제일 늦게 발달하는 것이 시력이다. 엄마의 젖을 먹고 싶을 때 마음껏 먹고, 졸릴 때 부모의 품에서 심장 소리를 들으며 편안히 잠드는 것이 가장 중요한 때이다. 신생아가 잠에서 깼을 때 눈앞에 초점책이 있다면 시력 발달에 도움이 되니 흑백의 초점책을 구비하자.

❷ 생후 100일까지: 나의 경우 천으로 만든 거울 달린 까꿍책을 샀었다. 영유아 시기의 아이는 대상영속성을 발달시켜야 하는데 그것에는 까꿍놀이가 제격이다. 천 뒤에 엄마가 숨었다가 나타나면서 "까꿍" 하고 웃어주면 아이는 까르르 웃는다. 이때 천 뒤에 엄마가 다시 숨어도 엄마는 사라지지 않고 천 뒤에서 곧 다시 나타난다는 사실을 아이가 깨닫게 되는 것이 대상영속성이다. 이 대상영속성이 발달한 영아는 세상에 대한 신뢰감을 갖게 된다. 나는 바스락 소리가 나는 촉

감책을 아이에게 사주고 책에 달려있는 거울을 보면서 매일 까꿍놀이를 했다.

❸ 생후 12개월까지, 구강기: 쾌감을 느끼는 리비도(감각)가 입에 집중되어있는 이 시기의 아이에게는 입에 넣어도 안전한 책을 제공하는 것이 좋다. 책 모서리의 마감이 부드럽게 되어 입 근처에 가져가도 다치지 않는 보드북 같은 책이 좋다. <푸름이 까꿍그림책>을 추천한다. 그 외에도 나는 <푸름이 짝짜꿍그림책>, <푸름이 마더구스>, <I SPY>, <씽씽영어>, <플래이타임스토리>, <배드타임스토리> 등을 주로 읽어주었다.

❹ 생후 18개월까지, 걸음마기: 아이는 걷기 시작하면서 집 안의 모든 것을 탐색한다. 고정관념이나 편견이 없는 순수한 의식 상태인 아이에게는 최대한 다양한 영역의 책을 구비해주는 것이 좋다. 특히나 어릴 때 자연관찰 전집이 집에 있으면 좋다. 자연관찰 전집에는 다양한 동물이 나오는데 거의 모든 아이들이 동물을 좋아하기 때문이다. 동물을 보면서 분류에 대한 개념이 자연스럽게 이루어지고, 공룡에서 역사로 관심 영역이 확장되기도 한다.

❺ 생후 18~48개월 지식을 흡수하는 스펀지 같은 시기: 일반적으로 책의 바다가 오는 시기다. 책을 통해 지식을 스펀지처럼 흡수하는 시기이므로 백과사전을 적극 활용하는 것이 좋다. 이때는 전 영역의 책을 사주면 아이는 무한계 인간으로 자라날 자원을 갖추게 된다. <WHY> 시리즈, <WHO> 시리즈, <왜 호기심 백과> 및 백과사전을 비롯한 다양한 영역의 책을 모두 읽어주는 것이 좋다.

전래동화책은 아이의 도덕성 발달에 큰 영향을 미친다. 전래동화 속에는 인과응보, 권선징악 등 삶의 중요한 덕목을 스토리텔링을 통해서 아이가 느낄 수 있기 때문에 꼭 읽어주는 것이 좋다. 전래동화를 읽다가 역사 속으로 깊이 빠져드는 사례도 있다. 아이의 관심사를 연결해주는 엄마의 센스와 지혜를 발휘하자.

생활동화는 아이가 자기 생활을 주도해나가는 것의 필요성을 느끼게 해준다. 치카치카 책을 읽으면서 아이는 왜 양치해야 되는지, 스스로 양치하면 어떤 점이 좋은지를 느끼게 해준다. 생활동화가 있으면 아이와 신경전을 벌이는 일이 줄어든다.

다양한 창작책으로 상상력에 날개를 달아주는 것이 좋다. 이 시기의 아이들은 상상력이 최대치로 발휘된다. 그런 아이들이 더욱 창의적일 수 있도록 다양한 창작책을 제공하는 것이 좋다.

❻ 생후 48~60개월 전능한 자아를 채우는 시기: 아이가 이기고 싶어 하는 시기이기 때문에 질 듯 말 듯하다가 져주는 엄마의 센스가 필요하다. 보통 엄마보다 아빠들이 이런 센스가 부족하기 때문에 엄마가 아빠에게 귀띔해주는 지혜가 필요하다. 은연중에 아빠는 아들과 놀면서 이기고 싶어 하는 내면 아이의 마음이 건드려진다. 육아의 시간 동안 엄마의 내면 아이도 아빠의 내면 아이도 성장의 시간을 갖게 된다. 잘못하면 말다툼이 생기기도 하고 관계가 깨지기도 한다. 아들이 자라날 때 아빠는 자신의 내면 아이가 전능한 시기에 좌절되면서 겪은 아픈 마음을 다시 떠올리게 된다. 그럴 때 외면하지 말고 자신의 마음을 다독여주는 것이 좋다. 이 시기의 자녀가 전능한 자아를 채우

며 때론 떼를 쓰고 뒤집어지는 일상이 이어지겠지만, 때가 되면 아이는 성장해있다. 둘째 아이는 전능한 시기에 아빠를 이기고 싶어 했고 아빠도 이기고 싶어서 힘겨루기를 하는 모습을 많이 보였다. 육아로 다른 부모님들과 소통을 하다 보면 다른 가정들도 마찬가지다. 이 시기 아이의 욕구를 좀 더 세심히 배려하면 아이는 자라면서 성숙한 모습을 보여준다. 60개월을 훌쩍 지난 둘째 아이는 언제 그랬냐는 듯 타인을 배려하는 모습을 보여주는 멋진 아들로 성숙해있다. 이 시기를 슬기롭게 잘 보내고 나면 초등학생 시기를 순조롭게 보낸다. 그러니 미취학 시기의 아들에게는 져주는 미덕을 발휘하자.

글밥이 좀 있는 책도 읽어줘야 한다. 그림이 없는 책에 익숙해지는 시간이다. 스스로 책을 읽는 것이 이 시기에 대개 이루어진다. 듣는 수준을 읽는 수준이 따라간 것이다. 아이가 읽기독립을 자랑스럽게 보여준다면 부모는 폭풍칭찬을 해주어야 한다. 때로 부모가 아이 앞에서 더듬더듬 읽는 모습을 통해 아이의 자신감을 높여주자.

아이는 독립심이 발달하는 중이라서 뭐든지 자기가 하려고 나선다. 자기 주도성이 발달하는 시기에 아이가 하려는 것을 허용해주면 일상의 생활이 독립적이 된다. 우리가 많이 들어본 말 중에 오이디푸스 콤플렉스와 엘렉트라 콤플렉스라는 용어가 있다. 넉넉하게 범주를 잡을 때 3~6세 아이에게 해당된다. 이 시기 딸아이는 아빠를 상대로 로맨스를 꿈꾸고, 아들은 엄마를 상대로 로맨스를 꿈꾼다. 이성의 부모를 자신의 애인이라고 여기며 아이만의 상상의 나래를 펼치는 시기이다.

아들은 엄마를 가상의 애인으로 설정하고 그에 맞게 생각하고 행동한다. 아빠는 엄마를 빼앗을 수 있는 경쟁자가 된다. 엄마를 빼앗길지도 모르는 불안감은 아들이 아빠를 밀어내는 듯한 행동이나 말로 드러난다. 이를 오이디푸스 콤플렉스라고 한다.

우리 집 둘째는 아들이고, 4세부터 시작하여 5세가 되니 뚜렷하게 이런 현상이 나타났다. 아빠가 엄마 곁에 오는 것을 원천 봉쇄하며 아빠를 밀어냈다. 그리고 엄마인 나에게 꽃을 꺾어주기도 하면서 사랑을 표현하고는 했다. 아들의 자아 관념이 자라면서 자연스럽게 변화한다는 것을 알고 있었던지라 나는 크게 걱정하지 않고 그저 이 시기를 지나고 있는 아들을 예쁘게 바라보았다. 나의 아들은 마치 꼬마 신랑 같았다.

아이는 자라면서 엄마는 자신의 여자가 될 수 없으며, 더 자라서 자

아빠를 밀어내고 엄마를 독차지한 꼬마 신랑

신만의 여자와 결혼을 하게 된다는 바람직한 이성관을 구축한다. 그 과정에서 부모가 아이의 행동이나 말에 과민 반응을 보일 필요가 없다. 오히려 아들에게 지극한 사랑을 주면서 아들이 건전한 이성 관계에 대한 관념을 가질 수 있도록 도와주어야 한다.

딸은 아빠를 상대로 자신만의 로맨스를 꿈꾸게 된다. 세상에서 아빠가 제일 멋지고 사랑하는 남자라는 이성관을 키운다. 잠시나마 아빠와 사랑을 나누는 여성이라는 가치관을 가지게 되는 시기다. 자라면서 이런 관념은 자연스레 사라지니 아이의 행동에 과민 반응을 보여서 고착시키지 않도록 주의하는 것이 좋다. 어린 여자아이의 입장에서 자신은 남자의 성기를 갖지 않은 채 태어난 것에 대한 콤플렉스를 가질 수 있다. 엘렉트라 콤플렉스는 엄마에 대한 무의식적 증오의 감정을 드러낸다. 내가 대여섯 살 즈음 부모님의 결혼식 앨범을 꺼내보며 나는 아빠와 꼭 결혼하겠다는 야무진 생각을 했었다. 아빠의 수트 입은 모습은 세상에서 가장 멋진 왕자님처럼 보였기 때문이다. 그 누구도 내가 아빠와 결혼할 수 없다는 현실적인 조언을 해주지 않았다. 그저 귀여운 막내딸의 다부진 포부를 들으며 귀엽고 사랑스럽게만 봐주었다. 그 덕분에 나의 환상은 상처 입지 않았고, 자연스럽게 성장하며 환상이 사라졌다.

친척들이 모인 가운데 음악을 틀어놓고 아빠의 발등을 밟고 브루스를 추던 추억은 지금까지도 아름답고 소중한 추억으로 남아있다. 어린 시기 여아가 아빠에게 지극한 사랑을 받고 자라면 2차 성징이 늦게 발현되어 키 성장에도 도움이 된다고 한다. 아빠가 딸에게 주는 사랑은 몸과 마음 모두를 건강하게 자라게 한다.

이 시기의 여아들에게는 자신의 로맨스와 비슷한 명작 동화가 도움이 된다. 아이의 성에 대한 환상이 좌절되거나 엄마의 질투로 꺾이지 않도록 그저 귀엽고 예쁘게 바라봐주면서 아이에게 성교육 동화책을 읽어주는 것도 좋은 방법이다.

나의 딸이 4살이 되었을 때 보임북스의 <행복한 성교육> 동화(전 10권)를 읽어주었다. '성 편견 및 성차별 극복' 파트의 <축구 소녀와 발레리노>를 읽어주면서 딸에게 여자아이답기를 바라는 마음을 떨쳐버릴 수 있었다. 여자아이는 여자답게 조신하게 자라야 한다는 구시대적 발상을 떨쳐버리고 의식을 진화시켜야 하는데, 쉬운 수준의 동화책이 생각의 전환에 많은 도움이 되었다.

딸이 7살 때 유치원 방과후 수업으로 축구를 신청했다. 남자아이들만 있을 거라는 예상과는 달리 여자아이들도 있었고, 신나게 뛰어놀다 승리하고 온 날은 딸의 표정이 하늘을 나는 듯 밝아 보였다. 아이들을 부모의 고정관념 안에서 키우지 않도록 주의해야 한다. 그래서 부모도 아이와 함께 책을 읽어야 한다.

백과사전을 통해 여성과 남성의 차이점을 익히 보여준 것도 아이들에게는 큰 도움이 되었다. 확실히 다독은 한 인간의 이해 맥락을 넓히고 그만큼 고양된 의식으로 세상을 바라볼 수 있게 해준다.

❼ 생후 60~72개월까지 취학 전 시기: 지성의 확장을 통해 유능한 자아를 기르는 시기다. 보통 빠른 발달을 보이는 아이들의 경우 그렇다. 일반적으로는 5~7세 아이들이 전능한 자아가 우세하고, 초등학생

시기가 되면서 아이는 유능한 자아로 발달하게 된다.

이 시기의 아이들은 유치원 및 기관(어린이집 등)에 가고픈 마음과 엄마 곁에 있고픈 마음이 공존하는 시기다. 유치원에 가도 좋고 엄마와 함께 배움을 이어나가도 좋다. 장단점만 있을 뿐 옳고 그름은 없다. 사랑항아리가 가득 찬 아이들은 초등학교 생활도 독립적으로 잘하고 자신의 생활도 잘 꾸려나간다. 동생이 있는 아이라면 동생을 돌보면서 유능한 자아를 확립하기도 한다. 전능한 시기를 겪으면서 자신이 신의 영역까지 도달할 수 없다는 것을 깨달은 아이는 인간으로서 마땅히 해야할 노력으로 능력을 발달시켜야 함을 알게 된다. 일상에서 스스로의 힘으로 무언가를 해내는 성취감은 유능한 자아를 키워나가는 데 도움이 된다.

초등학교 입학은 아이의 첫 사회생활이 펼쳐지는 무대이다. 코로나로 홈스쿨링이 확산되는 추세이지만, 또래 효과로 성장하는 부분도 있다는 사실을 간과해서는 안 된다. 학령기 연령의 아이들은 자신의 몰입 경험을 토대로 배움을 이어나갈 힘이 충분히 내재되어있다. 교우 관계를 통해 모방 학습을 하기도 하고, 선생님과의 관계를 통한 배움을 겪어보는 것도 아이의 발달에 큰 영향을 끼친다. 물론 좋은 담임선생님을 만나는 것이 아이에게 중요한 변수이다.

에릭슨의 심리사회적 발달 8단계론을 보면 초등학생 시기는 근면성을 발달시켜야 하는 시기다. 이 시기에 근면성을 발달시키지 못하면 열등감을 갖게 된다. 즉 근면성의 부재가 열등감을 촉발시키는 근원 행동인 것이다. 근면성이라는 것은 매일 조금씩 들이는 노력, 즉 성실함을 뜻한다.

매일 단순하게 반복하는 일을 통해 아이는 성실함의 기초를 닦는다. 매일 등교하기 위해 아침에 일찍 일어나는 것, 아침에 일찍 일어나기 위해 전날 일찍 잠자리에 드는 것, 학교에 가기 위해 아침밥을 챙겨 먹는 것, 등교 준비를 스스로 하는 것, 자신이 입고 갈 옷과 양말을 챙겨 자신의 외모를 단정하게 하는 것, 책가방을 싸는 것, 준비물을 챙기는 것, 학교에 가져갈 물을 알아서 담는 것 등 사소해 보이는 모든 일과가 아이에게는 스스로 자립하기 위한 준비운동인 것이다.

성실함을 몸에 익히지 못했을 때 열등감이 생긴다는 걸 부모는 잊지 말아야 한다. 성실하지 못하다는 느낌이 열등감으로 이어진다. 성실함은 모든 성공한 사람들의 기본 덕목이다. 매일 조금씩 들이는 1%의 노력이 쌓이고 쌓였을 때 성공의 밑바탕이 된다. 자녀가 성공하는 삶으로 가는 여정을 준비하길 원하는 부모님이라면 아이가 성실한 행동을 반복할 수 있도록 지지해주자.

초등학교 입학을 앞둔 자녀라면 초등학교 생활에 대한 그림책을 읽기를 권한다. 부모님도 초등 부모 지침서를 꼭 읽어보면 좋겠다. 초등학교가 아이 인생의 전부는 아니지만, 아이 인생의 6년을 계획하는 일이다. 부모의 품에서 독립하는 첫걸음임을 잊어서는 안 된다. 아이가 스스로 독립할 수 있도록 응원해주는 시기이고, 부모 역시 마음의 밭을 일구어야 하는 시기다.

아이들의 반응이 좋았던 책 목록

※ 어디까지나 자신의 아이가 좋아하는 책이 좋은 책입니다. 본 목록은 책 구매에 참고만 해주세요.

- 헝겊책 까꿍
- 토들러 그림책
- 프뢰벨 프리미엄 베이비스쿨 + 교구
- 아인슈타인 자연관찰
- 푸름이 까꿍 그림책
- 푸름이 짝짜꿍 그림책
- 주주픽처북 동물 자연관찰
- 세밀화로 그린 보리 어린이 - 곤충 도감, 식물 도감, 식물 도감, 바닷물고기 도감, 나무 도감, 새 도감
- 한솔어린이백과사전
- 아기다움 그림책(첫 영어 종이책 20권)
- 곰곰이
- 월드픽쳐북
- 한솔읽기 그림책
- 차일드애플
- 프뢰벨 뽀삐 시리즈
- 프뢰벨 테마동화
- 21세기 학생백과
- 씽씽 잉글리쉬 + DVD 포함
- 아기똥 그림책 20권 + 단어카드 150장
- 응가하자 끙끙 등 단행본
- 웅진 꼬마 수학동화
- 반딧불 과학그림책 + 교구
- 호비 DVD
- I SPY
- 푸름이 마더구스
- 노부영 Best 10
- 교학사 이야기 물고기 도감
- 왜? 호기심 백과
- 호두까기 인형 동화책
- 공룡유치원 + DVD
- 푸름이 달님 그림책 (현재 : 맛있는 창작 브런치)
- 터잡기 영어그림책 +CD
- 푸름이 3세 필독서
- 달팽이 과학동화 60권
- 웅진 전래동화, 명작동화

- 프뢰벨 퍼포먼스 잉글리쉬 + DVD, CD
- 뼈로 푸는 과학 공룡뼈
- 뼈로 푸는 과학 동물뼈
- 스타트 명작동화
- ㄱㄴ 꼬꼬마 한글이 + DVD
- 스팟 10권 + DVD 3EA
- 뽀로로 조작북
- 뽀로로 미니도서관
- 푸름이 성교육동화 + DVD
- 누리과정 우리 전래동화 + CD
- 푸름이 까꿍 영어 페이퍼북-베이비 피카부
- 푸름이 영어 자동차 부릉부릉 보드북
- 메이지 보드북 4권 + 페이퍼북 4권
- 페파피그 1,2집
- 프뢰벨 신자연관찰
- 까이유
- 말깨비글깨비
- 쇠똥구리 과학그림책
- 꾀돌이 자연탐험
- 송아리 자연동화
- 언어발달 읽기생활동화
- 리틀베이비 픽쳐북
- 똘망똘망
- 신기한 한글나라
- 오줌싸개 꼬마그림책
- 쥐돌이 시리즈
- 공룡유치원 영어
- 재미둥이 생활동화
- 먼나라 이웃나라
- 초등 고학년 읽기책
- 골든 중앙판 위인전기
- 백희나 작가님 그림책-장수탕 선녀님, 달샤벳 등
- 무지개물고기
- 하늘에서 음식이 내린다면
- 웅진 옥스포드 리딩트리 1집
- 마녀위니 한글버전 9권
- 마녀위니 영어버전 10권
- 개굴개굴 자연관찰 + DVD
- 글뿌리 플레이타임 인 잉글리쉬
- 브리태니커 비주얼 사이언스 백과
- 만화 학습 과학대백과
- 비룡소 난 책 읽기가 좋아 1단계
- 킨더랜드 자연스쿨
- 삼성 그림책으로 영어 시작
- 마이퍼스트북 페이퍼북

- 투피와 비누
- 스토리붐붐
- 여우별 수학동화
- 와, 공룡이다
- 씽씽월드북스(영어 스토리북)
- 페파피그 중국어
- 바바파파
- 호기심 영재동화
- 플레이타임 잉글리쉬
- 씨뿌리기 2
- 페파피그 한글 + 영어
- 그림 영어 사전
- 엉덩이탐정
- 진짜진짜 재밌는 그림책(공룡, 파충류, 거미, 육식동물, 새, 바다생물, 과학, 멸종위기동물, 자동차, 국기, 진화)
- 영재과학 병원균
- EQ의 천재들
- 도담도담 원리과학동화
- 세계명화 100편 영어로 읽기
- 웅진 콩알 첫지식 그림책
- 따뜻한 그림백과
- 맥스앤 루비 DVD 4
- 직업동화 내꿈은
- 하늘을 나는 병아리
- 뽀로로 영어동화책
- 씽씽 스토리북스 + DVD 10
- 닥터수스 과학탐험대
- 튼튼영어 + DVD
- 개구쟁이 특공대
- 사운드북(하늘천따지, 위인100명, 시계놀이, 영어놀이)
- 닥터수스 비기너 + a(영어책)
- 닥터수스 DVD 1집 + 2집 14EA
- 쿵쿵쿵 공룡세상
- 네버랜드 과학그림책
- 나의 첫 국어사전
- 승산 수학 첫걸음 시리즈
- 씨뿌리기 1 15권 + CD 2EA
- 푸름이 파인드잇 6권 + CD 2EA
- 푸름이 파닉스 스토리 12권+DVD + CD2 + 워크북
- 송앤스토리 리딩북 30권+ CD7 + 워크북
- 꼬마쉐프 1집 DVD 3EA
- 나무집 시리즈
- I can read little critter
- 디즈니 자이언트 명작 시리즈
- 탄탄 세계명작동화

- ⬚ 런투리드 93권 + 워크북 24권
- ⬚ 마녀위니 영어
- ⬚ 마녀위니 공룡소동 영어 한글
- ⬚ 공룡 사운드북
- ⬚ 국립공주박물관 키워주는 공주 왕자
- ⬚ 열 마리 개구리
- ⬚ 하브루타 [네 생각은 어때?] 1집
- ⬚ 제로니모 DVD 8EA, 제로니모 환상모험 15권
- ⬚ 리틀 프린세스 DVD 4EA
- ⬚ 공룡 백과
- ⬚ 공룡 뼈이야기 책
- ⬚ Dinosaurs world
- ⬚ 교원 애니메이션 세계명작
- ⬚ 까이유 EQ 그림책 한글
- ⬚ 프뢰벨 디즈니 명작 시리즈
- ⬚ 도전! 나도 작가 세트
- ⬚ Why ENGLISH 버전 + CD 8EA
- ⬚ 페파피그 한글 + 영어
- ⬚ 신기한 스쿨버스
- ⬚ 한빛에듀 문제집
- ⬚ 스크릿 영어회화 디즈니영화 + CD 4EA
- ⬚ 앗, 시리즈
- ⬚ Little Scholastic 영어
- ⬚ 디즈니 잉글리쉬 리딩클럽
- ⬚ 라푼젤 디즈니 무비동화
- ⬚ 겨울왕국 사운드북
- ⬚ 디즈니 Busy Books
- ⬚ 메리다와 마법의 숲
- ⬚ 겨울왕국 - 안나와 엘사의 새로운 이야기
- ⬚ 겨울왕국 무비 스토리북
- ⬚ Survive in the Jungle
- ⬚ 한국을 빛낸 100명의 위인들
- ⬚ Dinosaurs roar (잉글리쉬)
- ⬚ 내 친구 브로리 외 단행본
- ⬚ 아름다운 별자리
- ⬚ 추피
- ⬚ 허팝연구소
- ⬚ 80일간의 퀴즈 여행
- ⬚ 100층짜리 집 시리즈
- ⬚ 어디가 이상해 외
- ⬚ 노빈손 시리즈
- ⬚ 지킴이 안전교육동화
- ⬚ 어떤 목욕탕이 좋아
- ⬚ 너무 재밌어서 빵 터지는 수수께끼 속담
- ⬚ 프뢰벨 베이비스쿨 교육프로

그램

- 살아있는 직업그림사전
- 첫 종이접기 그리기 편
- 이순신 책 단행본
- 공주 스티커 + 공룡 자동차
- 가치사전
- Magic Bean 영어
- 지인지기 위인동화
- 까이유 잉글리쉬
- 화석 동물기 학습만화
- 공룡 대백과, 공룡백과, 푸름이 공룡박물관
- First 300, 500, 1000 Picture World book
- 이소율 작가 음식 그림책
- 풀잎 그림책
- 도서관에 간 사자
- 하오빵 중국어 + CD3
- 페파피그 중국어
- 일본어 그림책
- 별똥별 아주머니가 들려주는 우주, 지구, 몸 이야기
- 신비아파트 만화책
- 놓지마 과학 학습만화
- 이빨괴물 그림책
- 마법의 시간여행 시리즈
- 오무라이스 잼잼
- 난 누굴까 가면 그림책
- 꼬꼬마 수학자
- 네셔널 지오그래픽 키즈
- 크리스마스 산타 그림책
- 퍼스트 원리과학
- 푸름이 배꼽수학동화 보드북
- 생활 속 사회탐구 - 한국노벨 출판사
- 슈가맘 꼬마 자연관찰, 전래, 위인, 철학동화
- 탄탄 테마 동화
- 영어 싹 틔우기, 키우기, 열매 맺기 등
- 세계 명작 영어동화 CD12
- 사회, 과학 인포퀘스트
- 헤리포터 그림책
- 첫 지식 그림책 콩알
- 시공사 네버랜드 그림책
- 외계인도 모르는 우주 이야기
- 옥토넛 그림책 , 스티커 북
- 흔한 남매
- 솔루토이 지리
- 엘로이스

- 초등과학 뒤집기
- 초등수학 뒤집기
- 솔루토이 한국사
- 계림북스 그림으로 보는 한국사 + 세계사
- 교원 눈으로 보는 우리 역사
- 프뢰벨 테마위인동화
- 두산동아 베스트 창작 외 단행본
- 나의 첫 그리스 신화
- 해리포터 , 디즈니 공주, 겨울왕국 팝업북
- 해리포터 시리즈 글줄책
- Why 안중근, 별, 공룡
- Dinosaurs world
- 새샘 위인 동화
- 아기공룡 시리즈
- 첫 그림 중국어 그림사전
- 맛있는 개념수학 - 사탕수수
- 추리천재 엉덩이 탐정 3~8
- 음식경제사
- 무슨 말이야?
- 밥 한 그릇 뚝딱 스티커북
- 골고루 뚝딱 스티커북
- 치카치카 뚝딱 스티커북
- 소화가 뚝딱 스티커북
- 몸속 여행 뚝딱 스티커북
- 돼지책
- 괜찮아
- 틀려도 괜찮아
- 기분을 말해봐
- 휴가 시리즈 (글줄책)
- 꿈땅 첫과학
- 대한국인 안중근
- 하얼빈 의거와 안중근
- 이토 히로부미를 저격한 독립운동가-안중근
- 안중근 재판정 참관기
- 타요랑 역사랑 3 타요랑 안중근
- 대한국인 안중근
- 평화를 꿈꾼 대한국인, 안중근
- 안중근의 비밀 일기
- 안중근이 들려주는 애국
- 바투바투 인물이야기 한국편
- 바투바투 인물이야기 세계편
- WHO?이순신
- 웅진 한걸음 먼저 수학
- 웅진 탐험캡슐 우리 역사
- 어린이 한국사 50장면
- 브릭 어드벤처 노아의 방주
- 난 꼭 반려동물의 좋은 친구가

될 거야

- 이 잘닦아 공주와 이 안닦아 왕자
- 보인다 우리 몸 플랩북
- 출동 완료 공룡 중장비
- 지켜라 조선왕조실록
- 생일케이크 후~ 사운드북
- No Roses for HARRY
- KINDER GARTEN
- PHONICS
- ALPHABET
- PRESCHOOL
- 화석동물기
- 디즈니 세계문화기행
- USBORNE 초등학생이 알아야 할 시리즈(과학, 정치, 세계사 등)
- 글송이 신기한 로봇백과
- JOB 시리즈
- 예림당 마법의 정원 이야기 시리즈
- 초록아이 기차박물관, 자동차박물관, 탈것 박물관
- DK 무기

to do

자녀의 발달에 맞는 책이 어떤 것인지 감이 왔다면 인터넷 서점에서 검색해서 제목를 적어보세요.

07

책의 바다 이후
들른 책 휴게소

한글책의 바다에 빠졌다가, 이후 영어책의 바다에도 빠졌던 첫째는 6살 가을부터 책 읽기를 쉬고 머리를 비우기 시작했다. 성인도 머릿속이 가득 차면 생각을 정리하는 시간이 필요하듯 아이도 마찬가지다. 아이는 쉬는 동안 머릿속에 분산된 정보들을 정리하고 불필요한 과잉 정보는 가지치기를 해서 망각 기억으로 보내는 등 나름의 휴식 시간을 보낸다.

머리가 비워지는 동안 첫째가 했던 것은 그저 쉬면서 노는 것, 바깥 활동을 하면서 뛰어노는 것, 벤치에 앉아 깊은 생각에 빠지면서 쉬는 것, 재미있는 영상을 보면서 쉬는 것이었다. 아이는 쉼의 시간에 들어갔다. 아이가 쉬면서 팔짱을 끼고 멍하니 가을 하늘을 바라보는 모습을 볼 때면 머릿속의 내용을 정리하고 불필요한 지식은 가지치기하는 듯 보였다. 휴식을 취함으로 머릿속에 여유를 두고 다음으로 도약하기 위한 자세를 취하는 모습으로 보였다.

엄마인 나도 이때 처음으로 유튜브를 알게 되었다. 집에 텔레비전이 없었기에 늘 교육용 DVD와 책을 보면서 지내던 일상에서 유튜브는 신세계였다.

공룡에 빠졌던 둘째가 공룡책과 DVD를 모두 섭렵하고도 더 보고 싶어 하면서 목말라했다. 유튜브 채널에서 공룡SONG을 검색해준 아빠의 영향으로 유튜브를 맛보게 되었고, 유튜브의 알고리즘에 따라 두 아이는 유튜브의 세계로 빠져들어갔다.

처음에는 책 읽는 시간이 현저히 줄어드는 바람에 유튜브를 틀어준 남편에게 불만이 많았다. 못 보게 하고 싶은 엄마의 마음과 보고 싶은 아이의 욕구가 상충하면서 관계가 나빠지겠다는 생각이 들었다. 그래서 나는 아이와 함께 유튜브의 세계에 들어갔다. 개인 방송의 위력은 대단했다. 첫째가 좋아한 채널은 <엘리가 간다>, <헤

책의 바다 시기를 지나 머리를 식히며
묵상에 잠긴 첫째 아이.

이 지니>, <토깽이네 상상놀이터>, <BBC Earth> 등이었고, 둘째는 <BLIPPI>, < Peekaboo Kidz>, <National Geographic> 등이었다.

이때는 좋아하는 책을 새로 사주어도 책을 반복해서 읽기보다는 영상에 더 흥미를 보였다. 나는 욕심과 조바심을 내려놓고, 아이가 좋아하는 영상을 더 좋아할 수 있는 기회를 주었다. <엘리가 간다>에서 제주도를 본 아이는 제주도에 가보고 싶어 했고 여름휴가를 맞아서 네 식구가 제주도로 여행을 떠났다. 바다 수영도 하고 맛있는 것도 먹으면서 재충전의 시간을 가졌다.

그렇게 제주도의 모습을 본 첫째가 귤 초콜릿 만드는 것을 체험할 때의 일이다. 감귤, 천혜향, 한라봉 등 주황색 과일들이 예쁘게 진열되어있었다. 내가 보기에는 모습이 거의 비슷했다. 초콜릿을 녹여서 귤 초콜릿을 만든 것을 굳히느라 잠시 대기하고 있었다. 기다리면서 과일의 모습을 찬찬히 보던 첫째는 "어! 여기 진지향이 있네" 라며 신기해했다.

내가 보기에는 비슷한 모양들의 귤, 꼭지가 봉긋한 한라봉, 오렌지 크기만 한 천혜향의 모습만 구분되는데 아이는 과일을 관찰하다가 영상에서 본 진지향을 구분해낸 것이었다.

아이의 말을 들은 귤 농장 사장님은 "이 꼬마 아가씨가 어떻게 진지향을 알아? 이건 최근에 교목해서 수확한 신품종이라 제주도 토박이도 잘 구분 못하는 건데, 신기하네!" 라며 아이를 칭찬했다.

엄마인 나도 신기해서 아이에게 물어보았다.

"사랑아. 너 그거 어떻게 알아봤어?"

"엄마. 귤은 꼭지가 별 모양처럼 뾰족하게 생겼고, 진지향은 꼭지가 둥그런 모양이야. 그리고 진지향은 귤보다 껍질이 반들반들해. (진지향을 가리키며) 봐! 이렇게 반짝이고 매끈하잖아."

"어? 진짜? 정말 그렇게 생겼네! 근데 그건 어떻게 알았어?"

"<엘리가 간다>에서 봤어."

사실 아이가 유튜브에 심하게 몰입했을 때는 불안하기도 하고 지금껏 쌓아온 공든 탑이 무너지는 것은 아닌지 걱정도 했다. 그런데 이번 기회로 나는 아이가 섬세하게 사물을 분별하는 안목이 길러졌음을 느끼고 안심하게 되었다. 교육의 핵심은 분별력을 기르는 것이다.

아이가 자리를 떴을 때 귤과 진지향이 담긴 상자를 위로 살짝 들춰 보았다. 이름을 확인하기 위해 들췄는데, 귤과 진지향의 상자에 적힌 이름이 눈에 들어왔다. 아이가 말한 진지향에는 [진지향] 이 귤에는 [감귤] 글자가 써있었다. 과일이 올망졸망 붙어있어서 이름은 보이지 않았고, 상자에 담긴 과일의 윗부분만 주황색으로 보였다. 나는 아이가 섬세하게 분별하는 모습을 통해 아이가 무언가를 좋아하는 데는

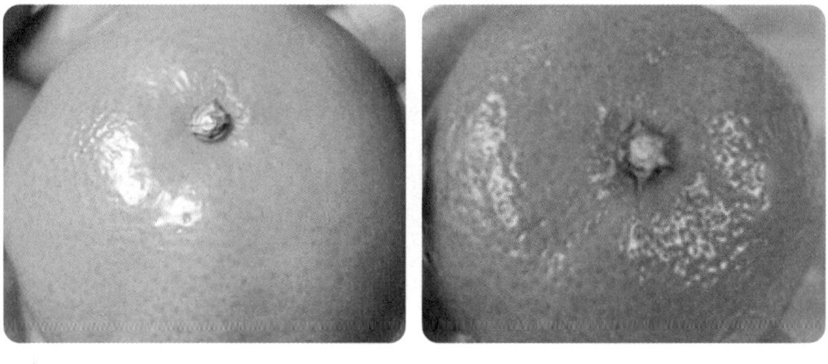

첫째 아이는 진지향(왼쪽)과 귤(오른쪽)을 구분했다.

다 이유가 있고, 엄마가 아이에게 준 정성과 사랑이 사라지는 게 아니라는 것을 깨달았다. 아이가 책을 싫어하게 되진 않을까 걱정했던 것은 나만의 두려움이라는 사실을 이 기회를 통해 알게 되었다.

이참에 아이가 좋아하는 동물들도 많이 보여주고 다양하게 먹어보고 놀아보고 만져보며 경험의 배움을 채워주자고 다짐하게 되었다. 아이는 자신의 직접 경험에 대한 욕구가 채워지자 더 즐겁게 책으로 되돌아오고 깊어졌다. 졸릴 때는 스스로 책을 읽다가 잠들어서 모든 게 순조로워졌다.

아이가 원하는 것을 못 하게 막으려면 많은 에너지가 든다. 엄마가 원하는 대로 아이가 따라와주길 바라는 마음이 아이의 마음과 부딪히면서 힘겨루기를 하기 때문이다. 그런데 엄마의 욕심을 조금 내려놓고 아이의 욕구를 채워주는 시간은 선순환의 물꼬를 틔워준다. 그러니 빨리 가려는 마음을 내려놓고 그저 아이와 즐기는 마음으로 육아를 하자.

외동이라면 아이가 쉴 때 같이 좀 쉬면 된다. 나의 경우, 둘째의 책의 바다가 첫째의 책 휴식기와 겹쳐서 둘째에게 책 읽어주는 데 시간을 쓸 수 있었다. 첫째는 엄마의 곁에 있는 것을 좋아해 둘째 아이 책을 읽어줄 때 곁에 와서 함께 듣곤 했다. 엄마가 유튜브를 봐도 된다고 허용하고 믿어준 것이 아이에게는 안정감의 요소가 되었다.

언제나 아이의 선택을 존중하고 믿고 지지해주는 부모가 되자. 아이는 그런 부모의 믿음이 흔들리지 않을 때 모든 감각을 활용해 세상을 배운다. 아이는 앞으로 살아갈 미래에 대한 배움의 축이 엄마의 센스보다 섬세하다는 것을 느꼈다. 아이는 자기 삶의 주인이다. 엄마를 위해 꼭두각시 춤을 추기 위해 세상에 태어난 것이 아니다. 아이가 원하는 주체적인 삶을 계획하고 살아가기 위해 배우는 것이다. 엄마는 그런 아이를 열린 마음으로 지지해주어야 한다.

to think

아이의 빈둥거리는 시간은 중요합니다. 자녀가 빈둥거릴 수 있는 여유를 얼마나 주시나요?

5장

SPECIAL PAGE

온라인 영어도서관 활용기

영어책으로 노출해주다가 쉬운 픽쳐북 700권과 리더스북 700권을 넘어가도 쉬운 단계 책의 양이 부족하다고 느꼈을 때쯤 온라인 도서관을 접하게 되었다. 요즘은 엄마표 영어가 붐이 일었던 때보다 인터넷이 활성화되어있고, 빅데이터에 방대한 책의 정보가 누적되어있어서, 자신에게 맞는 영어도서관을 검색하고 활용하면 된다. 핵심은 꾸준히 노출하고 이어나가는 것이다.

리틀팍스, 토도영어, 아이스크림 홈런 등 많은 앱 중에서 엄마가 활용하기 편한 앱을 활용하면 된다. 리틀팍스는 쉬운 단계부터 차차 단계별로 올라가서 챕터북 수준의 영어 동화책이 다량 확보되어있다. 우리 집의 경우 딸과 아들이 각각 좋아할 만한 콘텐츠가 모두 있어서 선택했다. 파닉스부터 영어 동요까지 흥미롭게 제작되어있고, 인기 있는 콘텐츠는 책으로 제작되는 등 활용하기 좋아서 나도 적극 활용했다.

성별의 차이도 있지만 두 아이의 취향이 너무나 달라서 읽기독립이 된 이후 자기만의 영역이 공고해졌다. 배경지식이 다양하고 풍부할수록 창의력이 폭넓게 개발될 것이라 생각하고 과학을 좋아하는 아이에게 역사의 물꼬를 틔어주었다. 역사를 좋아하는 아이에게는 과학의 맛을 느낄 수 있도록 해주었다. 두 아이의 취향이 뚜렷하게 달랐기에 서로가 좋아하는 콘텐츠를 같이 들을 수밖에 없도록 테블릿 PC 하나만 주었다. 그래서 확고한 두 아이의 다른 취향이 교차되면서 자연스레 함께 보게 되었다.

공룡을 비롯한 동물에 오랫동안 빠져있던 첫째 아이는 7세 즈음 디즈니 공주를 좋아하게 되었고, 영어도서관에 있는 신데렐라로 접근했다. 전쟁과 무기에 빠져있던 아들은 로빈 후드로 접근했다. 이렇게 두 아이 모두 별 거부감 없이 온라인 도서관의 방대한 영어 동화책을 접할 수 있었다. 이때도 좋아하는 것부터 진입해 그것을 더 좋아하게 만드는 전략이 통했다.

리틀팍스 속 영상물 그대로 책을 만들어 페이퍼북으로 판매하는 것 중 아이가 좋아하는 것은 구매해서 읽어주었다. 매번 아이와 함께 볼 수는 없어도 엄마도 같이 읽다 보면 책으로 읽어주기 편해지는 날이 온다. 영어 전공자가 아닌 평범한 전업맘이어도 다양하게 보고 듣고 읽는 영어

책과 콘텐츠로 나 역시 발음이 교정되고 글밥(글의 양) 많은 책도 읽게 되었다. 이렇게 엄마도 아이도 함께 편안한 영어 환경을 조성하자. 물론 온라인 영어도서관도 좋지만 그래도 기계음보다 제일 좋은 것은 엄마 아빠의 목소리임을 잊지 말자.

여기서 잠깐! 영유아의 과도한 영상 시청은 아이의 뇌를 팝콘뇌로 만든다고?!
과도한 영상 시청은 조심해야 한다. 둘째는 누나가 보던 영상을 많이 이른 8개월부터 같이 보게 되었다. 그래서인지 영상에 대한 집착을 보였다. 그걸 보면서 영상물은 되도록 늦게 노출하는 것이 좋다는 것을 다시 한번 느꼈다. 이미 영상의 맛을 본 아이는 더 보려고 했다. 못 보게 막으면 아이는 제1반항기 아이들만의 전형적인 반항을 보이곤 했다. 2~3세 아이는 영상에 과도하게 노출되면 일명 팝콘뇌가 되어 공격적인 행동을 마구 나타낸다.
팝콘뇌에 대한 온라인 백과 나무위키의 내용을 인용하자면 이렇다.

1. 뇌가 스마트폰 등 디지털 기기의 빠르고 강렬한 자극에 익숙해져 현실의 느리고 약한 자극에 무감각해지는 현상.
2. 뇌가 디지털 기기의 빠르고 강렬한 자극에 익숙해져 그것을 중심으로

작동하는 두뇌 상태를 일컫는다.

3. 튀어오르는 팝콘처럼 강렬한 자극에만 반응한다고 하여 '팝콘 브레인' 이라는 이름이 붙었다. 팝콘 브레인을 가진 사람들은 즉각적이고 산발적인 사고가 특징이며, 길게 시간을 잡고 차분하게 임해야 하는 일을 참지 못하는 경향이 있다.

엄마로서 4살이 된 아이가 유튜브 영상을 보는 모습을 볼 때 몹시 불안했다. 아이가 보는 영상은 장난감을 얕은 물에 던지면서 사물을 인지시키는 것이었다. 오징어 장난감을 던지면서 [squid] 라는 소리가 나오고, 불가사리를 던지면서 [starfish] 라는 소리가 흘러나왔다. 처음에는 영어로 사물을 인지하는 영상이므로 허용했다. 그런데 영상에 나오는 행동을 따라 하는 아이의 모습은 무언가에 홀린 듯 보였다. 영상에 시선을 고정한 채 똑같은 행동을 반복하고 있었다. 엄마와 책을 읽으며 엄마의 말로 들은 내용은 아이가 정확한 발음으로 말했는데, 영상을 보면서 듣고 배운 말을 할 때는 무슨 말인지 알아듣지 못할 정도로 발음이 부정확했다. 그때 시각적 요소에 약한 아이인 둘째에게는 발음을 할 때의 입 모양을 정확히 보여줘야 함을 깨달았다. 그것을 알아챈 순간 아이가 영상 보는 시간을 줄이기 위해 내가 개입했고, 아이는 엄청난 저항을 보였다.
굳이 영상이 아니더라도 18~36개월의 아이는 자신의 건강한 경계선을 시험하기 위한 활동으로 공격성을 보이기도 한다. 그런데 힘든 육아를 핑계로 아이를 영상에만 방치한 경우에는 관점을 달리해야 한다. 아이가 유독 공격성을 보인다고 느껴질 때에는 팝콘뇌의 시초가 보이는 것이다. 시초가 보였을 때 영상에서 다른 것으로 주의를 환기시키고 아이의 뇌를 자극하지 않는 환경으로 만들어야 한다.

나는 아이와 영상 시청 시간을 조율해서 정해놓고 되도록 시간을 지키려고 노력했다. 영상 시청 후 몸놀이를 필수로 가졌다. 방 안에서 이불을 잔뜩 깔아놓은 채 공 던지기 놀이를 하며 몸으로 에너지를 풀 수 있도록 했다. 특히나 남아들은 시각적 자극에 민감하게 반응하는 경우가 많기 때문에 영상으로 받은 뇌의 스트레스를 몸놀이로 풀어주어야 한다. 애초에 영상을 모조리 차단하는 부모도 있는데 이것은 강압적인 통제가 아닌지 되짚어볼 문제이다. 통제를 가한 아이들은 몰입하지 않는다. 부모의 억압을 섬세한 아이들은 금방 알아차리기 때문이다. 그래서 적절한 중용의 자세를 취하도록 부모가 노력해야 한다.

언어 습득은 모국어든 영어든 다개국어든 간에 책으로 진행하는 것이 가장 좋다. 그림과 텍스트가 일치하는 그림책이 가장 좋다. 눈으로 텍스트를 읽고 그림을 이해하며 문자에 담긴 다면적인 뜻을 이해하고 받아들이는 것이 어휘 습득의 가장 좋은 방법이다. 그림책의 그림과 텍스트를 조합해서 다양한 어휘의 뜻을 감각적으로 터득하는 것이, 영상물을 아이에게 주는 것보다 선행되어야 한다. 아이가 영어에 대한 흥미를 놓치지 않도록 좋은 콘텐츠를 선별하고, 다양한 어휘가 농축되어있는 책 읽기로 아이의 언어 습득에 날개를 달아주자.

6장

책도 중요하지만 놀이도 중요하다

01

상상놀이의 중요성

아인슈타인은 지식보다 상상이 중요하다는 말을 남겼다. 상상은 뛰어난 창조물을 많이 만들어낸다. 지금 우리는 식당에서도 서빙로봇을 쉽게 만날 수 있다. 로봇 또한 상상의 힘으로 창조되었다. 이런 로봇이 만들어지기 전에는 상상으로만 존재했다.

로봇이란 말을 처음 쓴 사람은 작가 카렐 차페크다. 1890년에 체코에서 태어난 차페크는 체코어의 '로보타'에서 글자를 따서 로봇이란 단어를 만들었다. '로보타'는 강제 노동이란 뜻을 가지고 있는데, 차페크가 쓴 <로섬의 만능 로봇>(1920)이라는 연극 대본에 로봇이 등장한다. 1920년대에 차페크는 상상의 힘을 이용해 미래 사회에서 로봇이 사람을 대신해 일을 한다는 이야기를 쓴 작가이다. 차페크의 연극에 등장한 로봇 모형을 시작으로 오늘날의 모든 로봇이 만들어졌다. 로봇의 탄생 이전에는 상상만 존재했다.

어린아이들은 상상놀이의 대가들이다. 아이들이 소꿉놀이를 하며 역할을 맡는 것도 상상놀이에 속한다. 아이는 엄마의 역할을 하면서 엄마가 하는 행동에 자신의 상상을 더해 말을 하는데, 이는 타인의 감정을 이해하고 공감하는 감정선을 발달시킨다. 한글을 익히고 나면 창의력이 떨어진다는 의견도 있는데 경험상 이 말은 어불성설이다. 두 아이 역시 한글을 알고 나서도 상상놀이를 하며 공상의 즐거움에 자주 빠졌다. 엄마가 학습으로 아이를 내몰고 상상놀이를 못하게 막지 않는 한 아이는 마음껏 상상놀이를 하며 즐거움에 빠져들 수 있다. 경험으로 보건대, 상상놀이는 창의력을 키워준다.

한글과 영어 파닉스를 익히고 나서도 아이들의 상상놀이는 계속 되었고, 읽기독립이 제대로 된 아이는 자신의 머릿속에 그림을 그려가며 정독을 한다. 의미읽기를 하는 것이다. 책을 읽고 상상을 하는 것은 아이의 자유다.

아이가 똑똑하게 지식만 받아들이기를 바라는 부모의 욕심이 아이의 상상력과 창의력을 망치는 주범이다. 지금은 지식과 정보만큼이나 창의력이 중요한 시대다. 코로나로 인해 온라인에서 다양하게 자신의 능력을 펼치는 1인 기업가 열풍만 봐도 창의적인 인재의 시대가 이미 시작되었음을 알 수 있다. 하물며 10년 후 우리 아이들이 성인이 되어 살아갈 미래는 말해 무엇하겠는가?

상상력을 바탕으로 다양한 창조를 경험한 아이가 미래 사회의 창의인재가 되는 것이다. 창조는 인간의 본능이다. 만들기나 글짓기, 작사 작곡, 노래 부르기, 그림 그리기 등 모든 작품 활동이 창조 활동이다. 아이가 만든 서툰 작품도 아이만의 작품 전시회처럼 벽에 붙여두고 끝없이 칭찬한다면 아이는 창의적인 인재로 잘 자라날 것이다.

초등학교 받아쓰기 점수에 연연하는 것은 숲을 보는 것이 아니라, 나무에 있는 옹이를 보고 걱정하는 것과 같다. 부모가 거시적 관점을 가지고 일희일비하지 않는 초연한 자세를 가질 때 아이 안에 있는 내면의 힘이 빛을 발한다. 아이를 향한 믿음이 흔들리지 않도록 이 말을 명심하자.

to think

아이가 하루 중 상상놀이를 할 수 있는 시간이 얼마나 확보되어있나요?

02

진짜 놀이
가짜 놀이

아이들은 놀이의 천재다. 놀기 위해 태어난 지구별 여행자다. 아이들은 놀면서 무의식 중에 배운다. 그것이 진정한 배움이다. 잘 노는 아이가 학습 의욕도 높고 심지어 성인이 되면 일도 잘한다. 자기 분야에서 자신의 일을 즐길 수 있는 힘이 있기 때문이다. 아이에게 놀이와 배움은 하나다.

그런데 엄마는 아이를 똑똑하게 키우고 싶은 에고가 드러날 때마다 놀이와 학습을 어설프게 비빔밥 구성처럼 차려놓는다. 아이는 노는 데 천재이고 엄마 마음을 꿰뚫는 잠재력까지 가지고 있다. 잠재력이 뛰어난 아이일수록 부모의 에고를 꿰뚫고 있다. 에고가 강한 사람은 자꾸만 상대방을 가르치려 드는 특징이 있다. 에고가 강한 부모일수록 아이의 입장이 아닌 자신의 체면을 중요시하고 아이가 자신의 지적 경계보다 더 뛰어난 것이 싫어 교묘하게 통제하고 조종하려 든다. 그런 부모 밑에서 자라는 아이들은 부모의 감정을 돌보거나, 자신의 성취 욕구를 스스로 좌절시키고 은근하게 부모에게 복수를 한다. 즉 자신의 성장 발달을 위해 나아가는 것이 아니라 자신을 스스로 망가트리면서 부모가 자신을 조종하려 한 것에 대한 분노를 표출한다. 에고가 강한 부모는 자녀가 어릴 때 진즉 자신의 에고를 내려놓는 방법을 터득해야 한다. 자기 성찰이 부족하면 이렇게 에고의 늪에 빠지니 유의하자.

아이가 어릴 때에 책을 읽으며 성장하는 것도 예쁘게 바라보아야 하고, 놀이를 하며 성장하는 것도 기특하게 바라보는 것이 좋다. 나 역시 아이들과 무얼 하며 놀아야 할지 길을 잃고 헤맬 때가 있었다. 아이의 전능한 자아가 자라날 때 아이를 상대로 가르치고 싶은 욕구가 생겨나는 것을 느낄 때가 있었다. 그럴 때 나 자신을 경계했다. 가르치고 싶은 욕구를 내려놓고자 노력했다. 놀이 육아서를 따라서 아이와 놀다가 그 책에 나온 결과대로 아이가 흘러가지 않으면 내 아이가 바라보는 곳을 함께 바라보려 애썼다.

시중에는 다양한 놀이육아서가 많았다. 그 놀이육아서를 보면서 내가 할 수 있는 제일 쉬운 것부터 따라 했다. 그리고 어려운 것은 괜히 따라 하려다가 아이와 관계가 나빠질 것 같으면 내가 스스로 물러났다.

아이가 노는 방식 그대로 반 발자국 뒤에서 따라갔다. 사실 놀이육아서를 펼쳐놓고 놀이 환경을 조성하려고 노력했던 내 뒷모습을 보고 첫째도 어느 날부터 놀이육아서 한 권을 펼쳐놓고 보면서 놀이를 하고 있었다. 그런데 신기하게도 책 속의 아이들과는 다르게 자기만의 방식으로 놀았다. 책 속의 아이들은 큰 상자를 색칠하고 그것을 미끄럼틀로 타고 놀았지만, 우리 아이들은 큰 상자에 색종이를 붙여가며 집을 만들고 비닐로 문을 커튼처럼 달아놓기도 했다. 같은 놀잇감을 주어도 원하는 방법으로 노는 게 진정한 자기 주도성 놀이이고, 아이의 자율성을 존중해주는 육아 방식이라는 깨달음을 얻었다.

놀이는 엄마 마음이 아니라 아이 마음대로 진행되는 게 바람직하다. 놀이 환경만 만들어주는 것이 엄마의 역할이다. 아이에게 미술놀이 환경을 만들어주면 좋다기에 물감을 주었더니 첫째는 면봉으로 초록색 물감을 찍어 맛을 봤다. 구강기도 분명 끝났는데, 너무 황당한 나머지 할 말을 잃었다. 너무 순식간에 면봉을 입에 넣어서 제지할 틈도 없었다. 내 손에는 카메라가 들려있었기 때문이다. 물감이 무독성이었기에 다행이지, 물감을 맛볼 거라고는 전혀 예상하지 못했다.

그날 이후로 아이들 노는 모습을 사진으로 많이 남기려던 생각은 내려놓고 물감을 발이나 손에 묻혀 종이에 찍으며 아이들과 함께 온몸으로 놀았다. 몇 달에 한 번씩 아이의 발도장과 나의 발도장을 찍어 아이가 얼마나 자랐는지 비교해보았다. 아이는 자신의 신체 중에서 발이 자라는 모습을 보면서 신기해했다.

아이와 노는 모습을 사진으로 찍어서 SNS에 올리는 것을 멈추던 어느 날 문득 깨달았다. 아이와 함께하는 시간을 증명하기 위한 것이 아니라 즐기기 위한 시간을 보내야 한다는 것을. 코끝 찡그리며 해맑게 웃는 아이의 웃음은 사진기 대신 엄마의 가슴에 수놓아졌다. 아이

아이와 함께 놀며 유년 시절로 돌아간 듯 행복했다.

또한 엄마가 사진만 찍어대는 게 아니라 자신과 함께 놀고 있을 때 행복해했다. 항상 내 아이가 좋아하는 것이 1순위여야 한다.

아이가 놀고 싶은 대로 함께 놀다 보면 부모의 내면 아이가 치유된다. 나는 부모님이 바쁜 일상을 사느라 나에게 주지 못한 것에 대해 원망하던 날들이 있었다. 그런데 아이와 마음껏 놀다 보며 어린 날의 나와 함께 놀아주던 부모님의 웃는 얼굴과 선한 눈빛이 떠올랐다. 부모님께 받은 사랑의 경험이 비록 짧더라도 내 아이와 놀이하는 데 큰 힘이 된다. 세대를 거듭하면서 인간은 진화하게 되어있다. 내적 불행은 줄이고 행복을 늘이고 싶은 것은 모든 사람의 염원이다. 놀면서 아이와 함께 행복한 시간을 보내자. 노는 중에 배우는 것이 진짜 배움이다. 놀이와 배움은 하나라는 것을 잊지 말자.

03

네버 엔딩
말놀이

나는 둘째를 낳고 퇴원하던 날부터 몸이 아팠다. 사실 그 이전부터 몸은 아팠지만 이 악물고 버텼다. 내 몸을 혹사시키면서 살아왔고 그래야만 하는 줄 알았다. 둘째를 낳고 산부인과에서 퇴원하는 날 의사 선생님이 초음파 검사 결과 간에 악성종양이 있는 것 같다고 말씀해주셨다.

나는 몸이 아팠던 엄마라서 누워서 책을 읽어주는 시간이 제일 편했다. 간에서 악성 모양을 띤 종양이 발견되었을 때도 오롯이 혼자만의 육아를 이어나가야 했던 시간들 속에서 아픈 것에 신경 쓸 겨를이 없었다. 빨래는 쌓여가고 집안일과 엄마의 손길을 기다리는 두 아이 덕분에 내가 아프다는 사실을 잊어버린 듯했다. 간은 침묵의 장기이기 때문에 통증이 없고 그저 피곤한 느낌만 이어질 뿐이었다. 그래서 몸을 쓰면서 놀이하는 것은 최대한 줄이기 위해 말놀이에 포커스를

빨래를 개며 두 아이의 모습을 바라보던 행복한 기억

맞췄다.

남편은 매주 5일 동안 장거리 출장을 갔다. 아빠의 부재가 평일에 느껴지지 않도록 주말에 아이와 몸으로 놀아주는 것을 남편에게 부탁했다. 그리고 말로 놀아주는 것은 엄마인 내가 어떻게든 해서 아이들을 웃겨주려고 노력했다.

둘째가 태어난 이후에는 첫째가 읽기독립이 된 이후였기 때문에 혼자서 책 읽는 시간이 길었다. 그때는 빨래를 개면서 아이의 책 읽는 옆모습을 보는 것이 그렇게 행복했다. 둘째가 바운서에서 자고 있고 첫째는 책 읽던 그 시간은 평온하고 사랑스러운 기억으로 남아있다.

주말이면 차를 타고 가까운 곳으로 나들이 여행을 하면서 말놀이를 했다. 사실 큰돈 들이지 않고 놀아야 진정한 놀이라고 생각한다. 차를 타고 가면서 터널을 지날 때 인체의 장기를 떠올리며 말하곤 했다. 차를 타고 터널의 입구를 들어서면 터널은 고래의 배 속이라 상상하며 말놀이가 시작됐다.

"자!! 고래의 입속으로 진입합니다~ 고래의 식도를 지나~ 위장에서 꿀렁꿀렁 소화가 되고~ 자 이번엔 소장에 닿았습니다~ 꼬불꼬불 소장을 지나 우리는 대장을 지나고 있습니다~ 우어어~~ 대장에서 물렁해진 우리는 이제 직장을 향해 나아갑니다~~!! 드디어 똥꼬!! 똥꼬!! 항문으로 나아가고 있습니다~~ 자 준비하시고~~ 쏘세요~~!!" 하면 아이는 까르르 하고 넘어갔다. 다섯 살 무렵의 아이는 똥이라는 말만 들어도 박장대소를 했다.

터널을 통과하고 나오면 우리는 너 나 할 것없이 무슨 똥이냐고 서로 묻곤 했다. "아빠는 고구마똥, 엄마는 염소똥, 사랑이는 바나나똥, 다솜이는 물찌똥" 하면 아이는 깔깔마녀가 되곤 했다.

가끔 내 기분이 우울할 때는 생각을 없애기 위해서 동요 릴레이를 벌였다. 알고 있는 모든 동요를 부르고 CD를 따라 부르며 말을 잠시도 쉬지 않았다. 그래서인지 아이는 어느 순간 아기 새처럼 하루 종일 종알종알 말을 했다. 많이 들은 아이일수록 5세를 전후해서 아기 새처럼 말이 많아진다. 그럴 때는 아이의 말에 맞장구치고 공감하면서 그저 들어주면 된다. 이제 엄마의 말수는 줄어들고 아이의 말놀이가 시작되는 것이다. 아이는 자신이 아는 것을 말로 설명하면서 배움이 깊어진다.

많이들 알고 있는 학습 피라미드의 내용은 이렇다. 수업을 들은 내용을 아이가 머릿속에서 기억할 확률은 5%이다. 읽기를 통해 기억하

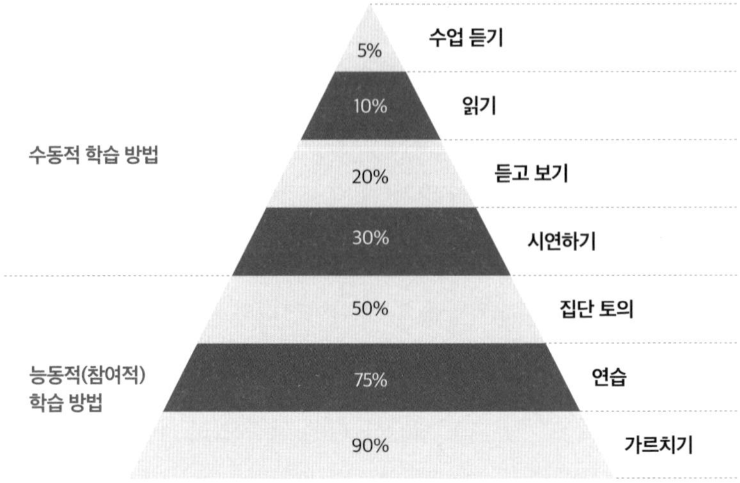

미국 교육 연구소(NTL)에서 발표한 '학습 피라미드'

는 것은 10%이다. (영상을) 듣고 보는 행위를 통해 기억하는 확률은 20%이고, 그것을 따라 시연하는 것은 30%에 해당한다. 여기까지는 수동적인 학습 방법이다. 집단 토의를 하게 되면 기억할 확률은 50%이고, 연습을 하는 것은 반복 행위이기 때문에 75%의 확률로 올라간다. 최종적으로 아이가 직접 누군가를 가르치는 방식은 90%의 높은 확률을 보인다. 이 방법들은 능동적 학습 방법에 해당한다. 그래서 나는 아이가 알고 있는 것을 말할 때 학생처럼 잘 들어주었다. 아이는 선생님이 된 듯 신이 나서 마음껏 말했다. 나중에는 말하는 것이 재밌으니 유튜버를 꿈꾸기도 했다. 말은 사고의 표현이다. 어린아이가 말을 조리 있게 잘하려면 들어주는 사람이 있어야 가능하다. 아이가 말을 하면서 자신이 아는 것을 장기기억으로 넘어가게끔 부모는 귀명창이 되어주자.

때로 부모가 목이 아플 때는 아이에게 질문을 던지는 것이 좋다. 그러면 자동으로 하브루타 질문놀이가 된다. 질문은 사람을 생각하게 만드는 중요한 스위치다. 하나의 질문을 통해 아이는 다양한 관점으로 사고를 시작하기 때문이다.

아이와 주고받는 말을 종합하면 곧 대화다. 소크라테스는 그 옛날 책을 읽는 것을 경계하기도 했다. 왜냐하면 책에 있는 텍스트만 독자가 읽으면 작가의 의도를 왜곡할 수 있기 때문이다. 그래서 소크라테스는 제자들과 늘 대화를 했다. 묻고 답하는 과정에서 제자들은 다양한 관점에서 철학적 사고의 지평을 넓혀갔다. 오늘부터 부모는 소크라테스가 되고 아이는 소크라테스의 애제자 플라톤이 된다고 상상해보자. 사소한 일상에서 주고받는 말이 품격 있는 대화로 발전하는 과정을 통해 소중한 내 아이가 어느덧 꼬마 소크라테스가 되어있는 모습을 발견하게 될 것이다.

영어책 암송을 통한 역할놀이

"엄마~ 기린이 영어로 뭐게?"

"글쎄?"

"giraffe야."

"우와~ 그렇구나!"

"엄마 그러면 코끼리는 영어로 뭔지 알아?"

"몰라? 선영이가 알려줘."

"응, 코끼리는 영어로 elephant야."

나뭇가지를 헤치며 봄나물을 뜯으려고 산행을 하던 중 한껏 자신감에 찬 목소리로 엄마와 나눈 대화이다. 9살의 어린 시절 나는 학습지로 배운 영어와 한자를 엄마에게 퀴즈로 내면서 선생님 놀이를 하고는 했다.

“엄마 월, 화, 수, 목, 금, 토, 일 일주일이 모두 한자어래. 일요일이 무슨 뜻일까?”

“일요일? 일을 더 많이 하라고 일요일일까?”

“땡! 하늘에 떠 있는 해를 본따서 날 일(日)자로 만든 거래.”

9살의 나는 엄마를 이기는 것이 재밌었고, 그럴수록 공부해서 더 많은 것을 엄마에게 알려주었다. 엄마는 계속 틀렸지만, 끊임없이 나의 말에 대답을 해주고, 섬세하게 반응해주었다. 나는 내가 머릿속에서 복습을 하고 있다는 자각도 없이 그저 아는 것을 쉼 없이 말했다.

내가 엄마가 되어 첫아이를 낳고 책을 읽어주다 보니, 딸아이도 어느 순간 말을 많이 하기 시작했다. 쉴 새 없이 지저귀는 아기 새처럼 눈떠서 잠들기 전까지 하루 종일 종알종알 말을 해댔다. 집중해서 책을 읽을 때만 조용한 적막이 흘렀다. 그러다 아이가 책에서 본 내용을 말하기 시작하면 나는 하염없이 듣고 반응하는 제자가 되었다. 딸아이는 책에서 본 내용을 토대로 상상놀이를 하면서 이야기를 더 지어내기도 하고, 역할놀이를 통해 주인공의 감정을 느껴보기도 했다. 그러다 영어책 읽기도 진행을 하자 영어그림책에서 본 내용도 곧잘 말로 내뱉었다. 54개월이 된 어느 날 새로운 영어그림책 60권을 사주었을 때 처음 보는 그림책 제목을 읽는 것을 시작으로 아이는 영어 문장으로 자주 말하곤 했다. 그러더니 두돌 때 한창 반복해서 읽었던 한글로 된 <프뢰벨 퍼포먼스>를 영어로 바꾸어서 나에게 읽어주었다.

"A long long time ago there was a princess." (옛날 옛날에 한 공주가 있었어요.)

"A little crocodile and a red truck brought her a book." (꼬마 악어와 빨간 트럭이 공주님에게 책을 가져다주었어요.)

한글로 된 책을 아이가 영작으로 바꾸어 읽으면 나는 듣고 반응을 해주었다. 때로 평범해 보이더라도 모든 아이들은 저마다의 재능과 잠재력을 지니고 있다. 아이들이 지닌 잠재력을 끌어내는 방법은 아이를 가르치는 것이 아니라 아이의 행동에 섬세하게 반응해주는 것이다. 엄마의 태내에서 4주부터 생성되는 뇌는 아이가 태어나 자랐을 때, 몸의 5%도 되지 않지만, 전체 에너지의 20%를 넘게 쓴다. 뇌의 기능과 학습에 대한 이해가 있으면 영유아기 자녀에게 영어 환경을 조성할 때 어떻게 하는 것이 좋을지 선택할 수 있다.

앞의 장에서 말한 학습 피라미드에서 아이가 직접 누군가를 가르치는 방법은 직접 머리를 써서 지식을 전달하는 과정에서 끊임없이 생각하고 표현하면서 장기기억으로 오래 남게 함으로써 높은 학습효과를 보이는 것이다.

배움에 대한 정확한 이해를 바탕으로 아이에게 책 읽기 환경을 마련해야 독이 아닌 덕을 줄 수 있다. 엄마표로 진행하는 엄마들은 인터넷에 자랑글로 도배된 아이와 소중한 내 아이를 비교하느라 정작 아이에게는 독을 주고 있다. 언제나 비교 대상은 '어제의 나'여야 한다.

'어제의 아이'가 어제 읽은 내용을 가지고 '오늘의 엄마'에게 '오늘의 자신'이 알고 있는 것을 꺼내놓을 수 있도록 즐겁게 반응하며 아이의 말을 들어주어야 한다.

초등학교 3학년이 되면 영어를 정규 과목으로 배운다. 나는 중학교 1학년이 되어서야 처음으로 영어를 정규 과목으로 배웠다. 그 전에는 텔레비전이나 영화에서 영어를 들었지, 딱히 영어에 노출된 생활은 아니었다. 영어를 그저 학습으로 배웠던 내가 엄마가 되어 아이에게 엄마표 영어를 가르쳐주려고 하니 많은 생각과 감정이 올라왔다. 굳이 이렇게 어린아이에게 영어를 가르쳐야 하나라는 생각부터 시작해서 아이가 영어를 일찍 익혀서 남들보다 뛰어난 인재로 자라길 바라는 욕심이 올라오기까지 참 많은 감정의 너울을 탔다. 그런데 지나고 보니 영어교육의 가장 중요한 핵심은 즐겁게 배우고 아는 것을 거리낌없이 부모에게 표현할 수 있는 가정환경이라는 확신이 들었다. 그리고 반복해서 듣고 읽는 것만큼 언어를 배우고 지식을 익히는 데 좋은 방법은 없다는 결론에 이르렀다.

Every night in my dreams
I see you, I feel you
That is how I know you go on
Far across the distance
And spaces between us
You have come to show you go on

Near, far, wherever you are
I believe that the heart does go on
Once more, you open the door
And you're here in my heart
And my heart will go on and on
(하략)

영화 <타이타닉> 주제곡의 가사이다. 학교에서 12년간 배운 영어보다 중학교 2학년 때 내가 자진해서 외웠던 노래 가사가 성인이 된 지금까지도 기억 속에 남아있다. 좋아하는 노래의 가사였기 때문에 그만큼 장기기억으로 남아있는 것이다. 아이도 마찬가지다. 어디까지나 책 읽기는 즐거움이 밑바탕이 되어야 한다. 영어를 잘하는 아이로 키우고 싶다면 모국어에 대한 뿌리가 탄탄해야 하고, 쉽고 재밌는 그림책을 다양하게 읽는 방식으로 영어를 익혀야 한다.

좋아하는 영어 그림책 한 권을 암송해보면 자신감이 생긴다. 초등학교 2학년 수학은 곱셈이 나오는데, 이때 먼저 구구단을 외우게 된다. 두 자리 수 곱셈과 나눗셈을 배우기에 앞서 구구단부터 막힘없이 외워야 한다. 구구단도 리듬감을 살려서 암송한다. 영어도 마찬가지로 쉬운 그림책을 한 권 암송하면 그 뒤부터 다른 영어 표현도 자연스럽게 반복하며 외우게 된다. 노래로 익혔을 때 그 효과는 아주 크다. 또한 노래를 하면서 즐거운 감정을 느꼈기 때문에 영어에 대한 감정 기억도 긍정적으로 남는다.

영어 그림책 중에 노부영(노래로 부르는 영어) 책은 많은 사랑을 받았다. 책과 CD가 노래로 되어 아이들이 신나게 받아들일 수 있다. 튼튼영어의 책과 챈트, 노래도 참 잘 만들어졌다. 아이들이 반복해서 듣고 따라 부르기 좋은 내용들이다. 좋은 그림과 글은 아이가 듣고 따라 읽었을 때 운율감이 느껴진다. 글에도 리듬감이 있으면 아이가 잘 받아들일 수 있다. 아이는 배 속에서부터 엄마의 심장 소리를 들었고, 그 심장 소리는 일정한 리듬감이 있다. 영아기 아이에게 의성어나 의태어가 담긴 그림책을 읽어주면 폭발적으로 반응하는 이유가 여기에 있다. 구전으로 오랫동안 불려진 동요를 보면 하나같이 운율과 리듬감이 좋다. 어린아이일수록 리듬감이 있는 음률에 반응을 잘하고 편안함을 느낀다. 좋은 동요 가사의 음가를 보면 간결하고 편안한 소리의 연속인 것이 특징이다.

동요를 반복해서 부르면 저절로 외워지듯이, 영어 노래도 반복해서 부르다 보면 저절로 암송이 된다. 나 역시 딸에게 불러주던 노래가 지금까지도 머릿속에 남아있다. 예전에 많이 들었던 동요를 지금까지 기억하는 것은 반복을 했기 때문이다. '에빙하우스의 망각곡선' 결과에 따르면 사람은 누구나 공평하게 배운 것을 5분 뒤부터는 잊어버리는 작업이 뇌 속에서 진행된다고 한다. 천재들의 수명이 짧은 것은 한 번 기억된 내용이 머리에서 나가지 않아서이다. 적절하게 불필요한 내용은 뇌 속에서 가지치기를 해서 잊어버려야 뇌도 쉴 수 있고 에너지를 효율적으로 쓸 수 있는데, 모두 기억해내느라 뇌가 쉬지를 못하면서 수명도 짧아지는 것이다.

나는 평범한 엄마다. 평범한 내가 어떻게 효율적으로 아이에게 영어를 접하도록 도울지 고민하던 시기가 있었다. 누구에게나 주어지는 공평한 시간을 효율적으로 사용하려면 어떻게 해야 할까? 정답은 반복독서였다. 모국어인 한글책을 읽기 전에 다양한 말을 많이 들었을 때 아이가 입 밖으로 뱉듯이, 영어도 마찬가지 방식으로 습득한다. 영어책을 많이 읽어주고 짧은 일상 영어를 엄마가 말해주었을 때 아이도 반복해서 들은 어휘가 입 밖으로 튀어나오는 것을 보았다. 엄마가 일상 영어에 익숙하지 않다면 영어 그림책만 읽어주어도 무방하다. <7번 읽기 공부법>의 저자인 야마구치 마유는 과외 없이 독학으로 도쿄대에 입학했고, 대학 재학 중에 사법시험과 1급 공무원 시험을 동시에 패스했으며, 대학을 수석으로 졸업했다. 이 저자 역시 반복을 강조했다. 이 책의 요지는 '공부 머리가 없어도 딱 7번만 읽어라'이다. 수능 시험에 만점을 받아서 서울대에 입학한 수재들의 인터뷰를 살펴보아도 하나같이 교과서를 반복해서 공부한 것밖에 없다고 입을 모아 말한다. 공부에 왕도는 없다. 그저 단순 반복만이 정도이다.

공부를 즐겁게 잘하려면 어린 시절 책 읽는 좋은 습관을 들여야 하고, 모국어나 영어 습득도 마찬가지이다. 전 세계 부자들의 70%가 미국인이라고 한다. 영국의 식민지였던 인도 역시 영어를 공용어로 사용하고 있다. 영어를 익혀두면 전 세계 어디에서도 의사소통이 가능한 것은 물론이고, 다중언어를 사용하면 지능지수가 높아지는 장점도 있다.

발음 때문에 주저하는 사람도 있다. 엄마표 영어를 시작하려고 해도 엄마 자신의 영어 실력이 꽝이라서 겁부터 내는 것이다. 나 역시 영어공부를 손 놓은 지 오래였다가 엄마가 되면서 콩글리쉬로 시작했다. 두려움을 이겨내는 것이 중요하다. 영어는 미국식, 영국식, 호주식, 필리핀식, 인도식처럼 각 나라별로 발음과 악센트가 상이하게 다르다. 물론 미국식 영어 발음을 구사하면 금상첨화겠지만, 두려움에 입을 옴짝달싹하지도 못한다는 것은 안타까운 일이다. 그래서 하나같이 엄마표 영어에 성공한 선배맘들은 틀려도 묻지도 따지지도 말고 더 많이 읽고 더 많이 말하도록 유도하라고 조언한다. 나도 동의한다. 영어 앞에서 주눅들지 말고 콩글리시라도 자신 있게 말하자. 엄마가 영어 앞에서 두려워하면 아이는 그 두려운 감정마저도 자신의 것으로 가져간다. 엄마가 틀려도 당당하게 읽고 말한다면 아이 역시 영어를 좋아하고 즐기게 된다. 또 아이는 태어나면서 우성 발음을 구별할 줄 알기 때문에 엄마의 발음이 오디오에서 흘러나오는 발음보다 실력이 떨어진다는 것을 잘 안다. 엄마가 틀리게 읽어도 아이가 엄마의 발음을 지적하고 교정하는 일은 거의 없다. 아이는 엄마가 즐겁고 당당하게 읽어주는 모습을 통해 영어를 즐겁게 받아들이고, 오디오에서 나오는 원어민의 정확한 발음과 악센트를 자기 것으로 소화해낸다. 그러니 두려움은 뛰어넘도록 하자.

영어는 전 세계 공용어이다. 내 아이가 전 세계를 무대로 삼는 직업을 갖기를 소망한다면 영어를 배우는 것은 필수다. 아이가 영어를 놀이처럼 즐겁게 배울 수 있도록 가정에서부터 부모가 함께 영어책 반복독서를 시작하자.

04

아이 성향에 맞춘 놀이를 반 발자국만 뒤따라가기

아이들이 어릴 때는 집 안이 제일 좋은 놀이터다. 온 집 안을 아이가 가지고 놀아도 크게 다치지 않는 환경으로 만들어놓자. 던지면 깨져서 다칠 만한 유리 제품은 아예 아이 손이 닿지 않도록 치우는 것이 좋다. 씽크대 서랍을 걸어 잠그는 것보다 아이 손이 닿는 곳에는 입에 넣어도 안전하고 여러 가지 모양으로 변형이 가능한 물건을 넣어두는 게 좋다.

초보 엄마 때는 감을 못 잡아서 신발장과 씽크대에 문을 걸어 잠그

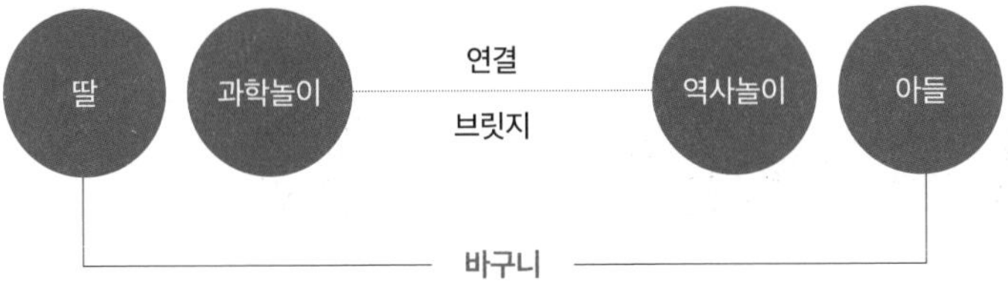

기도 했다. 그런데 틀을 넓혀야 한다는 가르침을 받고 안전 장비를 거둬내고 위험한 물건은 치웠다. 자동으로 미니멀 라이프가 됐다. 꼭 필요한 물건이 아니라면 비우는 것이 지혜로운 선택이다. 그리고 있는 물건을 아끼다간 제대로 활용도 못하고 쓰레기장으로 보내야 한다. 일명 "아끼다 똥 된다"는 말을 떠올렸다. 첫째 때는 그릇은 되도록 많이 보유해야 반찬이 남을 때를 대비할 수 있다고 생각했는데, 둘째 아이가 그 고정관념을 깨주었다. 반찬 통을 모두 꺼내서 거북선으로 만들어버린 것이다. 반찬 통이 없으니 반찬을 여러 개 만드는 수고도 덜고 한 그릇 음식으로 간결하게 만들어 먹으니 오히려 건강에도 좋았다. 아이를 키우며 내려놓는 법을 터득하게 되었다.

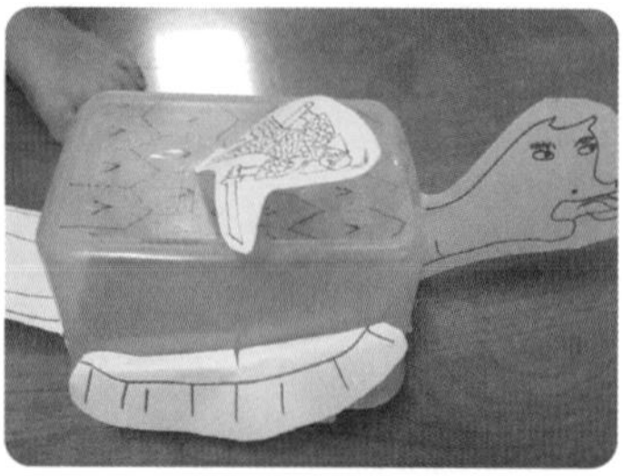

★ 둘째 아이가 반찬통으로 만든 거북선

과학을 좋아하는 딸을 위해 과학놀이를 준비하고, 역사를 좋아하던 아들을 위해 역사놀이를 준비했다. 둘째를 낳기 전에는 사랑이가

★ <21세기 과학백과>를 보고 소금과 얼음을 이용해 아이스크림을 만드는 실험을 하고 완성품을 맛보는 첫째 아이

★ 간단한 재료로 폐 모형을 만들고 관련 도서를 찾아보는 과정

좋아하는 <21세기 과학백과>를 보면서 얼음과 소금을 이용해 주스를 아이스크림으로 얼리거나 꽃을 염색하는 다양한 과학 실험을 하며 놀았다.

거창하면 오래 못 하게 되니 집 안에 있던 재활용품을 이용해서 물건을 만들고 놀았다. 일회용 커피 컵과 빨대, 풍선을 이용해 폐를 만들면서 횡격막의 원리를 배웠다.

코로나로 집 안에 쌓인 박스를 잘라서 아들은 칼과 창 등의 무기를 만들었다. 장군 역할 놀이를 하며 병인양요, 임진왜란, 한산도대첩 등 다양한 상황을 연출했다. 아이스크림 케익을 사면서 받은 큰 비닐을 가지고 갑옷을 만들기도 했다. 책을 읽고 만들어보고 싶은 것을 엄마에게 요청하면 나는 폐품을 이용해 아이들과 함께 만들었다. 밑그림 그리기나 간단한 자르기 등은 아이의 몫으로 주고, 박스와 나무젓가락을 자르는 것처럼 힘이 들어가는 활동은 내가 해주었다. 함께 만들며 나눈 이야기는 아이에게 좋은 자양분이 되었을 거라 믿는다.

두 아이의 관심사를 보면서 함께 놀 수 있도록 교집합을 찾아내는 엄마의 센스가 발휘되면 좋다. 딸은 박스에서 과학 상상놀이를 하

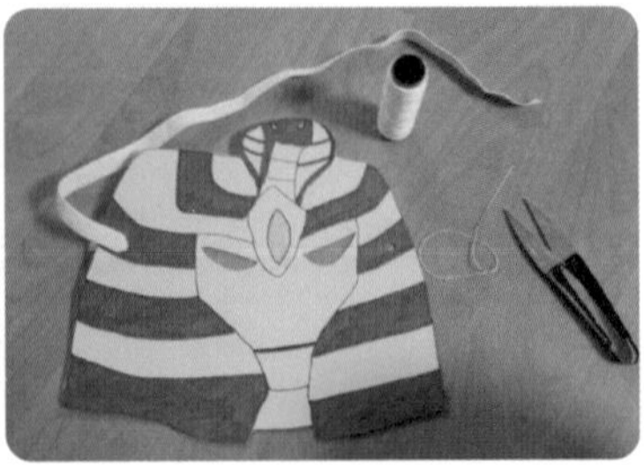

한국사에 빠졌던 둘째 아이가 세계사와 신화로 관심사가 확장되면서 책에서 본 스핑크스와 얇은 가면을 엄마와 함께 만들었다.

며 우주선 여행을 했고, 아들은 박스에서 역사 상상놀이를 하며 거북선을 타고 전쟁을 하는 이순신 장군이 되었다. 그때 나는 잠시의 틈을 타 청소기를 돌리면서 말로 놀아주었다. "자~ 안드로메다에서 우주선을 타고 날아온 엄마외계인이 손가락 접선을 시도합니다. 띠리리 뿅!" (딸과 검지손가락으로 서로 터치를 하고, 아들과도 동일하게 검지손가락으로 터치를 한다) 이렇게 아이들의 놀이를 무심한 듯 지켜보다가 한 마디씩 거들며 아이들과 눈빛 교환이나 작은 스킨십을 이어가는 것을 놓치지 않으려 노력했다.

이렇게 각자 자신들이 좋아하는 노선이 분명하던 두 아이도 자라면서 관심사가 교차하거나 겹치기도 했다.

자연은 위대한 스승이다. 자연 속 놀이는 인간이 겸손해야 함을 절로 깨닫게 한다. 여름철이면 강과 바다, 계

폐품을 이용해서 만든 가면으로 상상놀이 하기

곡에서 놀면서 아이의 에너지를 마음껏 발산할 수 있도록 해주었다.

집 안 놀이도 다양하게 할 수 있다. 요리놀이, 청소놀이, 숨바꼭질 놀이, 가루놀이 등 엄마가 청소 강박만 내려놓으면 된다. 요리에는 다양한 과학의 원리가 숨어있다. 불 조절을 통해 열의 강약이 음식에 미치는 영향을 직접 익히는 것은 과학적 사고력을 키워준다. 요리도 곧 집안일에 속하는데 미국에서는 집안일을 한 아이들이 지능이 높다는 연구 결과가 발표됐다. 사실 집안일을 하다 보면 일머리가 자란다. 상황을 조율해서 일을 순조롭게 잘 진행하는 사람을 보고 흔히 "주변머리가 좋다" 고 표현한다. 이때 말하는 주변머리가 바로 메타인지다. 메타인지는 내가 무엇을 잘하고 어떤 부분이 부족한지에 대한 자아성찰과 연결되어서 부족한 면을 채우고 배움을 이어나가는 데 중요한 열쇠다. 전략적 학습에 메타인지가 핵심이기 때문이다.

아이와 집안일을 놀이처럼 하며 환경만 마련해주고 한 발 뒤로 빠

★ 왼쪽 박스 두 개를 놓고 딸이 그 안에 들어가서 우주선 탑승 놀이를 하고 있고, 오른쪽 박스 하나에는 아들이 들어가서 이순신 장군의 한산도대첩 역할놀이를 하고 있다.

집안일도 놀이처럼 스스로 하는 둘째 아이

지는 엄마가 되어보자. 쌀을 씻는다며 온 바닥에 쌀을 뿌려대고 놀던 아이들도 자라면서 조심성을 키워가고 쌀 한 톨의 소중함을 배운다. 지나친 기대는 내려놓고 그저 아이들과 매순간 같이 놀며 즐기도록 하자.

to do

아이가 좋아하는 것을 더 좋아하게 해줄 수 있는 활동으로는 어떤 것이 있을까요?

05

책에서 읽은 내용으로
아이가 진행하는 역할놀이의 중요성

미래에는 인공지능으로 대체되는 직업이 무수히 많을 텐데, 코로나는 그 시간을 5년이나 앞당겼다. 사람들은 너 나 할 것 없이 새로운 직업을 찾아 온라인 세계로 몰려들고 있고, 인공지능으로 대체되지 않는 능력을 기르기 위해 성인들에게도 독서 열풍이 불고 있다. 이 혼돈의 중심에서 아이들을 어떻게 양육하는 것이 현명할까?

인공지능에 감성지능을 결합하는 기술이 연구되고 있다는 기사를 본 적이 있다. 감성만큼은 인간의 고유한 능력이다. 지금껏 로봇 제조 기술이 눈부신 발달을 이루었지만, 감성지능을 결합한 로봇은 어떤 모습일지 가히 상상이 되지 않는다. 그리고 과연 인간만큼 세분화된 감성을 지닐지도 의문이다.

미래의 직업 중에서도 사람의 마음을 어루만져주는 직업은 소멸되지 않고 각광받을 것이다. 동물 마음 행동 연구가 같은 직업 또한 전망이 밝다. 이 모든 것이 감성이 메말라가는 시대의 단면이다.

이렇게 흘러가는 시대에 아이의 양육은 이제 IQ보다 EQ에 무게를 두어야 한다. EQ는 앞서 말했듯이 다양한 책을 읽으면서 습득한 어휘의 분화만큼 발달한다. 역할놀이와 상상놀이를 통해 상대방의 감정과 입장을 고려하는 것은 곧 감수성의 발달에도 도움이 된다. 감성은 나의 감정을 알고 상대방의 감정을 존중하는 태도를 통해서도 발달한다. 이를 위해 자신의 감정을 느낀 대로 말로 표현하는 놀이법이 필요하다. 그것이 바로 역할놀이다.

심리 치료에서는 감정 조절 능력이 떨어지는 내담자와 심리적 장애를 겪는 내담자를 위해 심리극을 수행한다. 타인의 입장에서 자신이 미처 생각하지 못한 감정을 느껴보고, 자신의 억압된 감정을 표출하면서 카타르시스를 느끼는 것이다. 결국 어린아이의 역할놀이도 심리치료의 심리극과 동일한 효과를 갖는다.

역할놀이의 효과는 다양하다. 다양한 어휘를 표현하고 상대방과 대화를 통해 의미 전달력을 높이는 훈련이 된다. 또 자신의 감정이 부모의 무지한 실수로 억압되거나 무시되었던 일들도 스스로 치유하는 데 역할놀이 만한 것이 없다. 심리치료의 심리극과 동일한 효과를 아이들은 놀이를 통해 얻는 것이다.

첫째는 역할놀이를 통해 동생을 대한 자신의 힘든 감정을 표현하고는 했다. 보통 둘째가 태어나면서 첫째 아이는 퇴행을 겪는다. 첫째로 태어나 부모에게 받았던 사랑과 관심이 절반으로 줄어드는 것에 대한 아이의 박탈감은 이루 말할 수 없이 큰 충격이다. 첫째 아이는 보통 이런 감정적 충격을 퇴행 행동으로 표출한다. 젖병을 빨거나 징징거리거나 아기 때 쓰던 담요를 들고 다닌다. 어린 시절로 돌아가 아기처럼 굴면 혼자일 때처럼 부모가 자기만 바라봐주지 않을까 하는 심리에서 드러나는 행동이다.

또 말로 자신의 감정을 표현하기도 한다. 부모로부터 배려를 받은 아이들은 간접화법을 주로 사용한다. 첫째는 동생을 예뻐하는 엄마에게 동생에게 시선을 빼앗긴 슬픈 마음을 역할놀이로 표현했다.

아이가 4살 무렵 좋아하던 캐릭터인 호비 인형을 가지고 호비의 동생 하나 캐릭터를 이용해 놀이를 할 때였다.

호비 역을 맡은 아이 "호비는 하나가 타고 있는 유모차를 소방서 앞에 두고 집으로 혼자 갔어요."

해설과 추임새 역을 맡은 엄마 "저런~ 하나가 무섭겠다~ 호비 오빠는 하나를 까먹은 걸까?"

호비 역을 맡은 아이 "호비는 하나를 집에 데려가고 싶지 않은 거였어요."

해설과 추임새 역을 맡은 엄마 "그렇구나! 하나가 태어나서 호비가 엄마 사랑을 빼앗긴 것 같아서 속상했구나!"

호비 역을 맡은 아이 "호비는 오빠가 되어서 좋기도 하지만 엄마가 하나를 안아주면 호비도 엄마 품에 안기고 싶었어요."

해설과 추임새 역을 맡은 엄마 "그랬구나."

역할놀이를 하다가 그만 눈물이 왈칵 터져 나온 날이 있었다. 아이에게 너무 많이 미안했다. 그 후로 나의 눈빛 배분에 신경을 많이 썼다. 첫째를 의식적으로 더 많이 바라보려고 노력했다. 둘째는 두 번째로 태어난 출생 순위에 바로 적응한 듯 엄마와 눈빛을 잠시만 마주쳐도 방긋방긋 웃었다.

동생을 본 아이들 중에는 공격성을 표출하는 아이들도 있다. 그럴 때는 동생을 본 첫째 아이의 감정은 받아주되 행동은 제약을 두어야 한다. 역할놀이를 통해 자신의 감정을 말로 표현하던 첫째는 둘째를 때리거나 해코지하는 행동을 하지 않았다. 평소 부모로부터 매를 맞은 경험이 없는 아이는 타인을 때리거나 위협을 가하지 않는다.

아이가 말로 부정적인 감정을 표현하고 자신의 감정을 정화하는 모습을 보일 때, 미리부터 아이에게 다양한 어휘를 들려줘 아이가 감정을 섬세하게 표현할 수 있었던 점에 감사했다. 모든 것이 책의 힘이라는 생각이 들었다.

배려받은 아이는 부모를 신뢰하기에 자기 감정을 솔직하게 표현한다. 감정은 긍정적인 부분만 있는 것이 아니다. 긍정적인 감정과 부정적인 감정이 공존한다. 아이의 부정적인 감정을 억압하지 않고 있는 그대로 받아들여주었을 때 아이의 감정은 억압되지 않고 자유로워진다. 감정을 솔직하게 표현하는 아이의 말을 잘 들어주자. 부모의 경청은 일상에서 연습이 가능하다. 부모가 잘 들어준 아이들은 감정선이 건강하게 발달해서 성인이 되어서도 심리 상태가 안정된다. 어린 시절의 역할놀이를 통해 아이들이 감정을 표현하고 정화할 수 있는 기회를 많이 주자.

영어책 진행이 원활하던 5세 후반기에 아이는 역할놀이를 하다가 자기도 모르게 많이 들었던 영어 표현이 툭툭 튀어나오기도 했다. 5세까지는 천재의 시기라는 것을 육아를 하면서 절실히 느꼈다. 스펀지처럼 모든 것을 흡수하는 아이에게 되도록이면 책 읽어주기를 꾸준히 하면서 온전한 사랑과 관심을 베푸는 부모가 되자. 부모의 입말을 통해 어휘를 습득한 아이는 자신의 감정을 스스로 정화하는 힘이 있다. 역할놀이를 통해 아이의 감정이 자연스럽게 표출되도록 부모가 너른 품으로 받아주자.

to think

아이의 정서가 안정되기 위해서 어떤 말을 반영해주면 좋을까요?

6장 SPECIAL PAGE

명작을 통해 꿈을 키워가는 아이

영어로 된 영화나 애니메이션을 보면서 영어를 접한 아이들은 디즈니에 푹 빠지게 되었다. 종이책 중에 스토리북으로 다양한 이야기를 접하게 해주었더니 아이들은 역할놀이로 이어나갔다. 아이들은 원조 스토리에 이야기를 추가하며 놀이하는 것을 좋아했다.

요즘 넷플릭스에 대한 의견이 분분한데, 영상에 중독되는 현상을 방지하기 위해서 나는 선택하지 않았다. 그러다 디즈니 영화만 모아놓은 어린이를 위한 OTT서비스를 발견하고 결제를 해주었다. 디즈니 픽사에서 만드는 영화는 질이 좋고 단순한 스토리 안에 삶의 진리가 풍부하게 반영되어있어서 아이들에게 보여주는 컨텐츠로 적절하다.

사실 영상이 담긴 DVD는 꽤 비싸다. <메리다와 마법의 숲>, <겨울왕국 2>, <미녀와 야수>, <내 친구 호비> 등 DVD를 정가로 모두 구매했었는데, 최근 지원되는 OTT 서비스는 월 구독료가 DVD 하나 값보다 저렴했다. 그리고 다양한 영화를 시작부터 끝까지 볼 수 있고, 심지어 다양한 언어로 변환해서 듣고 볼 수 있었다. 잘만 활용하면 다개국어로의 확장에 용이한 방편이 될 수 있다.

다년간 독서교육을 하면서 느꼈던 점은 좋아하는 것에 깊이 몰입하는 일은 배움을 즐기는 좋은 경험이라는 사실이다.

둘째 아이는 첫돌 무렵부터 5세까지도 상남자였다. 그런 아이가 누나와 함께 역할놀이를 하고 영화를 보면서 영아기 시절의 섬세한 결이 다시금 드러나기 시작했다. 매일 놀기만 하는 것 같았는데, 아이에게도 엄마의 공감하는 말이 씨앗이 되어 타인의 아픔에 공감하는 능력이 자라고 있었다. 또 다양한 영화를 보던 아이는 소중한 꿈도 갖게 되었다.

디즈니 영화 중 <모아나>를 몇 번이고 반복해서 보던 둘째는 <모아나 2>는 언제 나오냐고 나에게 물었다. 둘째는 내내 <모아나 2>를 궁금해하면서 디즈니 픽사에 2편을 제작해달라는 영어 문장을 알려달라고 말했다. 영화를 좋아하던 둘째가 6세 겨울이 되면서 드디어 영어 공부에 대한 흥미를 보이기 시작했다. 좋아하는 것을 더 좋아하게 해주었을 때 자연스럽게 몰입이 되고, 꿈을 위한 배움의 동기부여가 된다.

Hello. My name is Yoogeon- Kim.

I enjoyed watch MOANA.

I hope Moana 2 will be made soon.

Disney Pixar, please make Moana 2.

See you later.

둘째 아이가 디즈니 픽사에 <모아나 2>를 만들어달라는 요청을 영어로 써주라고 해서 함께 영어 문장을 쓰며 따라 읽기도 해보았다. 보통 5~7살 아이들, 특히 60개월 정도의 아이는 전능한 자아가 나오면서 자신이 원하는 것을 성취하기 위한 주도성이 보인다. 심리사회발달이론을 정립한 에릭 에릭슨은 인간은 정신의 발달에 따라 사회 심리적으로도 8단계를 거치면서 발달한다고 주장하였다. 그의 이론에 따르면 인간은 각 단계마다 극복해야 할 독특한 갈등과 과제가 있으며 이를 성공적으로 수행하면 다음 단계로 발달하고 성숙해나가지만, 만약 잘 해결하지 못하면 만성적 적응장애에 빠지게 된다. 3~6세에 해당하는 유치기의 아이들은 주도성 대 죄책감이 형성된다고 했다. 이 시기에 해당하는 아이들은 고집스러운 면이 나타나고, 식생활도 편식에 가까운 섭식을 하며, 내 것에 대한 주장을 강하게 펼친다고 했다.

<배려 깊은 사랑이 행복한 영재를 만든다>에서도 이 시기 아이들을 무법자라고 표현할 만큼 양육하기가 너무 힘들다. 나 역시 두 아이를 기르

면서 경험으로 알게 되었다. 엄마가 현관문 비밀번호를 먼저 눌러도 자기가 먼저 누르지 못했다고 뒤집어지기 일쑤였고, 모든 일상에서 아이는 자기가 이겨야만 직성이 풀렸다. 물활론(물체가 살아있다고 믿는 사고)과 전능한 자아(자신이 신이 아님을 아직 깨닫기 전 단계)가 합쳐진 상태에서 아이는 성장해나간다. 그런데 그런 아이와 매일 일상을 보내는 엄마의 정신은 소진되기 일쑤니 엄마 자신도 챙기면서 육아를 해야 한다.

이 시기의 아이들의 정서 발달상 중요한 점은 위기를 극복하기 위해 목적을 달성해야 하므로 아이가 하고자 하는 것을 도전할 수 있도록 믿고 지켜봐주어야 한다. 아이의 목적의식은 유아기의 환상과 좌절, 죄의식, 벌에 대한 두려움 등에 방해받지 않고 가치 있는 목표를 설정하고 추구하는 용기에 있다. 이 목적의식의 달성을 통해 아이는 결국 주도성이 발달한다.

이때 아이와 부모의 관계가 좋으면 취학 연령이 되었을 때, 학업의 성취로도 이어질 수 있다. 미취학 시기에 배움에 대한 긍정적인 감정은 학업의 성취로 이어진다.

영유아기 아이들에게 좋아하는 것에 푹 빠지는 기회와 시간을 제공해야 한다. 좋은 책을 읽으면서 아이의 지성이 자라나는 과정을 함께하고, 아이의 꿈이 자라날 수 있도록 환경을 조성하는 것이 부모의 역할이다. 워킹맘이라서, 한부모가정이라서 가지게 되는 죄책감은 고이 접어 날려버리자. 당당한 부모의 모습을 보며 자라는 아이가 긍정적 자아상을 가지게 된다. 아이와 보내는 시간의 양보다 질에 집중하고 하루 30분만이라도 온전히 아이에게 눈길을 주고 마음을 나눈다면 아이는 자신만의 꿈을 키워나간다. 꿈은 곧 동기부여의 원동력이기 때문에 꿈을 가진 아이는 노력이라는 성실함의 기초를 갖추게 된다.

첫째 아이는 고생물학자 - 동물학자 - 동물조련사 - 수의사 - 동물심리학자로 꿈이 조금씩 바뀌면서 성장하는 중이다. 동물에 대한 관심이 곧 꿈으로 연결된 것이다. 둘째 아이는 디즈니 픽사에 꼭 가보기 위해 영어책 읽기를 즐겁게 진행하고 있다. 또 만들기와 그리기를 좋아해서 다양한 재료를 제공해주었더니, 손재주가 날로 발전하고 있다. 그러던 어느 날 자신의 꿈은 발명가라는 말을 야무지게 건넸다. 엄마로서 아이의 꿈을 들으니 함께 가슴이 설렜다.

자라나면서 언제든 꿈은 바뀔 수 있다. 그 꿈이 무엇이든지 부모는 아이의 꿈을 적극 지지하고 응원하면 된다. 좋아하는 것에 몰입한 시간은 책 읽는 시간으로 연결되었고, 다시 학교 공부에 집중하는 시간으로 귀결되었다.

매일 조금씩 꾸준히 노력이 쌓였을 때 아이가 가진 본래의 영재성과 무한한 가능성이 펼쳐진다. 부모가 매일 책을 읽어줌으로써 일상 속에서 누적되는 꾸준함의 힘을 믿어보자.

에필로그

호기롭게 호언장담을 했다. 배 속의 아이가 태어나서 36개월이 될 때까지는 내가 키우겠노라고. 발달심리 이론을 공부했으니 내 아이는 무조건 내가 키우겠다는 자신감에 차있었다. 근거 없는 자신감이 있었나 보다. 육아가 무엇인지 모를 때는 아이는 셋을 낳을 거라는 말도 했다. 그러다 막상 첫아이를 낳고 엄마가 되어보니 세상에서 제일 힘든 일이 육아라는 사실을 깨달았다. 세상 모든 어머니들이 위대하다는 말을 왜 하는지 그제야 비로소 알게 되었다.

누구나 무지의 실수를 한다. 몰라서 저지르는 크고 작은 실수들. 그런데 내가 뱉은 말이 무지의 말실수라는 것을 육아를 하면서 깨달았다. 아이 하나를 키우는 데 얼마나 많은 에너지와 사랑과 관심과 손길이 필요한지 매순간 절절히 깨달았다. 아이가 너무 예쁜데 너무 힘들다는 그 아이러니함 속에서도 희망을 가졌던 것은 부모라면 느끼는 공통된 감정일 것이다. 아이가 하루하루 눈부시게 성장하는 모습을 보면 부모의 가슴은 뛴다. 그러다 아이가 처음으로 자아가 생기기 시작하는 18개월이 되면서 처음으로 좌절의 벽에 부딪힌다. 나 역시 그랬다. 아이의 발달 단계에 대한 이해를 조금 더 알고 있다고 해서 모든 것이 능숙한 것은 아니었다. 왜냐하면 내가 내 아이만큼 어린 시절에 떼쓰고 자기주장을 강력하게 해보지 못했기 때문에 내면 아이가 건드려져서 힘들기 때문이다. 육아의 벽은 그렇게 공고하다. 내가 가장 좋아하는 시조가 있다.

태산이 높다 하되 하늘 아래 뫼이로다
오르고 또 오르면 못 오를 리 없건마는
사람이 제 아니 오르고 뫼만 높다 하더라

가랑비가 바위도 뚫는다는 진리에 담긴 성실과 노력의 참된 의미가 이 시조 속에 숨어있다. 나 역시 노력의 중요성을 매순간 깨닫고 있다. 책이 아무리 좋다고 한들 사놓고 읽지 않으면 무용지물이고, 좋은 육아 이론이 있다 한들 내 아이와 나에게 적용하지 않으면 다 소용없는 것이다.

나는 지난 10년의 책육아 경험담을 통해 부모라면 아이에게 책을 꼭 읽어주어야 한다고 이 책에서 주장했다. 책이 중요하고 부모가 책을 읽어주는 것이 좋다는 사실을 많은 사람들이 알고 있다. 그런데 실천을 하지 않는다면 무슨 소용일까? 구슬이 서말이라도 꿰어야 보배라는 말처럼 아는 것을 행동으로 실천해야만 내 것이 된다. 머리로만 아는 것은 죽은 지식에 불과하다.

사실 첫아이가 첫돌이 지날 즈음 예전 직장에서 복직하라는 러브콜 제안을 받았을 때 친정 엄마에게 도움을 요청했다. 월급의 3분의 2 이상을 드릴 테니 아이 좀 길러달라는 부탁이었다. 엄마도 연세가 있고 몸도 아프신데 직장을 나가는 것보다는 손녀딸 키우고 용돈 받는 게 좋지 않느냐고 하자 엄마는 단칼에 거절하셨다.

"네 자식은 네가 키워라."

두 번 다신 말도 못 꺼내게 만드셨다. 그땐 그 말씀이 얼마나 섭섭했는지 모른다. 그런데 할머니 손에 나를 맡기고 힘든 농사일을 했던 엄마의 고되고 서러운 날이 떠올라 가슴이 먹먹했다. 더 이상 부탁할 명분이 없었다. 그렇게 단호한 거절을 받고 나서 나는 더욱 육아에 매진했다. 도움을 받을 수 없다면 나 혼자서도 잘해보리라 다짐했다. 그리고 그 옛날 어린 내가 엄마를 그리워하던 마음을 떠올리며 내 아이에 대한 사랑을 가득 담아서 더욱 풍요로운 사랑을 주고자 노력했다. 정말 아낌없이 사랑을 주었다.

시간을 되돌려 다시 그때로 돌아간다고 해도 나는 그때처럼 열심히 하지는 못할 것 같다. 여한 없이 내 모든 에너지와 사랑을 쏟아주었다. 어쩌면 친정 엄마의 단호한 말씀이 일침이 되어 정신을 번쩍 차린 것일 수도 있다. 친정 엄마와 나의 삶에 경계를 그어준 단호한 사랑 덕분에 나는 내 길을 걸어갈 수 있었다고 생각한다. 나는 어른이자 한 아이의 엄마로서 지켜야 할 자세를 바로 세울 수 있었다. 누군가에게 끝없이 의존하며 조정당하는 거짓어른으로서의 삶이 아니라 주체적으로 나만의 삶을 살 수 있는 기회를 엄마로부터 받은 것이다. 그런 점에서 친정 엄마께 무한한 감사를 느낀다.

"삶이 언젠가 끝나는 것이라면 나는 아름다운 색으로 칠하겠다"라는 샤갈의 말처럼 나 역시 나에게 주어진 삶의 시간 속에서 되도록 아름답고 고운 빛깔로 수놓고 싶었다. 몸이 아팠고 삶이 간절했던 만큼 내 모든 것을 쏟아부어 두 아이가 아름답고 자유로운 영혼으로 자라나길 바랐다. 책을 읽어주다가 동이 틀 때 내가 느꼈던 감정, 둘째를 아기띠로 업고 첫째와 공원에서 3시간을 뛰어놀고 집에 왔을 때 어깨에서 나던 시큼한 땀냄새, 그 모든 순간 나는 두 아이가 건강하고 고유하게 잘 크길 바라는 마음뿐이었다. 나의 염원이 하늘에 가닿길 늘 소망했다. 그리고 나의 소망을 두 아이는 알고 있으리라 믿었다. 아이는 부모와 무의식으로도 연결된 존재니까. 굳이 말로 표현하지 않아도 아이는 엄마의 눈동자를 통해 자신이 얼마나 귀한 사랑을 받고 있는 존재인지 느끼고 있다.

길게 보이지만 결코 길지 않은 유한한 삶 속에서 우리는 사랑을 선택하고자 노력한다. 나 역시 그렇다. 내 인생에 벚꽃처럼 피었다 떠나갈 귀하디 귀한 손님인 두 아이를 위해서 나는 오늘도 아이들에게 책을 읽어준다. 나는 책 읽어주는 엄마다. 이 책에서 누군가 희망을 발견하고 아이들에게 책을 읽어줄 힘을 얻었다면 나의 소명은 한 발자국 이루어진 것이라 믿으며 펜을 내려놓는다.

- 2022년 3월 파주 헤이리에서 장선영

0~7세 발달심리에 따른
책육아 실전 수업

1판 1쇄 인쇄 2022년 11월 21일
1판 1쇄 발행 2022년 11월 30일

지은이 장선영
펴낸이 최태선
펴낸곳 라이온북스
등록 제313-2005-000221호
주소 14057 경기도 안양시 동안구 벌말로 126 3012-2
전화 02-3142-4364
팩스 02-6442-4364
이메일 lionbooks@naver.com
블로그 blog.naver.com/lionbooks

제작 조광프린팅
용지 표지: 아르떼 울/화 190g
본문: 백상지 90g

ISBN 978-89-94643-97-7 03590